U0179822

Python+Excel高效办公：

轻松实现Python
数据分析与可视化

蔡驰聪◎编著

中国水利水电出版社
www.waterpub.com.cn
·北京·

内 容 提 要

《Python + Excel 高效办公：轻松实现 Python 数据分析与可视化》从 Python 语言的基础语法讲起，介绍了如何使用 Python 实现各种常用的 Excel 数据处理操作，并给出若干个 Python 商业数据分析应用案例。通过本书的学习，读者应该可以自动化批量完成日常的 Excel 数据处理工作，从而避免烦琐的手工操作。

本书共 12 章，涵盖的主要内容包括：Python 开发环境搭建；Python 语法基础；Python 文件管理；用 Python 操作 Excel 工作簿、工作表、单元格、表格；用 matplotlib 和 xlwings 在 Excel 中自动绘制统计图表；Pandas 数据结构、Pandas 数据处理和数据分析操作；用 Python 分析客户数据、销售数据、广告数据等。

《Python + Excel 高效办公：轻松实现 Python 数据分析与可视化》用读者熟悉的 Excel 概念和操作导入 Python 编程的各种知识点，使编程初学者更容易理解和接受。本书适合经常使用 Excel 进行数据处理但没有编程基础的人员阅读，也适合已经掌握了一门编程语言同时希望用 Pandas 和 xlwings 进行高效数据处理的程序员，本书还适合作为高等院校或者培训机构相关专用的教材使用。

图书在版编目（CIP）数据

Python+Excel高效办公 ：轻松实现Python数据分析

与可视化 / 蔡驰聪编著. -- 北京 ：中国水利水电出版

社，2022.9

　　ISBN 978-7-5170-9828-7

　　Ⅰ. ①P… Ⅱ. ①蔡… Ⅲ. ①软件工具－程序设计②

表处理软件 Ⅳ. ①TP311.561②TP319.13

　　中国版本图书馆 CIP 数据核字(2021)第 163257 号

书　　名	Python +Excel 高效办公：轻松实现 Python 数据分析与可视化
作　　者	Python+Excel GAOXIAO BANGONG: QINGSONG SHIXIAN Python SHUJU FENXI YU KESHIHUA 蔡驰聪 编著
出版发行	中国水利水电出版社 （北京市海淀区玉渊潭南路 1 号 D 座　　100038） 网址：www.waterpub.com.cn E-mail：zhiboshangshu@163.com 电话：（010）62572966-2205/2266/2201（营销中心）
经　　售	北京科水图书销售有限公司 电话：（010）68545874、63202643 全国各地新华书店和相关出版物销售网点
排　　版	北京智博尚书文化传媒有限公司
印　　刷	河北鲁汇荣彩印刷有限公司
规　　格	190mm×235mm　16 开本　21.5 印张　511 千字
版　　次	2022 年 9 月第 1 版　2022 年 9 月第 1 次印刷
印　　数	0001—3000 册
定　　价	79.80 元

凡购买我社图书，如有缺页、倒页、脱页的，本社营销中心负责调换

版权所有·侵权必究

前　言

发展前景

　　Excel 是最常用的数据分析处理工具之一，但其也有一定的局限性，如在处理一些复杂的统计表格时，操作往往比较烦琐，不够直观，而且容易出错。虽然 Excel VBA 也可以实现一些自动化操作，但是对于编程初学者而言，VBA 语言的学习难度要高于 Python。xlwings 模块的出现让 Python 语言可以像 VBA 那样自由地操作 Excel 中的各种对象，一键完成各种日常工作中可能用到的 Excel 表格操作，提高办公效率。

　　近年来，随着 Python 数据处理分析类库的逐渐完善，只需要少量代码即可完成各种常用的统计计算和数据分析模型。Python 中的 Pandas 类库的设计主要以行和列的形式处理数据，更加符合日常批量数据处理的需求。Python 已经成为商业数据分析的重要工具，熟练运用 Python 进行数据分析是应聘数据分析岗位的一个加分项。

笔者的使用体会

　　Python 语法简单易懂，生态完整，有大量现成的数据分析工具。Python 在数据分析领域中是一个理想的工具，有丰富的分析模型，轻松整合各种各样的数据源，能处理大量的数据且开发方便快捷。

　　Jupyter Notebook 是 Python 中的一种免费集成开发环境，相对于在文本文件中编写 Python 代码，使用 Jupyter Notebook 调试代码更加方便，对新手更加友好。Jupyter Notebook 可以内嵌各种统计图表，利用 Jupyter Notebook 可以很好地记录数据探索分析的过程，便于回顾修改。

　　Python 中有一个用于操作 Excel 文件的功能模块叫 xlwings。启用 xlwings 插件之后，可以在 Excel 内调用 Python 的类库，实现很多 Excel 自身没有的数据分析功能。xlwings 还可以用于实现 Excel 宏，简化日常工作中的 Excel 操作。

本书特色

（1）本书对于大部分知识点都提供了可以运行的示例程序，建议读者亲自动手输入代码并试着修改代码，观察运行结果，以便更深入地理解和消化所学的知识点。

（2）为了减轻读者的学习负担，本书只介绍最常用的 Python 语言知识点，跳过某些对数据分析不太重要的知识点，如 Python 面向对象中的继承、Python 异常处理机制等。在引入语法知识点的同时，讲清语法知识点背后的意义和实际用处，避免堆砌语法内容。读者若想学习更多关于 Python 语言的知识，可以查看 Python 官网的中文教程。

（3）在引入各个知识点之前，一般都会与 Excel 中的概念和操作进行对比，让不熟悉编程的读者更容易理解。同时让读者了解学习完这个知识点之后能用 Python 实现哪些 Excel 操作，提升学习兴趣。

（4）对 Pandas 中一些相对复杂抽象的数据操作提供了配图辅助读者理解。

（5）本书的数据分析案例偏向于商业数据分析，贴合工作实际。现实商业数据分析远比书中的案例复杂，本书只是提供了数据分析思考的框架，读者需要根据实际情况做出调整。

本书内容

本书内容可以分为四部分，第一部分是 Python 基础入门，第二部分是通过 Python 实现 Excel 基础操作，第三部分是 Python 数据分析基础知识，第四部分是数据分析项目实战。

第一部分主要介绍了 Python 开发环境——Jupyter Notebook 的安装使用和 Python 的常用语法知识，如变量、循环、函数、面向对象等。另外，本书中还准备了练习题，初次学习编程的读者可以通过做练习题更好地掌握 Python 语言的基础知识。对于有 Python 语言编程基础的读者可以跳过第一部分的内容。

第二部分主要介绍了如何使用 xlwings 实现 Excel 的自动化操作，如操作工作簿、工作表、单元格，绘制 Excel 图表等。

第三部分主要介绍了常用的数据分析类库 Pandas 和一些常用的 Python 数据分析的基础知识和操作。

销售管理、客户管理、广告投放都是商业运营中的重要内容。于是第四部分中的案例分别介绍了如何使用 Python 分析销售数据、客户数据、广告数据。这部分的内容也可以帮助读者巩固在第二部分和第三部分学到的知识点。

作者介绍

蔡驰聪，高级程序员，10 年以上软件开发经验，擅长 Python、PHP、JavaScript，独立开发了浏览器插件 Pubmedplus 和 Scrapebold，参与了多个商业数据分析项目的开发。

本书读者对象

- 从事数据分析岗位的职场人员。
- 已经有一定 Python 语言基础，希望学习如何使用 Python 进行数据处理和分析的软件开发人员。
- 需要经常使用 Excel 的人。
- 希望使用 Python 程序自动化操作 Excel 的人。
- 高等院校或培训机构相关专业的学生或学员。

本书资源下载

本书提供实例的源码文件，读者使用手机微信扫一扫下面的二维码，或者在微信公众号中搜索"人人都是程序猿"，关注后输入 PY9828 至公众号后台，获取本书的资源下载链接。将该链接复制到计算机浏览器的地址栏中，根据提示进行下载。

读者可加入本书的读者交流群 936941115，与作者及广大读者在线学习交流。

人人都是程序猿

致谢

　　本书能够顺利出版，是作者、编辑和所有审校人员共同努力的结果，在此深表谢意。同时，祝福所有读者在职场一帆风顺。

编　　者

目　录

第一部分　Python基础入门

第二部分 通过Python实现Excel基础操作

第三部分　Python数据分析基础知识

第四部分　数据分析项目实战

第一部分
Python 基础入门

第1章

Python 开发环境搭建

Python 是由 Guido van Rossum 设计开发的一门动态编程语言，目前广泛应用于数据分析、软件测试和人工智能等领域。Python 语言具有语法简单、易于学习等特点。本书主要介绍如何通过使用 Python 控制 Excel 完成各种自动化操作。

本章主要涉及的知识点有：

- Python 编程环境 Anaconda 的安装。
- 如何在 Anaconda 环境中使用 Python 程序控制 Excel。
- 如何在 Excel 中使用 xlwings 插件。

1.1　Anaconda 的下载和安装

使用 Python 操作 Excel，首先需要安装 Anaconda 软件。Anaconda 将 Python 各种常用的编程组件都打包到一个软件中，以方便用户使用。

打开 Anaconda 官网，可以在页面底部看到 Windows 版本、MacOS 版本和 Linux 版本的下载链接，如图 1.1 所示。

如果计算机使用的是 MacOS 操作系统，那么可以单击 MacOS 下方的 64-Bit Graphical Installer 版本进行下载，文件格式是.pkg，下载完成后，直接双击这个文件安装即可。如果计算机使用的是 Windows 操作系统，那么要查一下 Windows 操作系统是 32 位还是 64 位。选择"计算机"图标，然后右击，在弹出的快捷菜单中选择"属性"命令，此时会弹出计算机的基本信息窗口。在"系统"栏中可以看到该计算机是 32 位还是 64 位的操作系统，如图 1.2 所示。如果 Windows 操作系统是 64 位，那么选择安装 64-Bit Graphical Installer；如果 Windows 操作系统是 32 位，那么选择安装 32-Bit Graphical Installer。

图 1.1　Anaconda 下载界面　　　　　　图 1.2　查看计算机的基本信息

下载好对应的版本后，双击.exe 安装文件进行安装，安装步骤如下：

（1）在弹出的对话框中单击 Next 按钮，如图 1.3 所示。

（2）单击 I Agree 按钮，同意用户协议，如图 1.4 所示。

（3）选择安装类型。如图 1.5 所示，第一个选项是只为当前用户安装；第二个选项是为所有用户安装，选择完成后，单击 Next 按钮。

（4）安装界面会提示修改默认安装路径，如图 1.6 所示。读者可以选择修改路径，如 D:\anaconda3，注意路径中不能包含中文字符。

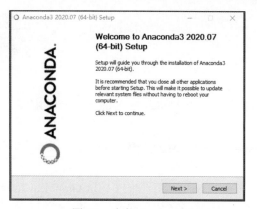

图 1.3　安装 Anaconda

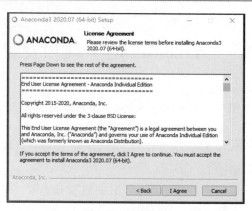

图 1.4　勾选协议

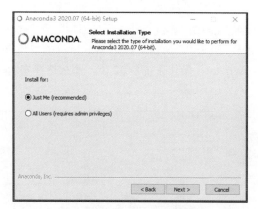

图 1.5　选择安装类型

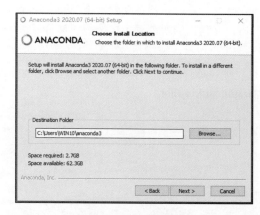

图 1.6　选择安装路径

（5）如图 1.7 所示，单击 Install 按钮，这里不需要勾选高级选项。安装过程中会出现进度提示条，如图 1.8 所示。安装时间比较长，请耐心等待。安装完成后单击 Next 按钮直到出现 Finish 按钮为止。最后，单击 Finish 按钮关闭对话框。

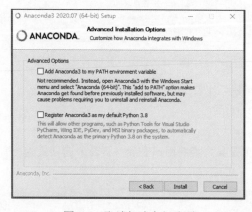

图 1.7　取消勾选高级选项

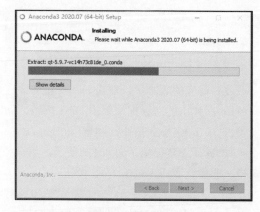

图 1.8　安装进度条

（6）安装完成后，可以在计算机桌面的"开始"菜单中找到 Anaconda Navigator（Anaconda3），如图 1.9 所示。单击该选项启动 Anaconda Navigator。

（7）在 Anaconda 启动后的界面中，可以发现有一个 Jupyter Notebook 模块。单击 Jupyter Notebook 图标下的 Launch 按钮，如图 1.10 所示，Jupyter Notebook 会在网页浏览器中启动。至此，Python 编程环境搭建成功。

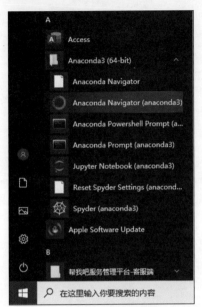

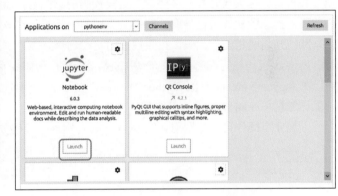

图 1.9　在开始菜单中找到 Anaconda Navigator

图 1.10　Jupyter Notebook 启动按钮

在网页浏览器中会有一个类似 Windows 文件资源管理器的界面，如图 1.11 所示。

图 1.11　Jupyter Notebook 文件管理界面

管理界面的右上角有一个 New 按钮可以用来新建一个 ipynb 文件。单击目录栏可以切换到不同层次的目录层级。当 ipynb 文件被打开时，文件列表中会有一个内容为 Running 的提示文字。

扫一扫，看视频

1.2 动手写第一个 Python 程序

安装 Anaconda 之后，就可以开始写第一个 Python 程序。这个示例程序将会自动完成以下操作：

（1）启动 Excel 程序，并新建一个 Excel 文件。

（2）在新建的 Excel 文件中添加一个新的工作簿。

（3）选择工作簿的第一个 Sheet。

（4）在第一个 Sheet 的 A1 单元格中填写数字 1。

那么计算机如何知道我们要完成这 4 个操作呢？这就需要一段 Python 代码来描述这 4 个步骤。当计算机读取这段代码并"理解"了这段代码的意图时，就会一步步地自动执行操作。这一点与我们使用手机地图软件进行导航的情形是类似的，手机地图软件会根据输入的起点和终点给出路线规划，路线规划就相当于代码，按照规划的路线到达终点。

Python 代码应写在哪里呢？一般来说，Python 代码保存在一个文件名以.py 为后缀的文本文件中。在 Jupyter Notebook 里，Python 代码保存在一个文件名以.ipynb 为后缀的文件中。读取这两种文件的计算机程序叫作 Python 解释器。

上面 4 个操作可以分别用 4 行 Python 代码实现。代码如下：

```
app = xw.App(visible = True, add_book = False)
workbook = app.books.add()
sheet1 = workbook.sheets[0]
sheet1.range('A1').value = 1
```

这些代码的具体细节会在后面的章节中详细解释。Python 代码主要是由英文单词和数字构成的，可以在上面的代码中看到 sheets、range、workbook 这些英文单词。读者可以将 Python 代码理解为特殊的英文语句，一行 Python 代码就相当于英文中的一个句子。

最后说说如何运行上面的代码，步骤如下：

（1）单击管理界面的 New 按钮，新建一个 ipynb 文件。

（2）将所有代码复制到新建的 ipynb 文件中的第 1 个输入框，如图 1.12 所示。这种类型的输入框在 Jupyter Notebook 中称为 Cell。

图 1.12 在 Cell 中输入代码

（3）单击 Run 按钮，就可以看到 Excel 程序自动启动并执行上面的操作了。

1.3 Jupyter Notebook 操作界面介绍

1.2 节介绍了如何在 Jupyter Notebook 里运行 Python 代码，本节接着介绍 Jupyter Notebook 的常用操作，学会这些操作可以提高编写和调试代码的效率。

1. 保存文件和关闭文件

在 Excel 文件里进行了一些操作之后，需要保存操作的结果，可以在工具栏中选择"保存"选项。类似地，在编写 Python 代码的时候，如果代码运行结果与预期相符合，那么也可以保存代码，方便以后复用这些代码。只需要单击 Jupyter Notebook 工具栏中的第一个按钮，如图 1.13 所示。

图 1.13　Jupyter Notebook 工具栏

保存代码之后，可以关闭当前的 Notebook 文件，操作方法是选择菜单栏中的 File→Close and Halt 命令。

2. Cell 的操作

前面介绍的代码都是写在同一个 Cell 里，也可以把一大段代码分别写到多个 Cell 中，这样阅读和管理起来更加简单。单击工具栏中的加号，就可以添加新的 Cell。

另一个常用操作就是调整某个 Cell 的位置。选中某个 Cell 之后，单击工具栏中的上下箭头，如图 1.13 所示，可以将这个 Cell 往上移动或往下移动。

Jupyter Notebook 既支持单独运行某个 Cell 的代码，又支持按顺序从上到下运行一个 ipynb 文件中所有 Cell 的代码。要运行某个 Cell 的代码，选中该 Cell，然后单击 Run 按钮。这种操作常常用于代码调试。要运行所有 Cell 的代码，选择菜单栏中的 Cell→Run All 命令即可。

3. 添加注释

可以在 Cell 里填写一段解释性的文字而不是 Python 代码，选中 Cell，然后在工具栏中设置 Cell 单元格的属性为 Markdown 即可，如图 1.14 所示。

图 1.14　设置 Cell 类型

4．隐藏运行结果

有时代码运行结果较长，这时可以把结果隐藏起来。例如，在 Cell 中输入 1+1，然后单击 Run 按钮，代码的运行结果会出现在下一行，如图 1.15 所示。

单击图 1.15 中的 Out[1]，代码运行结果就被隐藏起来了，如图 1.16 所示。

图 1.15　计算 1+1

图 1.16　隐藏代码运行结果

扫一扫，看视频

1.4　安装 xlwings 插件

xlwings 模块是一个 Python 的第三方模块，本书介绍的 Excel 自动操作就依赖于这个模块。Anaconda 中已经包含了这个模块，无须另外安装。但是这个模块有一个对应的 Excel 插件需要手动安装。安装完成后，在 Excel 的界面中会新增一个 xlwings 选项卡，如图 1.17 所示。有了 xlwings 插件后，可以很方便地调用 Python 代码处理 Excel 表格，不需要启动 Anaconda，本节后面将会举例说明如何操作。

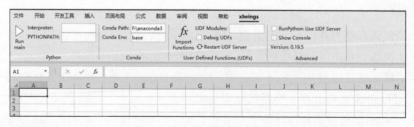

图 1.17　xlwings 选项卡

安装 Excel 插件的步骤如下：

（1）在 Anaconda 主界面中找到 CMD.exe Prompt，单击 Launch 按钮，启动命令行工具，如图 1.18 所示。

（2）在命令行窗口中输入 xlwings addin install，然后按 Enter 键。安装完成后，可以看到提示文字"Successfully installed the xlwings add-in! Please restart Excel."，如图 1.19 所示。

图 1.18　启动 CMD.exe

图 1.19　安装 xlwings 插件

（3）重启 Excel，就可以在操作界面中看到 xlwings 选项卡。

下面介绍 xlwings 选项卡中 Run main 按钮的具体用法。在 Excel 中单击它可以直接运行一段 Python 代码对表格进行操作。介绍一个具体操作实例体会一下这种用法。

（1）在 Anaconda 主界面中找到 CMD.exe Prompt，单击 Launch 按钮，启动命令行工具，如图 1.18 所示。

（2）在命令行中输入命令 xlwings quickstart test，如图 1.20 所示。执行完毕后，在计算机桌面会生成一个名为 test 的文件夹，文件夹里有两个文件：test.py 和 test.xlsm。

图 1.20　创建 xlwings 项目

（3）双击打开 test.xlsm，如图 1.21 所示，切换到 xlwings 选项卡下，可以看到 Run main 按钮。

（4）单击 Run main 按钮，可以看到 A1 单元格的内容变成了 "Hello xlwings!"，如图 1.22 所示。

在 MacOS 操作系统下运行代码之前，要把第 2 个 sheet 的名称由 "_xlwings.conf" 改为 xlwings.conf，并在这个 sheet 中的 B2 单元格中填入 "/usr/bin/python3"。

图 1.21　Run main 按钮　　　　　　图 1.22　单击 Run main 按钮运行代码

打开 test.py 文件可以看到如下代码。

```python
import xlwings as xw


@xw.sub
def main():
    wb = xw.Book.caller()
    sheet = wb.sheets[0]
    if sheet["A1"].value == "Hello xlwings!":
        sheet["A1"].value = "Bye xlwings!"
    else:
        sheet["A1"].value = "Hello xlwings!"


if __name__ == "__main__":
    xw.Book("test.xlsm").set_mock_caller()
    main()
```

可以把代码中的"Hello xlwings!"替换为"Hello world!"，然后再单击 Run main 按钮，可以看到 A1 单元格中的内容变成了"Hello world!"，如图 1.23 所示。

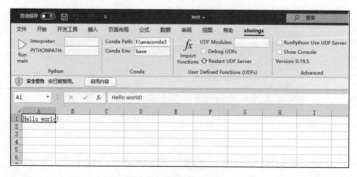

图 1.23　修改代码后运行

 再次打开 test.xlsm 文件时要选择启用宏。

第 2 章

Python 快速入门

　　本章主要介绍 Python 语言的基本语法。学会 Python 的基础语法后，就可以看懂别人编写的 Python 代码，也可以使用 Python 编写一些实用的小程序。

本章主要涉及的知识点有：

- 变量、表达式、语句、函数的基本概念。
- 列表、字典、元组。
- 用于流程控制的 while 循环和 if-else 语句。
- for 循环和列表推导式。
- range 函数。
- 面向对象的基础知识和如何在 Python 中使用面向对象。

　　建议读者多尝试修改示例代码，观察运行结果以理解 Python 的语法。

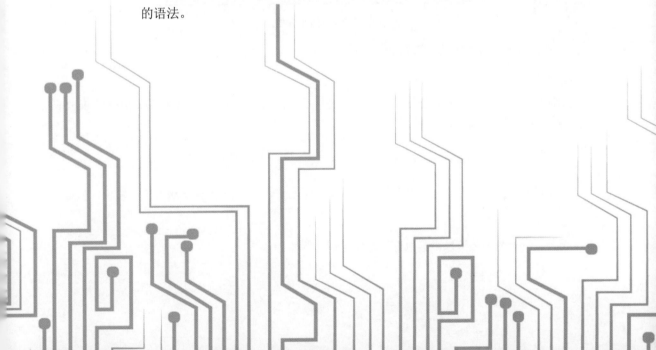

扫一扫，看视频

2.1 Python 语法概述

本节介绍 Python 语言中的基本概念，了解这些概念后，就会明白编程语言是怎样表达数据和操作的。其中，函数和对象方法调用在本节会作简单的介绍，后面的章节会对其展开论述。

2.1.1 变量

完成数据处理的程序一般分为三个部分：数据输入、数据处理和输出结果。输入的数据可能存在计算机的内存中，也可能存在计算机的磁盘中。当数据存在计算机的内存中时，就需要一种方法告诉我们数据放在内存中的哪个地方，应该怎样从这个地方取出数据。变量就是为了解决这个问题而产生的。

在 Python 中如何创建一个新的变量呢？下面举例说明，如图 2.1 所示，在 Jupyter Notebook 中输入代码 dogName = "Molly"，并运行这段代码，就会创建一个变量，这个变量的名字是 dogName，这个变量指向一个文本对象 Molly。

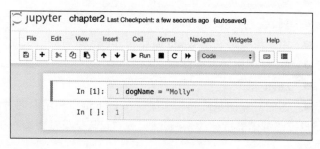

图 2.1　创建变量

使用 Python 创建变量的语法如下：

```
变量名 = 内容
```

如何修改变量的内容呢？语法其实与创建变量是一样的。例如，下面的代码就把变量 dogName 的内容由 Molly 改成 Sara。

```
dogName = "Molly"
dogName = "Sara"
```

变量经过多次修改后，若想要查看这个变量最新的值，可以使用 print 函数进行输出。例如：

```
print(dogName)
```

另外，变量的值还可以由其他变量的值得到。例如：

```
dogName = "Molly"
```

```
dogName2 = dogName
```

再进一步，可以基于变量本身的值来修改变量的值。例如：

```
a = 1
a = a+1
print(a)
```

输出结果如下：

```
2
```

Python 的变量名需要遵循如下规则：

（1）变量名必须是数字、字母、下划线的组合，而且不能以数字开头。例如，amount、user_data、day1 这样的变量名是合法的，3abc 这样的变量名是不合法的。

（2）变量名不得使用以下英文单词。这些都是 Python 语法里的保留关键字，如果代码里使用这些关键字作为变量名，Python 解析器将会提示错误信息 "SyntaxError: invalid syntax"。

```
False     await     else      import    pass
None      break     except    in        raise
True      class     finally   is        return
and       continue  for       lambda    try
as        def       from      nonlocal  while
assert    del       global    not       with
async     elif      if        or        yield
```

2.1.2 Excel 数据类型与 Python 数据类型

Excel 中的数据有如下 5 种类型：

● 文本。
● 数值。
● 日期值。
● 逻辑值。
● 错误值。

类似地，Python 中也有几种最常用的数据类型，分别是字符串、数字、日期时间和布尔值。

字符串是指由多个字符组成的文本。字符串的内容在引号内，这里的引号可以是双引号或单引号。例如：

```
'123'
"abc"
"世界你好"
```

数字包括整数和浮点数。浮点数是一种实数的表示方法，实数包括有理数和无理数。例如：

```
10.33
-2.23
-1.2E+10
-1.23E-4
```

其中，-1.2E+10 代表-12000000000，-1.23E-4 代表-0.000123。

时间日期类型实际是 Python 中 datetime 类库中的几个类（datetime、date、timedelta）。类（class）的概念将会在后面的面向对象章节中详细讲解。时间日期类型的表示将在 2.4 节中进行介绍。

Excel 单元格之间进行值的比较时，比较结果就是一个布尔值，如图 2.2 所示。

	A	B	C	D
1	3	A2>A1	FALSE	
2	2	A2<A1	TRUE	
3		A2=A1	FALSE	
4				

图 2.2　Excel 中的布尔值

与 Excel 类似，Python 的布尔值只有两个可能值，分别是 True 和 False。其中，True 表示真，False 表示假。

2.1.3　Excel 函数与 Python 函数

当程序中的代码变得越来越多，代码的逻辑变得越来越复杂时，就需要将代码分成一个个较小的部分。函数就是完成这项工作的一个工具。函数就像乐高里的积木一样，程序由各种不同功能的函数"搭建"起来。函数是一段可以复用的代码，用于执行特定的功能。调用函数时，有时需要传入参数，有时不需要传入任何参数。函数执行完毕后可能不返回任何值，也可能返回一个值，这个值称为返回值。

在第 1 章中的示例代码里 print 就是一个函数，其中，字符串"Hello, World!"对应函数的第一个参数。

```
print("Hello, World!")
```

下面的代码调用函数 abs，参数是-1，返回值是-1 的绝对值 1，并且函数的返回值保存在变量 a 中。

```
a = abs(-1)
print(a)
```

Python 中有很多内置函数，可以直接调用。有些函数属于某个模块，需要在使用之前先引入模块。

与 Excel 函数的区别在于，Python 函数内部可以创建局部变量。这个局部变量在函数外是无法读取和修改的。例如，运行下面的代码会出错。

```
def foo(x):
    a = 2 + x
    return 2*a
foo(2)
```

```
print(a)
```

在函数外，变量 a 并不存在，所以运行程序会得到下面这样的错误信息。

```
NameError: name 'a' is not defined
```

2.1.4　Excel 公式与 Python 函数

Excel 公式就是组合运用多个 Excel 函数来计算结果。在 Excel 公式中，可以引用单元格或单元格区域。类似地，Python 函数也可以组合使用。例如：

```
print(pow(abs(-2), 3))
```

Excel 公式有时会变得非常复杂，嵌套很多层。在 Python 中要完成类似的功能会采用更加方便管理的方法，就是自定义一个新的函数。如何自定义函数会在 2.7.1 小节中详细介绍。

2.1.5　面向对象简介

使用 Excel，其实就是在操作工作簿、工作表、单元格这些对象，那么在 Python 代码中如何表达这些操作呢？Python 的面向对象编程可以用来描述这些操作。前面介绍的 Python 字符串类型实际上是一个字符串对象。

要描述现实世界中的对象，可以从以下两个方面展开：

（1）这个对象的属性，如一个单元格的字体、背景颜色。

（2）可以对这个对象执行的操作，如一个 Excel 文件的打开、保存和复制等操作。

在面向对象编程中，也是从属性和操作两方面来描述一个对象（object）。对象的属性（attribute）其实只是一个特殊的 Python 变量，它从属于某个对象。对象的方法（method）与 Python 函数很像，方法与函数的不同之处在于，方法可以直接访问对象的属性。对象就是把数据和函数结合在一起形成一个统一的整体。例如，一个单元格对象可以有一个属性 height 代表它的高度，有一个属性 width 代表它的宽度，有一个 autofit 方法让它根据内容自动调整宽度和高度。

面向对象实际是一种抽象手段。它把现实世界中各种需要重用的抽象概念提取出来，用"类"来表示。类（class）是创建一个对象的蓝图或模板，创建一个对象，就是实例化某个已经定义好的类。各个对象之间的状态是独立变化的，这样易于管理。Python 中已经预定义的类是用于完成常用的编程任务。

有了面向对象的概念后，在编程时可以更多地从抽象层面去表达要实现的功能，不需要过早地纠结于具体实现细节。这种思路类似于为了解决工程的测量计算问题，先抽象出矩形和圆形等几何概念，然后把这些基本几何对象的性质研究清楚。合理使用面向对象编程往往让代码更符合人的思维习惯，更容易修改和理解。

2.1.6　练习题

（1）以下代码能否正常运行？为什么？

```
class = 3
```

（2）如果一个变量的名称是 list，会有什么问题？

（3）如果要用一个 Python 变量表示订单是否有折扣，这个变量的类型应该是什么？

（4）Python 类和 Python 对象之间是什么关系？

扫一扫，看视频

2.2　Python 数学运算

通过 Python 语言可以完成 Excel 中的各种数学运算，本节将介绍 Python 中的基本数值类型、算术运算符和常用的数学函数。学会本节的内容，就可以使用 Python 完成一些简单的数学计算，将 Python 当作一个高级的计算器。

2.2.1　Python 数值类型

Python 有以下 3 种不同的数值类型：
- 整型。
- 浮点型。
- 复数。

其中，整型和浮点型的形式与 Excel 中的写法类似，复数是 x+yj 的形式。例如：

```
1+2j
```

type 函数可以获取一个变量的类型。例如：

```
a = 5
print(type(a))
b = 3.14
print(type(b))
c = 5 + 3j
print(type(c))
```

输出结果如下：

```
<class 'int'>
<class 'float'>
<class 'complex'>
```

从输出结果可以看出，变量 a 的类型是整型，变量 b 的类型是浮点型，变量 c 的类型是复数。

2.2.2 Python 算术运算符

Python 中的加法、减法和乘法与 Excel 中的运算形式类似，比较简单。读者可以试着输入以下代码查看结果。

```
a=1+2*3-5
print(a)
b=(2+3)*4
print(b)
```

Python 中的除法比较特别，总共有 3 种与除法相关的运算，分别使用 3 种不同的运算符。第 1 种除法运算返回的结果是浮点数类型。

```
a=6/4
print(a)  # 1.5
```

第 2 种除法运算返回的结果是商。

```
a=6//4
print(a)  # 1
```

第 3 种除法运算返回的结果是余数。

```
a=6%4
print(a)  # 2
```

2.2.3 Python 数学函数

Python 中有一些内置的数学计算函数，可以实现与 Excel 数学计算函数类似的功能，总结见表 2.1。

表 2.1 Python 数学函数

函　　数	说　　明	Excel 函数
abs(a)	计算 a 的绝对值	ABS 函数
divmod(a, b)	返回 a 除以 b 的商和余数	QUOTIENT 函数返回两数相除的商，MOD 函数返回两数相除的余数
round(a)	返回浮点数 a 的四舍五入之后的值	ROUND 函数
sum([a, b, c])	计算 a+b+c 的总和	SUM 函数
pow(a, n)	计算 a 的 n 次方	POW 函数
min(a,b,c)	返回 a、b、c 中最小的值	MIN 函数
max(a,b,c)	返回 a、b、c 中最大的值	MAX 函数

读者可以试着运行以下代码，查看结果。

```
print(abs(-3))
print(divmod(10, 3))
print(round(5/4))
print(sum([1,2,3]))
print(pow(2,4))
print(max(1,5,7))
print(min(1,5,7))
```

　Python 的 sum 函数的参数是一个列表，列表类型将会在 2.5 节中详细介绍。

2.2.4　练习题

（1）已知一个直角三角形的两条直角边的长度分别是 12 和 13，用 Python 计算出斜边的长度。

（2）用 Python 计算出 999999 除以 6 的余数和商。

（3）运行以下代码，并查看结果。

```
0.1 + 0.1 + 0.1
```

（4）用 Python 计算出 1 除以 3 的结果，结果保留两位小数。

扫一扫，看视频

2.3　Python 文本处理

Excel 中有各种各样的文本处理函数，Python 中同样也提供了大量的文本处理功能。与 Excel 不同的是，这些文本处理功能都是基于字符串对象的方法实现的。本节介绍的文本处理操作有截取字符串、分割字符串、连接字符串、替换字符串和查找字符串等。

2.3.1　截取字符串

截取字符串就是从某个位置起截取字符串的某一部分。Excel 中的字符串截取函数主要有 LEFT、RIGHT、MID。其中，LEFT 函数从字符串的左边开始截取，RIGHT 函数从字符串的右边开始截取，MID 函数从字符串中间某个位置开始截取指定个数的字符。这 3 个函数的例子如图 2.3 所示。

	A	B	C
1		公式	结果
2	12345-End	LEFT(A2,5)	12345
3	ID-12345	RIGHT(A3,5)	12345
4	AA-12345-BB	MID(A4,4,5)	12345
5			

图 2.3　Excel 公式截取字符串

Python 的字符串截取比较特别，语法如下：

```
str[start:end]
```

start 和 end 都是一个整数。这个语法代表从位置 start 开始截取字符串，直到 end 之前的一个字符为止。在 Python 中，字符串起始位置的索引是从 0 开始计数的。下面通过一个示例解释这个字符串截取语法。

```
str = "字符串截取示例"
print(str[0:2])        # 0 代表从第 1 个字符开始截取
print(str[1:3])        # 1 代表从第 2 个字符开始截取
print(str[0])          # 0 代表从第 1 个字符开始截，只截取一个字符
print(str[-2])         # -2 代表从倒数第 2 个字符开始截取，只截取一个字符
print(str[-2:2])       # -2 代表从倒数第 2 个字符开始截取，截取两个字符
```

运行结果如下：

```
字符
符串
字
示
```

第 1 行代码创建了一个字符串变量。第 2～6 行都是演示如何打印字符串中的内容，冒号后面的数字代表截取的字符数。读者可以试着修改示例中的数字，查看输出结果，从而理解截取字符串的语法。

最后给出 3 个例子，对应图 2.3 中的 3 个字符串截取公式，读者可以对比着来理解 Python 字符串截取操作。

```
str1 = "12345-End"
str1[0:5]
str2 = "ID-12345"
str2[-5:]
str3 = "AA-12345-BB"
str3[3:8]
```

str1 = "12345-End"这个语句创建了一个字符串对象 str1，字符串对象有各种实用的方法，接下来就来介绍这些方法。

2.3.2　分割字符串

1．Excel 分割字符串

在 Excel 中可以组合使用 LEFT 函数、RIGHT 函数、SEARCH 函数来实现按字符分割字符串。例如，要将 A2 单元格中的字符串"ab,cd"按逗号分割成两个部分，可以这样：

```
=LEFT(A2, SEARCH("-",A2,1)-1)
```

```
=RIGHT(A2, SEARCH(",", A2)-1)
```

2．Python 面向对象方法的调用

介绍 Python 字符串的各种方法之前，先引入 Python 面向对象中调用方法的语法。调用对象的方法的语法如下：

```
对象.方法名()
```

或

```
对象.方法名(参数列表)
```

对象与方法名之间会用一个点号隔开。例如，有一个对象 car，可以执行如下语句调用它的 run 方法和 repair 方法。其中，run 方法有一个参数，代表汽车行驶公里数；repair 方法代表汽车维修。

```
car.run(100)
car.repair()
```

对象方法是可以对对象执行的操作,方法是包含在对象中的函数,所以方法也有参数和返回值。

3．Python 分割字符串

Python 分割字符串的操作比 Excel 更加简单，可以使用 split 方法，分割的结果是一个列表，列表会在 2.5 节中介绍。使用 split 方法分割字符串的示例代码如下：

```
print("a,b,c".split(","))
print("11;13".split(";"))
```

运行结果如下：

```
['a', 'b', 'c']
['11', '13']
```

2.3.3　连接字符串

在 Excel 中，两个字符串可以用"&"连接起来。例如：

```
"abc"&"def"
```

在 Python 中，两个字符串可以用"+"连接起来。例如：

```
"abc"+"def"
```

2.3.4　替换字符串

Excel 中的函数 SUBSTITUTE 可以用于替换字符串，语法形式如下：

```
SUBSTITUTE (text, old_text, new_text, [num])
```

其中，text 代表需要替换其中字符的字符串；old_text 代表需要替换的字符串；new_text 代表替换字符串；num 代表替换一次且只替换第 num 个出现的字符串。例如，对字符串"晴川历历汉阳树，芳草萋萋鹦鹉洲"调用 SUBSTITUTE 函数的结果如图 2.4 所示。

	A	B
1	晴川历历汉阳树,芳草萋萋鹦鹉洲	
2	SUBSTITUTE(A1,"历","A",2)	晴川历A汉阳树,芳草萋萋鹦鹉洲
3	SUBSTITUTE(A1,"历","A")	晴川AA汉阳树,芳草萋萋鹦鹉洲
4		
5		

图 2.4　SUBSTITUTE 函数的例子

从图 2.4 中可以看到，当不填写 num 参数时，所有"历"字被替换；当 num 参数等于 2 时，第 2 个"历"字被替换。

Python 中的 replace 方法用于替换字符串，它与 SUBSTITUTE 函数非常类似。调用形式如下：

```
str.replace(old, new[, max])
```

其中，old 代表将被替换的字符串；new 代表用于替换 old 的字符串；max 代表最多替换 max 次。示例代码如下：

```
str = "晴川历历汉阳树,芳草萋萋鹦鹉洲"
print(str.replace("历", "A"))
print(str.replace("历", "A", 1))
```

运行结果如下：

```
晴川 AA 汉阳树,芳草萋萋鹦鹉洲
晴川 A 历汉阳树,芳草萋萋鹦鹉洲
```

2.3.5　查找字符串

Excel 中的函数 FIND 可以用于查找字符串，语法形式如下：

```
FIND(find_text, within_text, [start_num])
```

其中，find_text 代表要查找的文本；within_text 代表要从哪个文本中查找；start_num 代要开始查找的起始位置，用从 1 开始的数字表示。下面给出 FIND 函数的示例，如图 2.5 所示。

	A	B	C
1	独坐常忽忽,情怀何悠悠	FIND("忽", A1)	4
2		FIND("忽", A1, 5)	5
3		FIND("是", A1)	#VALUE!
4			

图 2.5　在 Excel 中查找字符串

当 FIND 函数没有找到指定的字符串时，会返回结果"#VALUE！"。

Python 中的 find 方法可以完成类似的功能。如果包含某字符串，则返回该字符串的第 1 个字符的索引值；如果不包含某字符串，则返回-1。

```
str = "字符串截取示例"
str.find("串") # 2
str.find("的") # -1
```

"串"是字符串中第 3 个字符，find 方法返回的结果是 2。因为字符串的位置是以 0 开始计数的，所以结果刚好是顺序数减一。

查找字符串还有一个 rfind 方法，与 find 方法的区别在于，rfind 从字符串末尾开始查找。试着运行以下代码，观察输出结果。

```
str = "字符串截取示例字符串"
str.find("字符串")
str.rfind("字符串")
```

2.3.6　获取字符串长度

字符串的长度就是字符串包含字符的个数。使用 Excel 中的 LEN 函数可以获取某个单元格的字符串的长度，如 LEN(A1)的值是单元格 A1 中字符串的长度。类似地，用 Python 中的内置函数 len 也可以获取字符串的长度。例如：

```
len(str)
```

2.3.7　练习题

（1）用 Python 字符串操作函数从下面的字符串中提取省、市、区等信息。

```
address1 = "广东省广州市天河区"
address2 = "江门市蓬江区建设三路"
address3 = "上海市嘉定区江桥镇华江公路"
```

（2）用 Python 替换下面文本中的错别字。

```
text = "坚侍长跑，即煅练了身体，也磨练了意知。"
```

扫一扫，看视频

2.4　Python 日期时间

Python 除了能处理数字和字符串，还能处理日期时间数据。本节先介绍如何引入 Python 日期时间处理的功能模块，再介绍 Python 的日期时间操作。学会本节的内容，读者可以用 Python 计算本年还剩多少天、本周是本年第几周这种实用的问题。

2.4.1　Python 模块

　　Python 模块就是把各种相关的函数和类放到同一文件中。如果说函数和类是构建程序的部件，那么模块就是存放部件的箱子。相关的部件会放进同一个箱子，相关的模块会归类到同一个模块。

　　要使用模块中的某个函数或类，首先要让 Python 解释器知道我们要使用哪个模块。import 语句就是用来引入模块的，其最常用的几种写法如下所示，其中 module 表示模块名。

```
import module
module.function()

# 这里其实就是把 module 添加一个别名 m
import module as m
m.function()

from module import funxxx
funxxx()
```

下面给出 3 种写法对应的具体例子。

```
import random
random.randint(0, 9)

import numpy as np
import pandas as pd
np.ones(3)
s=pd.Series({'a':1,'b':2,'c':3,'f':4,'e':5})

from datetime import date
print(date(2019, 11, 11))
```

2.4.2　获取当前日期

　　在 Excel 中，可以使用函数 NOW 获取当前时间，如图 2.6 所示。

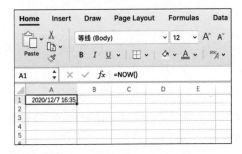

图 2.6　Excel 函数获取当前时间

在 Python 中，使用 datetime 类的 now 方法也可以实现同样的功能。例如：

```
from datetime import datetime
datetime.now()
```

 这里并没有先创建一个对象，然后调用方法，而是直接调用类本身的方法。类的方法其实就是一些从属于类的函数。

2.4.3 获取日期的年、月、日

在 Excel 中使用函数 YEAR、MONTH、DAY 可以分别获取日期中的年、月、日，如图 2.7 所示。

	A	B	C
1	2020/4/1	YEAR(A1)	2020
2		MONTH(A1)	4
3		DAY(A1)	1
4			

图 2.7　Excel 函数获取年、月、日

在介绍如何使用 Python 获取日期的年、月、日之前，先介绍如何在类中创建一个新的对象和读取对象的属性。创建一个对象的语法如下：

```
对象 = 类名()
```

或

```
对象 = 类名(参数)
```

例如，创建一个 car 对象的代码如下：

```
car = Car()
```

其中 Car 是类名。如果要在创建 car 对象的同时设定一些参数，可以执行如下语句：

```
car = Car("red", 1.6)
```

这里的 red 代表汽车的颜色，1.6 代表汽车的排量。

Python 获取对象属性的语法如下：

```
对象.属性名
```

对象和对象属性之间会用一个点号隔开。例如，读取 car 对象的属性的代码如下：

```
car.weight
car.color
```

其中，car.weight 代表 car 对象的重量；car.color 代表 car 对象的颜色。例如，要修改 car 对象的 weight 属性，可以进行如下赋值：

```
car.weight = 100
```

另外，也可以把对象的属性赋值给其他变量或其他对象的属性。例如：

```
w = car.weight
bus.weight = car.weight
```

有了上面的语法知识，接下来介绍如何用 Python 中的时间日期类获取年、月、日等信息。

在 Python 中一般用 date 类或 datetime 类来表示时间，所以要获取某个日期的年、月、日，就要读取 date 类或 datetime 类的 year、month、day 属性。示例代码如下：

```
from datetime import date, datetime
shoppingDay = date(2021, 11, 11)
print(shoppingDay.year)
print(shoppingDay.month)
print(shoppingDay.day)


now = datetime.now()
print(now.year)
print(now.month)
print(now.day)
```

代码的第 2 行初始化 date 类时传入了 3 个参数，分别对应年、月、日。

2.4.4 设置日期格式

在 Excel 中，通过设置单元格格式，就可以设置单元格的日期格式，如图 2.8 所示。

图 2.8 设置日期格式

在 Python 中，datetime 类和 date 类都有一个 strftime 方法用于将时间转换成指定的格式。strftime 只有一个参数，这个参数是一个表示格式规则的字符串。这个字符串包含若干个格式化符号，这些符号分别对应着年、月、日等信息。常用的日期格式化符号见表 2.2。

表 2.2　日期格式化符号

符　　号	说　　明
%y	两位数的年份（00～99）
%Y	四位数的年份（000～9999）
%m	月份（01～12）
%d	日（0～31）
%H	24 小时制小时数（0～23）
%I	12 小时制小时数（01～12）
%S	秒（00～59）
%M	分钟（00～59）
%w	星期几，星期日是一个星期的开始（0～6）

strftime 方法的示例代码如下：

```
from datetime import datetime, date, timedelta

day = date(2020,3,14)
print(day.strftime("%Y 年%m 月%d 日"))
print(day.strftime("%Y-%m-%d"))
print(day.strftime("%Y/%-m/%d"))
print(day.strftime("%w"))

today = datetime.now()
print(today.strftime("%Y 年%m 月%d 日"))
print(today.strftime("%Y-%m-%d"))
print(today.strftime("%Y/%-m/%d"))
print(today.strftime("%w"))
```

输出结果如下：

```
2020 年 03 月 14 日
2020-03-14
2020/3/14
6
2021 年 01 月 05 日
2021-01-05
2021/1/05
2
```

2.4.5　计算日期时间间隔

在 Excel 中，可以直接用公式计算两个日期之间相差的天数。计算方法就是两个存放时间值的单元格的值相减，如图 2.9 所示。

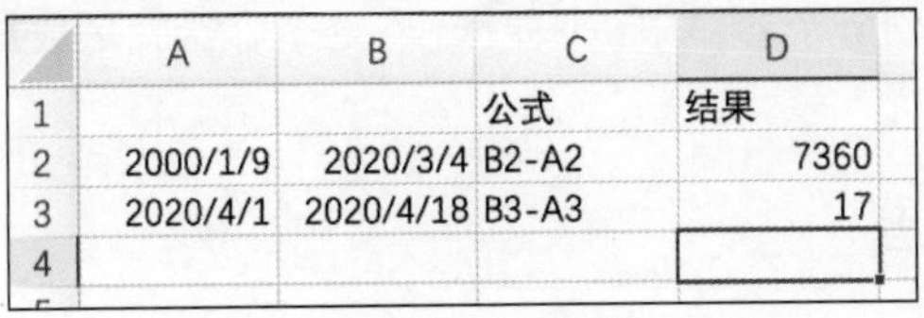

	A	B	C	D
1			公式	结果
2	2000/1/9	2020/3/4	B2-A2	7360
3	2020/4/1	2020/4/18	B3-A3	17
4				

图 2.9　在 Excel 中计算间隔天数

用 Python 计算日期间隔是基于 timedelta 类型完成的。两个 datetime 对象相减会得到一个 timedelta 类型对象。例如，计算 2020 年 1 月 1 日与 2019 年 12 月 11 日之间隔了多少天和多少秒，示例代码如下：

```
from datetime import datetime
delta = datetime(2020, 1, 1) - datetime(2019,12,11)
print(delta.days)
print(delta.seconds)
```

另外，timedelta 类型也可以用来计算从某天开始过了若干天之后是什么日期，示例代码如下：

```
from datetime import datetime, timedelta
day = datetime(2020, 1, 1)
delta = timedelta(days=300)
newday = day + delta
print(newday)
```

2.4.6　练习题

（1）用 Python 输出昨天和今天的时间字符串，如果月份或日期不足两位，用 0 补足。例如，今天是 2020 年 9 月 1 日，那么输出：

```
20200831
20200901
```

（2）用 Python 计算今天距离本年 1 月 1 日有多少天。

（3）用 Python 计算 2021 年每月有多少天。

（4）用 Python 计算 2021 年 1 月 1 日之前的 100 天是什么日期。

2.5 Python 常用数据结构

平时在搬运东西时会把各种不同物品先装进箱子里，然后再运送。在 Python 中也有类似的机制，把字符串和数字等变量放到同一个容器中，方便操作。这个容器就是数据结构，本节就来介绍 Python 中常用的数据结构。

2.5.1 顺序结构——列表

列表在日常生活中经常会用到。例如，在超市购买商品时，会列出一个购物清单，如图 2.10 所示。这个购物清单就是一个列表。

图 2.10 超市购物清单

1．创建列表

在 Python 中创建列表的语法形式如下：

```
列表变量 = [元素, 元素, ..., 元素]
```

图 2.10 所示的购物清单可以用列表来表示，代码如下：

```
shoppingList = ['牛奶','苹果', '沐浴露','纸巾']
```

列表的元素既可以是字符串，也可以是变量或数字，各个元素的类型可以不一样。例如，下面的列表中既有字符串，又有整数和浮点数。

```
list1 = ['a', 1, 3.14]
```

创建一个空的列表，那么只需要写一对方括号。

```
[]
```

这样的空列表有什么作用呢？有时我们并不会提前知道列表中有什么元素，只知道会用这个列表存放某些内容。空列表就像一个空箱子一样，当放入新的东西时，分配出一个新的格子。

2. 列表索引

为了记录列表中每一个东西的位置，Python 引入了索引的概念。读者可以暂时把列表想象成按顺序排成一条直线的几个盒子，可以往每个盒子里放入一样东西而且只能放入一样东西，如图 2.11 所示。

图 2.11　把列表想象成多个盒子

在图 2.11 中，数字 0、1、2、3 就是索引。在列表这个"盒子"上写了多个数字，而且从 0 开始。借助索引可以修改列表中的元素。例如，把苹果放入列表的 0 号位置的代码如下：

```
list[0] = "苹果"
```

把菠萝放入列表的 2 号位置的代码如下：

```
list[2] = "菠萝"
```

同样地，从列表中取出元素也是使用索引。

```
apple = list[1]
```

 Python 语言中列表的索引是从 0 开始，而不是从 1 开始。这是初学者需要逐步适应的一点。

列表中的元素也可以是列表，列表还可以是二维的。例如：

```
numberArray= [
    [1, 2, 3],
    [4, 5, 6]
]
```

列表 numberArray 中的两个元素都是列表。这个列表也可以使用索引获取元素，即 numberArray[0] 对应列表[1,2,3]，numberArray[0][2]对应元素 3，如图 2.12 所示。

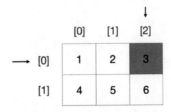

图 2.12　二维列表示意图

3．列表分片

如果要获取列表中的多个连续元素，需要使用一种名为"切片运算符"的语法。切片这个说法很形象，类似于平时做饭的时候切萝卜，把萝卜切成一片片，如图 2.13 所示。

示例代码如下：

```
list = ["苹果", "香蕉", "菠萝", "雪梨"]
list[1:3]  # 返回['香蕉', '菠萝']。对应着第 2 和第 3 个元素
```

上面的代码中，冒号左边的 1 代表截取的起始索引，冒号右边的 3 代表截取的结束索引。截取从索引为 1 的元素开始，但是不包括索引为 3 的元素，如图 2.14 所示。所以 list[1:3]只截取了两个元素。

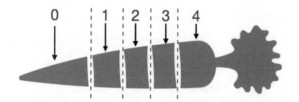

图 2.13　Python 中的切片与把萝卜切成片类似

图 2.14　列表分片

当冒号前的数字省略时，意味着从 0 开始截取；当冒号后的数字省略时，意味着截取到列表的末尾。读者可以试着输入以下代码看看会输出什么。

```
list = ["苹果", "香蕉", "菠萝", "雪梨"]
print(list[1:4])
print(list[2:3])
print(list[2:])
print(list[0:4])
print(list[0:5])
print(list[:])
```

这里的 list[:]其实是 list 的一个副本，只有一个冒号，相当于截取开头和结尾都使用了默认值，所以可以用这种方法获取该列表的副本。

4．添加元素到列表

向列表添加元素有以下 3 种方法。

● append：向列表末尾增加一个元素。

● extend：向列表末尾增加多个元素。

● insert：向列表中某个位置添加一个元素。

append 方法的参数就是要添加的元素。示例代码如下：

```
numbers = []
numbers.append(1)
print(numbers)
numbers.append(2)
print(numbers)
```

输出结果如下：

```
[1]
[1, 2]
```

extend 方法在列表的末尾增加多个元素。示例代码如下：

```
numbers = [1, 2, 3]
numbers.extend([4, 5, 6])
```

extend 方法的参数是一个列表，extend 方法将该列表中的所有元素添加到原列表的末尾。

insert 方法就是向列表的某个位置添加一个元素，insert 方法的第一个参数就是位置。示例代码如下：

```
numbers = [1, 2, 3]
numbers.insert(1, 100)
print(numbers)
```

输出结果如下：

```
[1, 100, 2, 3]
```

5. 删除列表元素

从列表中删除元素有如下 3 种方法：

- remove 方法。
- pop 方法。
- del 语句。

remove 方法用于删除列表中指定的元素。例如，下面的代码删除了列表中的元素 51。

```
numbers = [14, 51, 23, 23, 56, 100]
numbers.remove(51)
```

pop 方法用于删除列表中最后一个元素，并返回这个元素。例如：

```
numbers = [14, 51, 23, 23, 56, 100]
print(numbers.pop())
print(numbers)
```

输出结果如下：

```
100
```

```
[14, 51, 23, 23, 56]
```

最后说说 del 语句，del 其实是英语单词 delete 的简写。del 语句可以删除指定位置的列表元素。例如：

```
numbers = [14, 51, 23, 23, 56, 100]
del numbers[1]
print(numbers)
```

输出结果如下：

```
[14, 23, 23, 56, 100]
```

6. 搜索列表

要确定某个元素是否在列表中，可以使用 in 关键字。这里的列表一般是动态创建的或者由外部输入的。示例代码如下：

```
'banner' in ["banner", "approve", "children", "extend"]
```

该语句返回一个布尔值。如果值为 True，说明元素在列表中；如果值为 False，说明元素不在列表中。

要确定某个元素在列表中的位置，可以使用 index 方法。例如：

```
l = ["banner", "approve", "children", "extend"]
print(l.index("approve"))
```

输出结果是 1，刚好是 approve 在列表中的索引。

7. 列表排序

要对列表中的元素进行排序，可以使用 sort 方法。例如：

```
numbers = [14, 51, 23, 23, 56, 100]
numbers.sort()
print(numbers)

texts = ["banner", "approve", "children", "extend"]
texts.sort()
print(texts)
```

输出结果如下：

```
[14, 23, 23, 51, 56, 100]
['approve', 'banner', 'children', 'extend']
```

sort 方法会对列表中的数字从小到大排序，对列表中的字符串从 A 到 Z 排序。

sort 方法用于修改列表，而不是把排序结果作为 sort 方法的返回结果。

要对列表中的元素进行倒序排列，可以用参数 reverse。例如：

```
numbers = [14, 51, 23, 23, 56, 100]
numbers.sort(reverse=True)
texts = ["banner", "approve", "children", "extend"]
texts.sort(reverse=True)
```

numbers.sort(reverse=True)使用了函数的关键字参数形式，在后面的章节会详细介绍。

8．获取列表元素个数

与字符串类似，使用 len 方法可以获取列表中的元素个数。例如：

```
len([1, 2, 3])
```

2.5.2　映射结构——字典

映射结构就是把一个值映射到另外一个值的结构。Python 中的字典就是一个映射结构，它跟手机通讯录很相似。如图 2.15 所示，通过姓名可以找到这个人的电话和邮箱等联系方式，姓名与电话是一一对应的。但是字典是一个特殊的通讯录，因为它不允许里面有两个人姓名是相同的。

	A	B	C
1	姓名	电话	邮箱
2	张三	130-8888-7777	abc@test.com
3	李四	180-3333-4444	efg@test.com
4			
5			
6			
7			

图 2.15　通讯录

作为查找的依据，在字典中称为"键"，而对应的查找结果称为"值"。所以，在图 2.15 所示的通讯录中，姓名就是键，电话就是值。

图 2.15 所示的通讯录用字典可以这样表示：

```
addressBook = {'张三' : '130-8888-7777', '李四' : '180-3333-4444'}
```

字典的语法形式如下：

```
{key1:value1, key2:value2, ... }
```

下面以 addressBook 为例，讲解关于字典的常用方法和常规操作。

（1）利用 items 方法输出整个通讯录的内容，这里使用到循环控制结果，在后面的章节中会提到，暂时可以先这样理解。代码中的 k 对应键，v 对应值。

```
for k, v in addressBook.items():
    print(k, v)
```

（2）利用 keys 方法获取通讯录中的所有人名。

```
addressBook.keys()
# dict_keys(['张三', '李四'])
```

（3）利用 values 方法获取通讯录中的所有电话。

```
addressBook.values()
```

输出结果如下：

```
dict_values(['130-8888-7777', '180-3333-4444'])
```

（4）添加新记录。

```
addressBook["赵五"] = '123-4567-8888'
```

（5）把张三的记录从通讯录中删除。

```
del addressBook["张三"]
```

（6）计算通讯录里有多少条记录。

```
len(addressBook)
```

2.5.3 元组

元组其实就是特殊的列表，列表中的大部分方法在元组中也可以使用，只是元组是不可修改的。怎样理解"不可修改"呢？请看下面的例子。

```
a = (1,2,3)
a[0] = 4
```

Python 解释器会提示以下错误信息。

```
TypeError: 'tuple' object does not support item assignment
```

这个错误信息的意思就是元组的元素不能修改。

创建列表的语法使用方括号，而创建元组的语法是使用圆括号。创建元组的示例如下：

```
t1 = ()                # 创建空元组
t2 = (1, 2)            # 创建数字元组
t3 = ("a", "b", "c")   # 创建字符串元组
t4 = (1, "b", "c")     # 创建字符串元组
t5 = (1, )             # 单元素
```

元组与列表的读取是类似的，这里不再赘述，读者可以自己动手试试。另外，元组之间可以通

过加号运算符相互连接。例如：

```
t1 = (1, 2, 3)
t2 = (4, 5, 6)
print(t1 + t2)
```

输出结果如下：

```
(1, 2, 3, 4, 5, 6)
```

2.5.4 集合

Python 中的集合类似于高中数学中集合的概念。集合类型在编程中和列表、字典一样都是常用的数据结构。本节将会介绍几种集合的最常用的操作。

1. 添加元素

可以用 add 方法向集合中添加元素，如果元素已经存在，则不进行任何操作。以下示例代码的两次输出结果都是{'大拇指','食指','中指','小指','无名指'}，因为元素"无名指"已经在集合 s 中。

```
s = {"大拇指", "食指", "中指", "无名指"}
s.add("小指")
print(s)
s.add("无名指")
print(s)
```

2. 删除元素

用 discard 方法可以删除元素。例如：

```
s = {"大拇指", "食指", "中指", "无名指"}
s.discard("食指")
print(s)
```

输出结果如下：

```
{'无名指', '大拇指', '中指'}
```

3. 判断某个元素是否属于集合

在 Python 中常常使用 in 关键字来判断从属关系。例如：

```
"食指" in s
```

输出结果如下：

```
True
```

4．获取集合元素的个数

与列表类似，len 方法可以获取集合元素的个数。例如：

```
len(s)
```

2.5.5　练习题

（1）把 10 以内的偶数存入一个列表中，并计算这些偶数的总和。

（2）用 Python 计算斐波那契数列的前 5 位，并存入列表中。

（3）把 26 个英文字母存入列表，去除字母 C 之后计算字母 O 排在第几位。请用 Python 计算这个问题的答案。

（4）如何通过切片运算获取 array 变量中的数字 4。

```
array = [
    [0, 1, 2],
    [3, 4, 6]
];
```

（5）下面的代码会输出什么？

```
people = [
    {'name': 'a', 'age': '13'},
    {'name': 'b', 'age': '23'},
];

print(people[0]['name'])
print(people[1]['age'])
```

（6）下面的代码会输出什么？

```
a = {'mobile': ['18088884444', '13377779999'], 'name': '13'}
    print(a['mobile'][1])
```

（7）下面的代码会输出什么？

```
info = {"name": "jimmy", "age": 18, "height": 180}
for k in enumerate(info):
    print(k)
```

（8）下面代码的运行结果是什么？为什么？

```
numbers = [14, 51, 23, 23, 56, 100]
numbers2 = numbers
numbers2.sort()
print(numbers)
```

（9）下面代码的运行结果是什么？为什么？

```
numbers = [14, 51, 23, 23, 56, 100]
numbers2 = numbers[:]
numbers2.sort()
print(numbers)
```

2.6 Python 常用控制结构

扫一扫，看视频

前面介绍的 Python 语法可以完成一些简单的运算，但是要完成更实用更复杂的程序，就需要引入流程控制语句，根据条件自动执行相应的操作，重复执行某段代码。

本节将会介绍以下几种 Python 中的常用控制结构。

- if 语句、if-else 语句、if-elif-else 语句。
- while 语句。
- for 语句。

另外，本节还将介绍几个用于简化 Python 编程的知识点。

- range 函数。
- zip 函数。
- 列表推导式。

2.6.1 代码块与判断条件

在讲解控制结构之前，首先要引入两个概念：代码块和判断条件。代码块其实就是由多条语句构成一个逻辑部分，它从属于某个部分（如某个函数、if 语句）。Python 中通过缩进来创建代码块，一般一级缩进对应 4 个空格，代码块的前一行末尾会有一个冒号（:）。

下面举例说明什么是一个代码块，有这样一段代码，如图 2.16 所示。

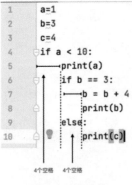

图 2.16　代码块

“if a < 10:”后面的 6 行代码就构成了一个代码块，这个代码块缩进了 4 个空格。而“if b == 3:”后面的两行语句也构成了一个代码块，这个代码块缩进了 8 个空格。可以看到属于同一个代码块的代码缩进量是一样的，代码块是可以嵌套的。在 Jupyter Notebook 中输入冒号之后按回车键，代码会自动缩进。

这里 if 与同一行的冒号之间的部分就是判断条件，判断条件的结果是一个布尔类型的值。

2.6.2 比较运算符

在 Excel 中比较两个单元格是否相等，可以使用类似这样的公式：

```
=IF(A1=A2, TRUE, FALSE)
```

这里“=”是一个比较运算符。比较运算符用于执行比较运算，如比较两个数的大小。Excel 中常用的比较运算符见表 2.3。

表 2.3 Excel 中的比较运算符

表 达 式	说 明
x = y	x 等于 y
x < y	x 小于 y
x > y	x 大于 y
x >= y	x 大于或等于 y
x <= y	x 小于或等于 y
x <> y	x 不等于 y

这些运算符的使用示例如图 2.17 所示。

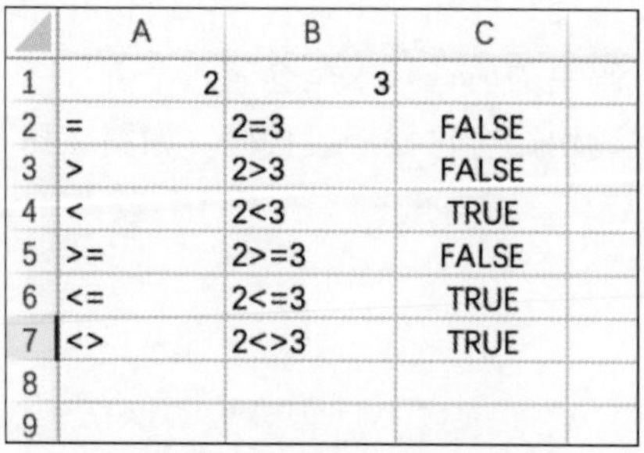

	A	B	C
1	2	3	
2	=	2=3	FALSE
3	>	2>3	FALSE
4	<	2<3	TRUE
5	>=	2>=3	FALSE
6	<=	2<=3	TRUE
7	<>	2<>3	TRUE
8			
9			

图 2.17 Excel 中的比较运算符

在 Python 中也有多种比较运算符，常用的比较运算符见表 2.4。有一部分与 Excel 中的比较运算符是一致的。

表 2.4　Python 中的比较运算符

表 达 式	说　　明
x == y	x 等于 y
x < y	x 小于 y
x > y	x 大于 y
x >= y	x 大于或等于 y
x <= y	x 小于或等于 y
x != y	x 不等于 y

使用 print 函数输出比较结果，示例代码如下：

```
x=2
y=3
print(x == y)
print(x < y)
print(x > y)
print(x >= y)
print(x <= y)
print(x != y)
```

比较运算可以任意串连，如 x < y <= z 等价于 x < y and y <= z。

```
a = 5
print(2 < a < 7)
print(6 < a < 7)
```

2.6.3　逻辑运算符

Excel 中有 3 个函数用于执行逻辑运算，分别是 AND、OR、NOT。在 Python 中，也有类似的逻辑运算，但这些运算不是以函数的形式出现。Python 中有 and、or、not 3 个逻辑运算符。下面给出这几个运算符运用的示例，并将它们与 Excel 中 AND、OR、NOT 的用法进行比较，见表 2.5。

表 2.5　逻辑运算符例子

Python 实现	Excel 实现
B2 > 20 and B2 == C2	AND(B2>20, B2=C2)
B2>=40 or C2 >= 20	OR(B2>=40, C2>=20)
not(A1*2 == 4)	NOT(2*A1=4)

与 Excel 函数类似，and、or、not 也可以组合使用。例如：

```
a =1
b = 2
```

```
c = 3
(a > b or b > c) and (c > 10)
```

a>b 的结果是 False，b>c 的结果是 False，所以 "a > b or b > c" 的结果是 False，c>10 的结果也是 False，所以这个表达式的最终结果也是 False。

2.6.4　条件判断语句

计算机要根据不同情况执行不同的操作。例如，当单元格的值低于 100 时，把单元格的字体颜色改成红色。"单元格的值低于 100" 这个条件要么成立，要么不成立。

Python 中用条件判断语句来进行条件测试，而且这个条件中常常使用逻辑运算符。条件测试的结果只有两种，分别是真（True）和假（False）。条件判断语句就像一段分岔路上的路障一样，控制汽车可以通往哪一条路，如图 2.18 所示。

Python 中的条件判断语句有 3 种，if 语句、if-else 语句和 if-elif-else 语句。组合运用这 3 种语句就可以实现复杂的条件判断，类似于道路上的多个路障的组合使用，如图 2.19 所示。下面逐一介绍这 3 种语句。

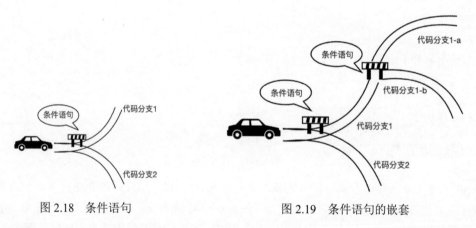

图 2.18　条件语句　　　　　　　　图 2.19　条件语句的嵌套

1. if 语句

if 语句实现的作用是达到某个条件就执行后续的代码块。if 语句最简单的形式如下：

```
if 判断条件:
    语句 1
    语句 2
    语句 3
```

if 语句的流程图如图 2.20 所示。

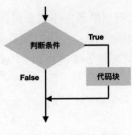

图 2.20   if 语句流程图

下面的代码会输出字符串 test，因为 4 > 3 的比较结果为 True。

```
if 4 > 3:
    print("test")
print("always")
```

当把 4 > 3 换成 3 > 4，就不会输出字符串，因为 3 > 4 的比较结果为 False。无论判断条件怎么改变都会输出字符串 always，因为 print("always")不属于与 if 语句关联的那个代码块。

空列表、空元组、空字典、数字 0 和空字符串("")都会在判断条件中被自动转换为布尔值 False。例如：

```
emptyList = []
if emptyList:
    print("test")
a = 0
if a:
    print("test")
```

2．if-else 语句

再进一步，可以为 if 语句增加一个配套的 else 子句。语法形式如下：

```
if 判断条件:
    代码块 1
else:
    代码块 2
```

if-else 语句的流程图如图 2.21 所示。

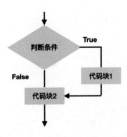

图 2.21   if-else 语句流程图

当判断条件成立时执行代码块 1，当判断条件不成立时执行代码块 2。

下面这段代码会输出字符串 a。判断条件 a>3 成立则只会执行语句 print("a")，而不会执行 else 子句对应的语句 print("b")。读者可以试着把 a=4 改成 a=2，观察一下结果。

```
a = 4
if a > 3:
    print("a")
else:
    print("b")
```

3. if-elif-else 语句

if-elif-else 语句的语法形式如下：

```
if 判断条件 1:
    代码块 1
elif 判断条件 2:
    代码块 2
else:
    代码块 3
```

if-elif-else 语句的流程图如图 2.22 所示。

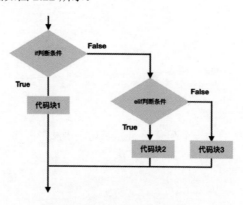

图 2.22 if-elif-else 语句流程图

elif 是 else if 的缩写。当判断条件 1 成立时执行代码块 1，流程结束；当判断条件 1 不成立时，接着程序会去计算判断条件 2，如果成立就去执行代码块 2，流程结束；如果判断条件 2 也不成立，则会执行代码块 3。

下面的代码会在屏幕输出两行字符 b。

```
a = 4
if a < 3:
    print("a")
elif a < 5:
```

```
        print("b")
        print("b")
else:
        print("c")
```

如果把 a=4 改成 a=2，那么只会输出字符 a；如果把 a=4 改成 a=7，那么只会输出字符 c。读者可以试着把判断条件中的 a 改成不同的整数数字，观察一下输出结果，加深理解。

条件判断语句中的条件可以是多个条件的组合。例如：

```
a = 5
if a > 3 and a < 7:
        print("a")
if a > 3 or a < 7:
        print("a")
```

最后再来说说很多初学者容易犯的错误，就是容易混淆赋值运算符和比较运算符。例如，下面代码中的第 1 行的"="是赋值运算符，第 2 行的"=="是比较运算符。

```
a = 4
if a == 4:
        print("a")
```

读者可以试着把"=="换成"="，看看输出结果。

2.6.5 for 循环

for 循环是一个让计算机完成重复操作的工具，让计算机知道如何去重复执行一个操作和应该执行多少次。

1. 重复执行某个操作 N 次

for 循环一般是和 range 函数一起配合完成固定次数的重复操作。例如：

```
for i in range(5):
        print(i)
```

上面的代码会依次输出 0～4 这 5 个数字，刚好输出了 5 次。读者可以这么理解 for 循环和 range 函数的组合：有一个计数牌记录着已经执行的次数，当循环体执行的次数达到 5 次时，那么这个 for 循环的执行就结束了。上面代码中的循环体是 print(i)。

把 print(i)换成 print("abc")，就会实现重复输出字符串 abc。

```
for i in range(5):
        print("abc")
```

for 语句配合 range 函数可以实现重复做某个操作 N 次，而且每次的操作可以不同。试着运行以下代码，看看是什么结果。

```
for i in range(5):
    print("第{time}次执行".format(time=i+1))
```

for 循环与 range 函数配合使用的形式总结如下：

```
for i in range(N):
    循环体
```

事实上，只向 range 函数传入一个参数 N，range 函数将生成 0～N 的数字序列。range 函数生成序列的步长可以是 1 以外的其他整数。例如，下面的代码输出了 2～100 之间的所有偶数。

```
for i in range(2, 100, 2):
    print(i)
```

调用 range 函数只传入两个参数时，第 2 个参数并不是序列的最后一个数字，例如，以下代码不会输出数字 4。

```
for i in range(1, 4):
    print(i)
```

2. for 循环遍历数据结构

for 循环还可用于遍历列表、元组、字典和集合中的元素。在 Python 中经常需要遍历列表和字典中的元素，如查看哪些元素是偶数、检查列表中元素的格式是否正确等。for 循环遍历这类数据结构的语法格式如下：

```
for 遍历变量 in 遍历的对象:
    代码块
```

遍历的对象可以是列表、字典、元组等可迭代的对象，示例代码如下：

```
animals = ['cat', 'dog', 'panda']
for w in animals:
    print(w)


t = (1, 2, 3)
for element in t:
    print(element)


info = {"name": "jimmy", "age": 18, "height": 180}
for k, v in info.items():
    print(k, v)
for index, item in enumerate(info):
    print(index, item)
```

其中，字典的遍历比较特别，需要配合字典的 items 方法或者内置的 enumerate 函数来完成。enumerate 函数会生成一组由索引值和值组成的元组。读者可以试着修改代码，看看将 enumerate 函数用到变量 animals 和 t 中的效果。

for 循环还可以用来遍历字符串。例如：

```
for letter in "abc":
    print(letter)
```

2.6.6 while 循环

while 循环的特点是执行循环之前无法预知循环内代码块被执行的次数。如果用在操场上跑步类比，for 循环类似于绕着学校操场跑 3 圈，如图 2.23 所示。while 循环就是绕着操场跑步，直到某一个条件达成才离开，如跑步的时间达到 5 分钟就离开，如图 2.24 所示。

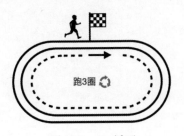

图 2.23　for 循环

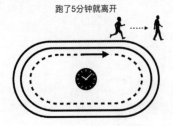

图 2.24　while 循环

while 语句的语法与 if 语句也是类似的。

```
while 判断条件:
    代码块
```

当判断条件的结果为 True 时，会一直执行代码块，示例代码如下：

```
i = 1
while i < 10:
    print(i)
    i = i + 1
```

上面这段代码的流程图如图 2.25 所示。

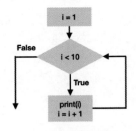

图 2.25　while 语句流程图

2.6.7　控制结构的嵌套

要实现更复杂的控制结构，可以组合运用 if 语句、while 循环和 for 循环。例如，if 语句中的代码块部分可以使用 while 循环。

下面的代码演示了流程控制语句的嵌套。

```
a = 10
if a > 5:
    print("a")
    if a > 10:
        print("b")
    else:
        print("c")
else:
    print("d")
```

可以看到这段代码中在 if-else 语句中嵌套了 if-else 语句，其结构说明如图 2.26 所示。代码的流程图如图 2.27 所示。

试着把 a 的初始值改成 5、7、12，观察结果。

在实际编程中，不建议读者写出过于复杂的嵌套控制结构，应该尽量保证控制流程的代码清晰易懂。如果代码判断逻辑过于复杂，可借助函数或字典结构简化代码。

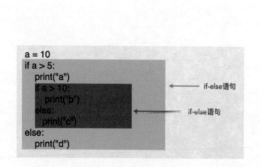

图 2.26　if-else 语句嵌套

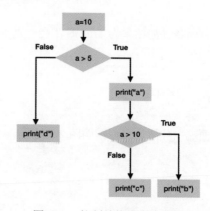

图 2.27　控制结构嵌套流程图

2.6.8　跳出循环

一般来说，循环会不断执行代码块直到满足某个条件为止。但是有时希望中断循环或者跳过某一次循环，就需要使用 break 语句或 continue 语句。

1. break 语句

利用 break 语句可以直接跳出循环。break 语句相当于在操场跑步过程中突然接到电话，离开跑道去处理紧急的事情，如图 2.28 所示。

图 2.28　break 语句

break 语句的示例代码如下：

```
a = 8
while True:
    a = a - 1
    if a < 5:
        break
```

a 的值是不断递减的。当 a 的值小于 5，就会跳出 while 循环。由于 while 语句的判断条件是 True，那么也只能通过 break 语句退出循环。表 2.6 罗列了上面代码 3 次循环中变量 a 的值和 a<5 的结果。

表 2.6　循环示例（一）

循环次数	变量 a 的值	a < 5
1	7	False
2	6	False
3	5	True

这种 while+True 搭配 break 的控制方式很有用，建议读者认真体会。

2. continue 语句

利用 continue 语句可以结束当前循环，直接进入下一次循环。continue 语句相当于在操场跑步，某一圈还没有跑完就不跑了，直接跳到起点开始跑下一圈，如图 2.29 所示。

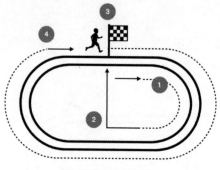

跑了一段距离之后从起点重新开始

图 2.29　continue 语句

下面的代码中，当 a 是偶数时，跳出当前的循环。

```
a = 10
while a > 5:
    a = a - 1
    if a % 2 == 0:
        continue
    print(a)
```

输出结果如下：

```
9
7
5
```

为了帮助读者理解上面的代码，表 2.7 罗列了上面代码 5 次循环中变量 a 的值。

表 2.7　循环示例（二）

循环次数	变量 a 的值	a % 2 == 0	a > 5
1	9	False	True
2	8	True	True
3	7	False	True
4	6	True	True
5	5	False	False

思考下面的代码会输出怎样的结果。

```
for a in range(0, 10):
    if a % 2 == 0:
        continue
    else:
        print(a)
```

2.6.9 zip 函数

Python 中内置了很多辅助迭代列表的工具，zip 函数就是其中之一。下面来介绍这个函数的用法。zip 函数对于同时迭代两个序列十分有用。例如，有下面两个序列。

```
# months 是月份列表，temperatures 是温度列表
months = ["一月", "二月", "三月"]
temperatures = [10, 8, 15]
```

现在需要打印每个月份的名称和温度，可以借助列表索引，代码如下：

```
for i in range(0, 3):
    print("%s, %d" % (months[i], temperatures[i]))
```

输出结果如下：

```
一月, 10
二月, 8
三月, 15
```

更简便的方法是使用 zip 函数完成。先用 zip 方法返回一个可以迭代的对象，然后用 list 方法把这个对象转换成列表。

```
list(zip(months, temperatures))
```

输出结果如下：

```
[('一月', 10), ('二月', 8), ('三月', 15)]
```

用 for 循环遍历输出的结果与前面代码输出的结果是一致的。

```
for pair in list(zip(months, temperatures)):
    print("%s, %d" % (pair[0], pair[1]))
```

2.6.10 列表推导式

列表推导式是 Python 语言中的特色语法，列表推导式可以让代码更简洁。下面具体说明列表推导式的用法。例如，有一个整数列表，要在其中找出偶数，把这些偶数放到一个新的列表中。按前面介绍的知识，可以使用 for 循环和列表的 append 方法来完成这个功能，代码如下：

```
intList = [1, 3, 4, 7, 9, 10, 12]
evenList = []
for i in intList:
    if i % 2 == 0:
        evenList.append(i)
print(evenList)
```

输出结果如下：

```
[4, 10, 12]
```

用列表推导式可以大大简化这段代码，改写后的代码如下：

```
evenList = [i for i in intList if i % 2 == 0]
```

其中，if i % 2 == 0 是判断条件；for 关键字之前的变量 i 是每次循环中返回的值。列表推导式的常用形式如图 2.30 所示。

[与 i 有关的运算   for i in   列表]

[与 i 有关的运算   for i in   列表   if 条件]

图 2.30 列表推导式的两种常用形式

列表推导式还能进行一些运算。例如：

```
# 把 intList 中的每个元素乘以 2
list1 = [i*2 for i in intList]
print(list1)
```

输出结果如下：

```
[2, 6, 8, 14, 18, 20, 24]
```

读者可以试着运行以下代码查看结果。

```
list2 = [i*2 for i in intList if i % 2 == 0]
print(list2)
```

2.6.11 练习题

（1）如果不使用 range 函数，如何利用 while 循环实现下面代码的功能。

```
for i in range(5):
    print(i)
```

（2）用 for 循环打印九九乘法表。

（3）用 for 循环输出如下格式的文本。

```
4 * * * *
3 * * *
2 * *
1 *
```

（4）用 for 循环遍历列表 numberArray 中的元素。

```
numberArray = [
```

```
    [1, 2, 3],
    [4, 5, 6]
]
```

要求输出如下结果：

```
1
2
3
4
5
6
```

（5）用 zip 函数转置二维列表。

转置前：

```
l = [[1, 2, 3], [4, 5, 6], [7, 8, 9]]
```

转置后：

```
[[1, 4, 7], [2, 5, 8], [3, 6, 9]]
```

2.7 Python 函数进阶

扫一扫，看视频

本节介绍函数的两个重要概念：函数参数和作用域。函数参数是函数与外界沟通的桥梁，作用域则限定了变量的作用范围。函数参数有一种重要形式就是关键字参数，本节将介绍这个关键字参数的重要应用——字符串格式化。

2.7.1 自定义函数

定义函数的代码一般由函数名、参数和函数体这 3 个部分组成。定义函数的语法如下：

```
def 函数名(参数列表):
    函数体
```

如果参数列表中有多个参数，用逗号隔开，def 是 Python 中的保留关键字。下面是一个自定义函数的示例。

```
def plus(x, y):
    b = x + y
    return b
```

在这个示例中，plus 是函数名，x 和 y 是参数，代码的第 2 行和第 3 行是函数体。函数体内可以创建新的变量，在 plus 函数中就创建了新的变量 b。return b 这个语句的作用是将变量 b 的值作为函数的返回值。return 语句的语法如下：

```
return 表达式或变量
```

这个返回值会回到调用这个函数的代码中。当主程序调用函数时，函数就会把参数值赋值到对应参数中，然后按顺序执行函数体中的代码。当函数体中的代码执行完毕后，回到主程序，如图 2.31 所示。

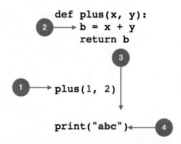

图 2.31 主程序调用函数的过程

读者可以试着运行以下代码，观察输出结果是如何随着传入的参数变化而变化的。

```
print(plus(1, 1))
print(plus(1, 2))
print(plus(2, 3))
```

当函数体内没有 return 语句时，默认的返回值是 None。例如，下面的 plusnoreturn 函数没有 return 语句，print 语句输出的结果是 None。

```
def plusnoreturn(x, y):
    b = x + y
print(plusnoreturn(2, 3))
```

下面代码中 hello 函数只有一个参数 name。

```
def hello(name):
    print("Hello " + name)
hello("Jimmy")
hello("Green")
```

自定义函数可以没有参数。例如，下面的 printSeparator 函数就没有参数。

```
def printSeparator():
    print("=======")
    print("=======")
printSeparator()
```

一般在自定义函数时，会把每次调用函数时要变化的部分归纳总结成若干个函数参数。例如，如果一个函数的功能是计算圆柱体的体积，那么每次调用函数时变化的部分就是圆柱体的高和圆柱体底的直径，将这两个值作为参数。计算公式中的圆周率是一个固定的值，不需要设为函数的参数。

自定义函数的一个应用就是与列表推导式结合使用。例如，检查一组电话号码，看看哪些号码是正确的手机号码。如果号码是正确的，则将号码中间的四位数字换成星号。如果号码不正确，则将号码换成空字符串。判断号码是否正确的标准是号码的长度是否等于 11。实现这个需求的 Python 代码如下。

代码 2-1　转换手机号码列表

```
mobiles = ["134246208", "13424620666", "18924627770", "150333444"]
def maskMobile(str):
    if len(str) == 11:
        return str[0:4] + '****' + str[8:]
    else:
        return ""
[maskMobile(m) for m in mobiles]
```

输出结果如下：

```
['', '1342****666', '1892****770', '']
```

2.7.2　关键字参数

有时一个函数的参数会非常多，那么调用函数的人就需要记住每个参数的含义，这样的使用体验就会很不好。为了解决这个问题，Python 中引入了非常实用的关键字参数。在 Python 数据分析库中经常需要使用这种方式调用函数。下面的代码中，printAddress 函数的作用就是输出某个地址，该函数有 3 个关键字参数。

```
# city 代表城市, district 代表区, street 代表街道
def printAddress(city, district, street):
    print("城市: " + city + " 区: " + district + " 街道:" + street)

printAddress(city="深圳", district="南山", street="南头")
printAddress(district="天河", city="广州", street="五山")
```

输出结果如下：

```
城市：深圳 区：南山 街道:南头
城市：广州 区：天河 街道:五山
```

从输出结果可以看出关键字参数的赋值顺序对运行结果没有影响。

关键字参数可以设定默认值。下面的代码中，getSaveFilename 函数的关键字参数 extension 默认值是字符串 xlsx，即设定生成的文件名称默认后缀是.xlsx。

```
def getSaveFilename(name, extension="xlsx"):
    return name + "." + extension

print(getSaveFilename(name="数据"))
print(getSaveFilename(name="数据", extension="xls"))
print(getSaveFilename(name="数据", extension="csv"))
```

输出结果如下：

```
数据.xlsx
数据.xls
数据.csv
```

第 1 章中说过有更好的格式化字符串方法，其实就是利用关键字参数。例如，下面的代码中使用 format 方法生成输出的字符串。

```
a = 1 + 2
print("计算结果是：{result}".format(result=a))
```

这里 result 就是一个关键字参数。字符串 {result} 对应着关键字中的 result。2.7.3 小节将会详细介绍字符串格式化的内容。

2.7.3　字符串格式化

在 Excel 中，组合运用 CONCATENATE 函数和 TEXT 函数可以格式化字符串。例如，有这样一个表格数据，如图 2.32 所示，要实现的功能是把 A 列和 B 列格式化成 C 列的形式。

	A	B	C
1	姓名	收入	格式化结果
2	李强	6822	李强：$6822.00
3	王珍	3450	王珍：$3450.00
4			

图 2.32　格式化字符串

使用以下的公式组合可以实现图 2.32 中呈现的效果。

```
=CONCATENATE(A2, " : ",  TEXT(B2,"$0.00"))
```

Python 中要实现与上面类似的格式化效果有更加简单的方法，即使用格式化字符串。格式化字符串是一个字符串，它描述了变量转换成字符串的规则。一个格式化字符串主要包括以下 3 部分：

● 字段名。可以不写，用于指定使用哪个值来替换。
● 转换标志。可以不写，在数据处理分析中使用较少，本书不作介绍。
● 格式说明符。格式说明符之前有一个冒号，表 2.8 总结了常用格式说明符。

表 2.8　常用格式说明符

类型	含　义
d	整数
f	小数
g	一个数字根据情况选择用定点表示法或科学表示法
e	科学记数法
s	字符串
%	百分比

如果不使用这些格式化字符串，很多常规的字符串转换操作将会变得非常烦琐。格式化字符串的内容很多，所以本节只介绍格式化字符串最常用的部分。

下面代码中定义的格式化字符串只有字段名。

```
'{a} {b}'.format(a='one', b='two')
# 'one two'
```

从输出结果中可以看到，format 方法的关键字参数 a 的值与格式化字符串中的{a}对应，参数 b 的值与格式化字符串中的{b}对应。

格式化字符串可以实现数字填充的效果。例如，用 0 填充数字，使得数字达到指定位数。

```
'{:010d}'.format(313)
# '0000000313' 扩充到 10 位
```

格式化字符串可以为整数添加小数位。例如：

```
"{:#g}".format(32)
#  '32.0000'
"{:#.3g}".format(32)
#  '32.0'
"{:#g}".format(3200000000000000000)
#  '3.20000e+17'
```

可以把小数转换为百分比的形式。例如：

```
"{:+.2%}".format(0.75)
#  '+75.00%'
```

也可以控制小数点后数字的显示方式。例如：

```
'{:.2f}'.format(3.12312)
# '3.12' 只显示小数点后的两位数字
```

在正数之前添加加号。例如：

```
'{:+.2f}'.format(3.12312)
#  '+3.12'
```

格式化字符串中可以实现对齐效果，其中，">"代表右对齐；"<"代表左对齐；"^"代表居中对齐。例如：

```
'{:>10.2f}'.format(3.12312)
#  结果是字符串'      3.12'，总长度为 10
'{:<10.2f}'.format(3.12312)
#  结果是字符串'3.12      '，总长度也是 10
'{:^10.2f}'.format(3.12312)
#  结果是字符串'   3.12   '，总长度也是 10
```

2.7.4 变量作用域

变量作用域可以简单理解为变量起作用的范围。每个函数都会创建一个属于自己的作用域。本节通过几个例子说明这个概念，请读者仔细学习这几个例子，理解原理。

在自定义函数内可以创建新的变量，这个变量是否可以在函数以外使用呢？下面通过一个示例说明这个问题，函数 calculateOrderAmount 用于计算。

```
def calculateOrderAmount(qty, price, discount):
    amount = qty*price
    return amount * discount

calculateOrderAmount(3, 10, 0.8)
print(amount)
```

这段代码会得到如下的错误信息。

```
NameError: name 'amount' is not defined
```

从这个示例可以看出，变量 amount 是在函数中创建的，在函数以外的地方是没有定义的。amount 只是函数中的局部变量，当函数运行结束时，这个变量就不存在了。

把上面的代码修改一下，修改如下：

```
price = 20
def calculateOrderAmount(qty, price, discount):
    amount = qty*price
    return amount * discount
print(calculateOrderAmount(3, 10, 0.8))
```

输出结果如下：

```
24.0
```

从结果可以看出，函数外的变量 price 与函数内的变量 price 虽然名字一样，但是它们是两个不同的变量。函数内的 price 值取决于函数被调用时传入的参数值。那么自定义函数可以读取函数外的变量的值吗？答案是可以的。例如，在下面的代码中，calculateOrderAmount 函数就可以使用变量

outprice 的值。

```
outprice = 20
def calculateOrderAmount(qty, price, discount):
    amount = qty*outprice
    return amount * discount
print(calculateOrderAmount(3, 10, 0.8))
```

输出结果如下：

```
48.0
```

但是函数不能直接修改函数外变量的值。例如，下面的代码试着在函数中修改变量 outprice。

```
outprice = 20
def calculateOrderAmount(qty, price, discount):
    outprice = 40
    amount = qty*price
    return amount * discount
# 输出结果是 48.0
print(calculateOrderAmount(3, 10, 0.8))
print(outprice)
```

输出结果如下：

```
24.0
20
```

从结果可以看出函数外的变量 outprice 的值并没有变成 40，因为函数内的 outprice 只是函数新建的变量。

2.7.5　匿名函数

前面介绍的函数都是有函数名的。Python 中还有一种函数没有函数名，被称为"匿名函数"。使用 lambda 表达式可以创建匿名函数，lambda 表达式的语法如下：

```
lambda [arg1 [,arg2,...argn]]:expression
```

下面是一个匿名函数的示例，这个函数的作用是返回输入值 x+1 之后的结果。

```
lambda x: x + 1
```

lambda 表达式分为 3 部分：lambda 关键字、参数和表达式。参数和表达式之间用冒号隔开。上面的示例中 x 是参数，x+1 是表达式，调用匿名函数时 Python 解释器会计算表达式的值，并将其作为返回值。

匿名函数可以赋值给一个变量后再进行调用。例如：

```
plusone = lambda x: x + 1
```

```
plusone(2)  # 输出结果是 3
```

不要在 lambda 表达式中使用过于复杂的运算逻辑，会影响代码的可读性。如果确实需要使用复杂的逻辑，请使用普通函数。

2.7.6 练习题

（1）编写一个函数用于计算圆形的面积。

（2）编写一个函数用于计算一个整数列表的平均值。例如，[1，3，4，5，6]的平均值是 3.8。

（3）使用以下函数实现一个简单的房贷计算器。

```
def monthlyPayment(totalLoans, rate, years):
    # totalLoans 总贷款额
    # rate 贷款年利率
    # years 贷款期限
```

（4）某件事情是每隔 7 天做一次，从 2019 年 1 月 1 日开始。请用 Python 计算 2019—2020 年中具体哪些天要做这件事情。将该功能封装成一个函数。

（5）修改 2.7.1 小节中的代码 2-1，检查手机号码时，号码开头为 139、138、188、158 而且长度等于 11 的手机号码才判断为正确的电话号码。

（6）有如下两个列表 list1 和 list2：

```
list1 = ['A', 'B', 'C', 'D', 'E']
list2 = ['G', 'B', 'C', 'H', 'J']
```

用 Python 实现如下需求：

1）找出两个列表的公共元素。

2）找出属于 list1 而不属于 list2 的元素。

3）找出属于 list2 而不属于 list1 的元素。

（7）某电商网站的促销规则是订单金额低于 50 元，给予 10%的折扣；订单金额大于或等于 50 元，给予 12%的折扣。请定义一个函数计算某个订单金额下的实付款。

扫一扫，看视频

2.8　Python 中的注释

在 Python 代码中还可以添加一些说明文字，用于描述某段代码的作用、某个函数参数的用法等。这些说明文字不会被 Python 解释器解释运行，被称为"注释"。注释可以帮助代码阅读者更好地理解程序。

Python 中有两种注释，一种是单行注释；另一种是多行注释。读者可以将下面的代码复制到 Jupyter Notebook 中查看运行结果。

```
# 这是一个注释
print("Hello, World!")
'''
这是多行注释，用 3 个单引号
这是多行注释，用 3 个单引号
这是多行注释，用 3 个单引号
'''
print("Hello, World2!")
```

上面的单行注释以"#"开头，"#"后面的语句不会被执行。使用 3 个单引号括住的部分为多行注释，也不会被执行。

 能从代码中很容易推断出的信息不要放到注释中。代码背后的想法和思路可以记录到注释中。但是本书为了方便初学者理解代码内容，会添加更多的简单注释。实际运用中建议只写对代码阅读者有用的注释，而不要为了注释而注释。

2.9　小结

本章介绍了 Python 的基本语法和常用数据结构。

- 变量名：一个用于标识内容的字符串。可以通过赋值语句让变量名对应不同的数据内容。在程序中通过变量名读取和修改变量对应的内容。
- 数据类型：每个变量属于某种数据类型。常用的数据类型有布尔值、整数、字符串和时间日期。表 2.9 中总结了字符串的常用方法。

表 2.9　字符串常用的方法

方　　法	说　　明
len	获取字符串长度
split	分割字符串
join	用某个字符串连接字符串
find	查找字符串
replace	替换字符串
strip	移除字符串头尾指定的字符
ljust、rjust	左对齐、右对齐
format	格式化字符串

- 表达式：表达式可以包含数字和字符、变量、括号、运算符等，表达式运算的结果是一个值。
- 语句：一条语句对应着程序中的某个操作。

- 函数：使用一段可以复用的代码，负责完成某项特定任务。可以向函数中传入参数，并在函数体中使用这些参数。可以使用 return 语句返回运算结果。如果一个函数中没有 return 语句，则默认返回 None。函数中可以使用关键字参数，让函数更容易使用。每个函数都会创建一个属于自己的作用域。
- 匿名函数：使用 lambda 关键字可以创建一个匿名函数，适当运用匿名函数可以简化代码。
- 模块：模块中包含各种预先编写好的函数和类。使用 import 语句导入 Python 模块。
- 代码块：使用缩进来创建代码块，一级缩进对应 4 个空格。
- for 语句：主要用于遍历列表和字典等可迭代的对象。列表推导式可以简化很多原本用 for 语句实现的功能。
- range 函数：既可以用于生成等差数列，也可以用于实现重复执行某个操作若干次。
- if、if-else、if-elif-else 语句：属于条件语句，条件语句根据判断条件的结果决定是否执行对应的代码块。
- while 语句：当满足某个条件时，重复执行某个操作。
- continue 语句：跳过循环体中剩下的代码，直接开始下一次循环。
- break 语句：跳出循环。
- 类：用来表示一些抽象的概念。对象是类的实例，由属性和方法组成。

创建对象的语法如下：

```
创建对象
对象 = 类名()
```

或

```
对象 = 类名(参数列表)
```

访问对象属性的语法如下：

```
对象.属性名
```

调用对象方法的语法如下：

```
对象.方法名()
```

或

```
对象.方法名(参数列表)
```

Python 中最常用的数据结构有 3 种：列表、字典和元组。元组与列表类似，只是元组创建之后不能修改。列表使用索引来读取存储的值，字典使用键（key）来读取对应的值。列表和元组都能使用 len 方法获取元素个数。列表常用的方法有 append、extend、pop、remove。字典常用的方法有 items、values、keys。利用列表推导式可以从已有的列表中创建新的列表。

第 3 章

Python 文件管理

　　用 Excel 处理数据的过程中经常需要对文件夹和文件进行各种操作。本章的内容比较简单，读者只需要理解每个方法的用法即可。建议在 Jupyter Notebook 中手动将本节的示例代码都运行一遍，并观察结果。

扫一扫，看视频

3.1　文件管理

本节先来介绍如何在 Python 中实现各种文件管理操作，学会了本节的内容，可以批量执行一些文件操作，节省大量手动操作的时间。Python 中的文件管理主要用到 os 和 shutil 两个模块。

本章提供的示例文件请存放在计算机的 F 盘。本章的示例代码在运行前默认先引入 os 和 shutil 两个类库，代码如下：

```
import os
import shutil
```

3.1.1　获取文件名和扩展名

在 Windows 中，文件路径的路径分隔符是 "\"。在 Python 中，用字符串来表示文件路径，路径分隔符可以是 "\"，也可以是 "/"。但是，"\" 在 Python 也用于转义，如 "\n" 就作为换行符。所以当路径分隔符是 "\" 时，要在字符串前面加上字母 r 来禁止转义，如 r"f:\chapter3\3.1.1\sample.xlsx""。为了简单起见，本章示例代码文件路径中的斜杠统一采用 "/"。

使用 os 模块的 basename 方法可以获取文件名，其中 path 参数代表文件路径，调用形式如下：

```
os.path.basename(path)
```

示例代码如下：

```
filename = os.path.basename("f:/chapter3/3.1.1/sample.xlsx")
print(filename)
```

运行结果如下：

```
sample.xlsx
```

使用 os 模块的 splitext 方法可以获取文件名和扩展名，其中 path 参数代表文件路径，返回结果是一个元组，元组的第 2 个元素是扩展名。splitext 方法的调用形式如下：

```
os.path.splitext(path)
```

示例代码如下：

```
# 只保留第 2 个值，第 1 个值忽略
_, file_extension = os.path.splitext("f:/chapter3/3.1.1/sample.xlsx")
print(file_extension)
```

运行结果如下：

```
.xlsx
```

Python 中可以使用示例代码中的下划线来忽略函数的返回值，一般来说这样做的原因是这个值在后面的代码中不需要使用。

3.1.2　修改文件名

使用 os 模块的 rename 方法可以修改文件名称，调用形式如下：

```
os.rename(src, dst)
```

其中，参数 src 代表原文件路径名；参数 dst 代表新文件路径名。该方法没有返回值。示例代码如下：

```
os.rename("f:/chapter3/3.1.2/sample.xlsx", "f:/chapter3/3.1.2/sample2.xlsx")
```

这段代码将文件 sample.xlsx 重命名为 sample2.xlsx。

3.1.3　获取文件路径

使用 os 模块的 dirname 方法可以获取文件路径，调用形式如下：

```
os.path.dirname(path)
```

其中，参数 path 代表文件路径。该方法返回该文件所在的目录，示例代码如下：

```
os.path.dirname("f:/chapter3/3.1.3/sample.xlsx")
```

这段代码获取文件 sample.xlsx 所在的目录，结果如下：

```
'f:/chapter3/3.1.3'
```

3.1.4　复制文件

使用 shutil 模块的 copyfile 方法可以复制文件，调用形式如下：

```
shutil.copyfile(src, dst)
```

其中，src 参数代表要移动的文件的路径；dst 参数代表文件复制到的路径。示例代码如下：

```
# 在相同的目录下移动
shutil.copyfile("f:/chapter3/3.1.4/sample.xlsx", "f:/chapter3/3.1.4/sample-copy.xlsx")
# 移动到不同的目录
shutil.copyfile("f:/chapter3/3.1.4/sample.xlsx", "f:/chapter3/3.1.4/dir/sample-copy.xlsx")
```

3.1.5　删除文件

使用 os 模块的 remove 方法可以删除文件，调用形式如下：

```
os.remove(path)
```

其中，参数 path 代表文件路径。下面的示例代码删除了 sample.xlsx 文件。

```
os.remove("f:/chapter3/3.1.5/sample.xlsx")
```

3.1.6 移动文件

使用 shutil 模块的 move 方法可以移动单个文件到某个目录下，调用形式如下：

```
shutil.move(source, destination)
```

其中，参数 source 代表要移动的文件的路径；参数 destination 代表要移动的文件目录。示例代码如下：

```
shutil.move("F:/chapter3/3.1.6/a/sample.xlsx", "F:/chapter3/3.1.6/b/")
```

3.1.7 获取文件大小

使用 os 模块的 getsize 方法可以获取文件的大小，返回的结果是一个整数，这个整数代表该文件的大小是多少个字节（Byte）。但是这个数字与常见的文件大小表达不一样，所以本小节定义了一个新函数，这个函数可以将数字转换成以 KB、MB 等为单位的更容易阅读理解的形式。

```
def human_readable_size(size):
    for unit in ['B', 'KB', 'MB', 'GB', 'TB', 'PB']:
        if size < 1024.0 or unit == 'PB':
            break
        size = size / 1024.0
    return "{size:.2f}{unit}".format(size=size, unit=unit)
```

下面的代码获取 F:/chapter3/3.1.7 文件夹下的 sample.xlsx 文件的大小。

```
filesize = os.path.getsize("F:/chapter3/3.1.7/sample.xlsx")
human_readable_size(filesize)
```

运行结果如下：

```
'8.85KB'
```

下面的代码获取 F:/chapter3/3.1.7 文件夹下的 vcredist_x86.exe 文件的大小。

```
filesize = os.path.getsize("F:/chapter3/3.1.7/vcredist_x86.exe")
human_readable_size(filesize)
```

运行结果如下：

```
'6.20MB'
```

3.2　文件夹管理

本节将介绍如何用 Python 实现创建文件夹和复制文件夹等常用操作，并利用这些知识完成一个实用的小程序——自动备份指定目录。

3.2.1　创建文件夹

使用 os 模块的 mkdir 方法可以创建空目录，调用形式如下：

```
os.mkdir(path)
```

其中，参数 path 代表文件路径。示例代码如下：

```
os.mkdir("F:/chapter3/3.2.1/dir")
```

要创建多层目录，则需要使用 os 模块的另外一个方法 makedirs，调用形式如下：

```
os.makedirs(path)
```

其中，参数 path 代表文件路径。示例代码如下：

```
os.makedirs("F:/chapter3/3.2.1/a/b/c")
```

3.2.2　删除文件夹

使用 os 模块的 rmdir 方法可以删除空文件夹，调用形式如下：

```
os.rmdir(path)
```

其中，参数 path 代表文件路径。示例代码如下：

```
os.rmdir("F:/chapter3/3.2.2/dir")
```

把文件夹的内容清空，可以用 shutil 模块的 rmtree 方法删除文件夹及文件夹下包含的所有内容。调用形式如下：

```
shutil.rmtree(path)
```

其中，参数 path 代表文件路径。例如，下面的代码删除了 sample 文件夹下的所有文件。

```
shutil.rmtree("F:/chapter3/3.2.2/sample")
```

3.2.3　复制文件夹

使用 shutil 模块的 copytree 方法可以复制文件夹，调用形式如下：

```
shutil.copytree(src, dst)
```

copytree 方法把以参数 src 为起点的整个目录复制到参数 dst 指定的目录中去。示例代码如下：

```
shutil.copytree("F:/chapter3/3.2.3/src/sample", "F:/chapter3/3.2.3/dst/sample-copy")
```

3.2.4　移动文件夹

使用 shutil 模块的 move 方法可以移动文件夹，调用形式如下：

```
shutil.move(src, dst)
```

其中，参数 src 代表要移动的文件夹的路径；参数 dst 代表要移动到的文件目录。示例代码如下：

```
shutil.move("F:/chapter3/3.2.4/src/sample", "F:/chapter3/3.2.4/dst/sample")
```

3.2.5　获取文件夹下的所有文件和文件夹

使用 os 模块的 listdir 方法可以获取文件下的所有文件和文件夹，调用形式如下：

```
os.listdir(path)
```

其中，参数 path 代表文件路径，返回结果是一个列表。示例代码如下：

```
os.listdir("F:/chapter3/3.2.5")
```

运行结果如下：

```
['sample.xlsx', 'dir', 'sample2.xlsx', 'sample3.xlsx']
```

3.2.6　判断指定文件或文件夹是否存在

使用 os 模块的 exists 方法可以检查某个文件夹是否存在，调用形式如下：

```
os.path.exists(path)
```

示例代码如下：

```
# 文件夹存在，输出结果是 True
os.path.exists("F:/chapter3/3.2.6")
# 文件夹不存在，输出结果是 False
os.path.exists("F:/chapter3/3.2.7")
```

exists 方法也可以检查某个文件是否存在。例如：

```
# 文件存在，输出结果是 True
os.path.exists("F:/chapter3/3.2.7/sample.xlsx")
# 文件不存在，输出结果是 False
os.path.exists("F:/chapter3/3.2.7/sample2.xlsx")
```

3.3 案例：自动备份指定目录的文件

本节综合运用之前介绍的 Python 文件管理的知识点，实现一个自动备份 Excel 文件的功能。自动备份的策略如下：

（1）在指定目录中定时创建一个文件夹，文件夹的名称由字符串 backup 和当天日期字符串组成。

（2）把某个文件夹下的所有文件复制到新建的文件夹中，这样就可以实现文件的自动备份。

另外，Python 定时备份程序还可以配合坚果云之类的同步网盘使用，只需把备份文件夹放到同步文件夹中即可。完整的代码如下。

代码 3-1　自动备份 Excel 文件

```
import os
from datetime import datetime
# 需要备份的目录
srcdir = "f:/chapter3/3.3/src"
backupdir = "f:/chapter3/3.3/backup/"
now = datetime.now()
newdir = backupdir + "backup{y}{h}{m}".format(y=now.year, h=now.hour, m=now.minute)
shutil.copytree("F:/chapter3/3.3/src ", newdir)
```

如何在 Windows 中自动执行这个 Python 文件呢？具体操作步骤如下：

（1）在计算机桌面的查找搜索框中输入"任务计划程序"，然后单击"任务计划程序"选项，如图 3.1 所示。

图 3.1　启动任务计划程序

（2）在新的对话框中，单击"创建任务"选项，如图 3.2 所示。新建一个任务，填写任务名称和任务描述，如图 3.3 所示。

图 3.2　创建任务

图 3.3　填写任务名称和任务描述

（3）为新的任务添加一个触发器，如图 3.4 所示。这里设置备份操作每隔 5 分钟执行一次，所以在"重复任务间隔"选项的下拉框中选择"5 分钟"，另外在"持续时间"选项的下拉框中选择"1 天"。

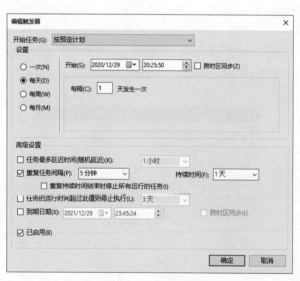

图 3.4　配置触发器

（4）添加一个操作。选择 python.exe 所在的文件路径和 backup.py 代码文件，如图 3.5 所示。

（5）单击"确定"按钮，保存这个定时任务，如图 3.6 所示。

图 3.5　添加定时操作

图 3.6　保存新的计划任务

3.4　练习题

用 Python 程序完成以下题目：

（1）在文件夹 f:\chapter3\ex 中生成 12 个文件夹，文件夹的名称格式是"月份+销售数据"，如 1 月销售数据、2 月销售数据。

（2）重命名 f:\chapter3\ex 中的 Excel 文件，以从 1 开始递增的数字作为文件名，如 1.xlsx、2.xlsx。

第二部分
通过 Python 实现
Excel 基础操作

第 *4* 章

操作工作簿

本章开始讲解如何通过 Python 操控 Excel，主要介绍如何用 Python 执行操作 Excel 的工作簿。学会本章的内容，可以使用 Python 语句批量创建工作簿、分拆工作簿和合并工作簿。

4.1　创建新的工作簿

我们经常需要批量创建多个 Excel 文件，并按照一定的规律命名这些文件。实现这个任务的思路就是用 for 循环重复执行创建 Excel 文件操作，示例代码如下。

代码 4-1　批量创建 Excel 文件

```python
import xlwings as xw
# 打开 Excel
# visible=True 表示显示 Excel 程序窗口，add_book = False 表示启动 Excel 之后是否新建工作簿
app = xw.App(visible = True, add_book = False)
for i in range(3):
    #添加工作簿
    workbook = app.books.add()
    #按规律命名并保存到文件夹
    workbook.save(r"f:/chapter4/" + str(i+1) + ".xlsx")
    workbook.close()
# 退出 Excel
app.quit()
```

app 变量其实是一个 Excel 程序的实例。app 对象中有一个 quit 方法用于关闭 Excel 实例，books 属性代表这个 Excel 实例管理的工作簿。Books 中的 add 方法添加一个新的工作簿，并返回这个工作簿对象。

workbook 对象有两个方法：save 方法用于保存工作簿；close 方法用于关闭工作簿。

这个程序中 for 循环的循环体执行了 3 次，并在 F 盘的 chapter4 文件夹下创建了 3 个 Excel 文件，分别是 1.xlsx、2.xlsx、3.xlsx。注意，变量 i 的值是从 0 开始的。

4.2　保存工作簿

4.1 节已经提及 workbook 对象中有一个 save 方法，save 方法的参数是用于保存路径，调用形式如下：

```python
workbook.save(path)
```

除了在创建新的工作簿时可以使用这个方法外，还可以在修改工作簿的内容后使用这个方法及时保存修改结果。

4.3 打开工作簿

要打开指定路径下的工作簿，就需要直接创建一个 Book 对象。例如：

```
workbook = xw.Book(r'D:/Python+Excel/chapter4/数据.xlsx')
```

在创建 Book 对象时填入的参数是工作簿的路径，不需要另外创建一个 Excel app 对象。

打开工作簿的另外一种方法是用从属于 xw.App 中的 books 对象。例如：

```
workbook = app.books.open(r'D:/Python+Excel/chapter4/数据.xlsx')
```

open 方法的参数也是一个文件路径。

综合运用 open 方法和 save 方法可以实现 Excel 工作簿的另存为操作。save 方法的参数是另存为的文件路径，示例代码如下：

```
workbook = app.books.open(r'D:/Python+Excel/chapter4/数据.xlsx')
# 这里可以对工作簿的内容进行修改
workbook.save(r'D:/Python+Excel/chapter4/数据-2.xlsx')
```

4.4 从模板中创建新的工作簿

Excel 文件可以另存为 Excel 模板文件。双击这个 Excel 模板文件，就会创建这个文件的副本，并打开该副本。利用这个方法可以很方便地复用一个已有的 Excel 文件，而不用打开文件再另存为一个新的文件。

在 xlwings 中，也可以自动化完成上述操作，首先打开这个 Excel 模板文件，然后调用 save 方法即可。示例代码如下：

```
import xlwings as xw
wb = xw.Book(r"C:\Users\WIN10\Desktop\汇总.xltx")
wb.save(r"C:\Users\WIN10\Desktop\汇总-12.xlsx")
wb.close()
```

Excel 模板文件的后缀是.xltx。

一般在保存这个 Excel 文件之前，会写入一些数据。如何按照一定的规则写入数据将会在后面的章节中详细介绍。

扫一扫，看视频

4.5 导出 CSV 文件

在 Excel 中要导出 CSV 文件，只需要把文件另存为 CSV 格式即可。在 Python 中，导出 CSV 文件的功能则依赖于 Python 自带的 CSV 模块，所以本节的代码在运行前要先导入 CSV 模块。

```
import csv
```

把数据写入 CSV 文件可以分为以下 3 步：

（1）打开某个工作簿。

（2）把工作簿的数据转换成多维列表形式。

（3）用 for 循环把多维列表写入 CSV 文件中。

如何打开某个工作簿在 4.3 节中已经讲解了。第 2 步要把工作簿的数据转换成多维列表的形式，示例代码如下：

```
workbook = xw.Book("d:/Python+Excel/code/chapter4/export.xlsx")
data = workbook.sheets[0].range("A1:B5").value
print(data)
```

输出结果如下：

```
[['d', 4.0], ['e', 5.0], ['c', 3.0], ['a', 1.0], ['b', 2.0]]
```

在代码的第 2 行中，把工作簿的第 1 张工作表的数据转换为多维列表的形式，并存入变量 data 中。这行代码涉及 xlwings 内置的对象的层次关系。xlwings 的常用对象有工作簿（workbook）、工作表（sheet）和单元格区域（range）。它们之间的层次关系如图 4.1 所示。

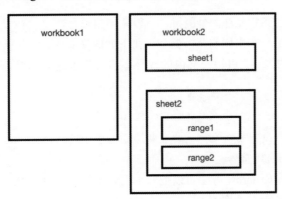

图 4.1　xlwings 常用对象的层次关系

以下是一些如何引用这些对象的示例，其中 value 属性用于引用单元格区域的内容，value 的类型是一个 Python 列表。

```
# 工作簿的第 1 个工作表
workbook.sheets[0]
# 工作簿的第 2 个工作表
workbook.sheets[1]
# 工作簿的第 1 个工作表的单元格 A1
workbook.sheets[0].range("A1")
# 工作簿的第 1 个工作表的单元格 A1 的内容
workbook.sheets[0].range("A1").value
# 工作簿的第 1 个工作表的单元格区域 A1:C5
workbook.sheets[0].range("A1:C5")
# 工作簿的第 1 个工作表的单元格区域 A1:C5 的内容
workbook.sheets[0].range("A1:C5").value
```

读者理解了上面的示例之后，就知道如何从工作簿中选取需要的数据。单元格的更多相关操作会在第 6 章详细介绍。

最后一步使用 for 循环把列表写入 CSV 文件中。下面先给出一个示例，展示 CSV 模块是如何将数据写入到文件中的。

```
import csv

with open('export.csv', mode='w') as csv_file:
    #创建了一个 writer 对象
    writer = csv.writer(csv_file, delimiter=',', quotechar='"', quoting=csv.QUOTE_ALL)
    # 写入了两行数据
    writer.writerow(['A', 'B', 'C'])
    writer.writerow([1,2,3])
```

writer 对象就是负责数据写入的。writer 对象的创建有 3 个参数，下面分别介绍这 3 个参数的含义。

- delimiter 参数是 CSV 文件的分隔符，一般是半角逗号。
- quotechar 参数是一个引用符号。例如，在下面的文本中，“"”就是一个引用符号，它包裹着一个单元格的内容。引用符号内的逗号不会被识别为分隔符。所以第 1 个单元格的内容是“a,”。

```
"a,","b","c"
```

- quoting 参数用于设定哪些字符需要在两边添加引用符号，quoting=csv.QUOTE_ALL 代表所有字段都要添加引用符号。

使用 writer 对象中的 writerow 方法可以把一个列表作为一行写入 CSV 文件中。把上面 3 个步骤整合起来就是一段导出 CSV 文件的代码。

代码 4-2　从 Excel 文件导出数据到 CSV 文件

```
workdir = "/Users/caichicong/Documents/"
workbook = xw.Book(workdir + "Python+Excel/code/chapter4/export.xlsx")
```

```
data = workbook.sheets[0].range("A1:B5").value
with open('export-example.csv', mode='w') as csv_file:
    writer = csv.writer(csv_file, delimiter=',', quotechar='"', quoting=csv.QUOTE_ALL)
    for row in data:
        writer.writerow(row)
workbook.close()
```

 利用类库 Pandas 中的 to_csv 函数可以更加简单地从 Excel 中导出 CSV 文件，后面
的章节会详细介绍。

扫一扫，看视频

4.6 导入 CSV 文件

在 Excel 中可以直接打开 CSV 文件，并另存为 Excel 格式的文件。在 Python 中导入文件的功能
则依赖于 Python 自带的 CSV 模块，所以本节的代码在运行前要先导入 CSV 模块。

```
import csv
```

导入 CSV 文件的数据可以分为以下 3 步：

（1）打开 CSV 文件。

（2）读取 CSV 文件的数据。

（3）把数据写入 Excel 文件中。

1. with 语句

打开 CSV 文件要用到 Python 中的 with 语句，这里先解释一下 with 语句的用法。在不使用 with
语句的情况下，一般使用如下方式在 Python 中打开某个文件。

```
# open 方法打开某个路径的文件，并返回一个 file 对象
file = open(r"c:\filename.txt")
# 调用 read 方法读取数据
data = file.read()
# 调用 close 方法关闭文件对象
file.close()
```

这段代码在正常的情况下是运作正常的，但是在发生错误时，file 变量可能没有被正确关闭。为
了提高程序的健壮性，把上面的代码改用 with 语句实现。

```
with open(r"c:\filename.txt") as file:
    data = file.read()
```

with 语句的作用是无论代码是否正常执行，都保证 file 对象被正常关闭。with 语句的语法形式
总结如下：

```
with context as target:
    with-body
```

其中，target 是一个资源对象，这个资源对象会在 with-body 中被使用。

2. 读取 CSV 文件的数据

用 CSV 类库读取 CSV 文件数据，主要有以下两个要点：

（1）创建一个 reader 对象。

（2）用 for 循环遍历 reader 对象。

示例代码如下：

```
path = r"d:/test.csv"
with open(path) as csv_file:
    csv_reader = csv.reader(csv_file, delimiter=',')
    for row in csv_reader:
        print(row)
```

创建 reader 对象时需要传入两个参数：一个是 file 对象；另一个是分隔符 delimiter。上面代码中的分隔符是逗号。

3. 写入数据到 Excel 文件

要把多维列表写入 Excel 文件，只需要把列表赋值给 value 属性即可。例如：

```
app = xw.App(visible = False, add_book = False)
csvbook = app.books.add()
csvbook.sheets[0]['A1'].value = [
    [1, 2, 3, 4, 5],
    [1, 2, 3, 4, 5]
]
```

把上面 3 个步骤整合起来就是一段导入 CSV 文件的代码。

代码 4-3　导入 CSV 文件数据到 Excel

```
# 从 CSV 文件中读取数据
with open('code/data/chapter4/test.csv') as csv_file:
    csv_reader = csv.reader(csv_file, delimiter=',')
    data = [row for row in csv_reader]
print(data)
# 启动 Excel
path = '/Users/caichicong/Documents/Python+Excel/code/data/chapter4/csv-convert.xlsx'
app = xw.App(visible = False, add_book = False)
csvbook = app.books.add()
# 把数据写入新建的工作簿
csvbook.sheets[0]['A1'].value = data
# 最后保存并关闭
```

```
csvbook.save(path)
csvbook.close()
```

示例代码中使用了列表推导式把 CSV 文件中数据转换成列表形式。

 利用类库 Pandas 中的 read_csv 函数可以更简单地从 CSV 文件导入数据到 Excel 文件中，后面的章节会详细介绍。

扫一扫，看视频

4.7 拆分工作簿

本节结合具体示例讲解如何利用 xlwings 将一个 Excel 工作簿中的多个工作表自动拆分成单独的工作簿文件。拆分工作簿本质上就是把工作表的数据复制到几个不同的工作簿中去。前面章节已经介绍了如何读取工作表数据和把数据写入工作表中。

例如，有一个名为"合并数据.xlsx"的 Excel 文件中有 3 个工作表，第 1 个工作表有 1 月份的数据；第 2 个工作表有 2 月份的数据；第 3 个工作表有 3 月份的数据。现在想把这 3 个工作表的数据拆分成 3 个 Excel 文件，文件名是"X 月拆分数据.xlsx"，示例代码如下。

代码 4-4　拆分工作簿

```
import xlwings as xw

excelFileDir = '/Users/caichicong/Documents/Python+Excel/code/data/chapter4'
app = xw.App(visible = True, add_book = False)
monthsWorkBook = xw.Book(excelFileDir + "/合并数据.xlsx")

for i in range(0, 3):
    book = app.books.add()
    book.sheets[0]['A1:C4'].value = monthsWorkBook.sheets[i]['A1:C4'].value
    book.sheets[0].name = "{month}月数据".format(month=i+1)
    book.save(excelFileDir + "/拆分/{month}月拆分数据.xlsx".format(month=i+1))
    book.close()

monthsWorkBook.close()
```

下面讲解一下示例代码中最关键的部分——for 循环中的循环体。循环体的第 2 行代码表示复制数据到新的工作表。循环体的第 3 行代码表示重命名工作表，这里用到第 2 章中字符串格式的知识，读者可以回看第 2 章的内容。循环体的第 4 行代码表示按规律命名 Excel 文件，并保存到指定文件夹中。

扫一扫，看视频

4.8　合并工作簿

合并工作簿本质上就是把多个工作簿的数据复制到同一个工作簿中去。合并工作簿用到的知识点与拆分工作簿是类似的。

下面的示例代码表示把 3 个工作簿的数据合并到一个工作簿中。这 3 个工作簿的名称分别是"1 月份数据.xlsx""2 月份数据.xlsx""3 月份数据.xlsx"，然后把每个工作簿中第 1 个工作表的数据复制到新工作簿中，新工作簿的名称是"月份数据合并.xlsx"。示例代码如下。

代码 4-5　合并工作簿

```
import xlwings as xw
excelFileDir = '/Users/caichicong/Documents/Python+Excel/code/data/chapter4'
workbooks = []
# 首先用 for 循环打开 3 个工作簿
for i in range(1, 4):
    workbooks.append(xw.Book(excelFileDir + "/" + str(i) + "月份数据.xlsx"))
# 新建一个工作簿
app = xw.App(visible = True, add_book = False)
newworkbook = app.books.add()

# 添加两个新的工作表到新工作簿中
for i in range(0, 2):
    newworkbook.sheets.add()

# 把 3 个工作簿的数据复制到 3 个工作表中去
for i in range(0, 3):
    # 重命名 3 个工作表
    newworkbook.sheets[i].name = "{month}月数据".format(month=i+1)
    newworkbook.sheets[i]['A1:C4'].value = workbooks[i].sheets[0]['A1:C4'].value

newworkbook.save("月份数据合并.xlsx")
newworkbook.close()
```

扫一扫，看视频

4.9　转换为 PDF 文件

在 xlwings 的 Book 类中有一个 to_pdf 方法，可以把当前的工作簿转换成 PDF 文件。to_pdf 方法的参数是 PDF 文件的保存文件路径。to_pdf 方法的示例代码如下。

```
import xlwings as xw
# 新建一个 Excel 文件，并导出成 PDF 文件
app = xw.App(visible = True, add_book = False)
workbook = app.books.add()
workbook.sheets[0]['A1'].value = "PDF"
workbook.to_pdf("/Users/caichicong/Desktop/test.pdf")
```

4.10　练习题

用 Python 程序完成以下题目：

（1）在指定目录（如 D:\chapter4\）中生成 12 个 Excel 文件，文件名称由年份和月份组成，年份为当前的年份，月份从 1 到 12，如 202101、202102 等。

（2）读取 3 个 CSV 文件的内容，然后把内容复制到一个已经存在的名为 chapter4_exercise 的 Excel 文件中。这 3 个 CSV 文件分别是 1.csv、2.csv、3.csv。将 1.csv 的内容复制到第 1 个工作表中，2.csv 的内容复制到第 2 个工作表中，3.csv 的内容复制到第 3 个工作表中。

第5章

操作工作表

本章主要介绍如何使用 Python 对 Excel 工作表实现如下操作：

- 插入工作表。
- 重命名工作表。
- 删除工作表。
- 移动工作表。
- 复制工作表。

其中，移动工作表和复制工作表依赖于 Excel VBA 中提供的编程接口。

5.1　插入工作表

在 Excel 中插入一个新的工作表，单击工作表标签区域中的加号图标即可。

在 xlwings 中，工作表对象（sheet）有一个 add 方法，用于插入一个新的工作表。add 方法的调用形式如下：

```
add(name=None, before=None, after=None)
```

参数的含义如下：

- name，代表插入工作表的名称。
- before，用于设定从某个 sheet 的前面插入。
- after，用于设定从某个 sheet 的后面插入。

before 和 after 都是同一个 sheet 对象的引用。

下面的示例代码展示了这 3 个参数如何使用。

代码 5-1　插入新的工作表

```python
import xlwings as xw

app = xw.App(visible = True, add_book = False)
wb = app.books.add()

# 以下 3 句代码，读者可逐句执行观察运行结果
# 插入新的工作表，名称是"工作表 1"
wb.sheets.add(name="工作表 1")
# 在 Sheet1 之前插入一个新的工作表
wb.sheets.add(name="工作表 2", before=wb.sheets['Sheet1'])
# 在"工作表 2"之后插入一个新的工作表
wb.sheets.add(name="工作表 3", after=wb.sheets['工作表 2'])

# 保存工作簿
wb.save("/Users/caichicong/Desktop/添加工作表.xlsx")
# 关闭工作簿
wb.close()
# 关闭 Excel
app.quit()
```

扫一扫，看视频

5.2　重命名工作表

在 Excel 中要修改工作表的名称，只要双击工作表的标签，然后输入新的名称即可。在 Python 中，要修改工作表的名称，直接修改工作表的 name 属性就可以了，示例代码如下。

代码 5-2　重命名工作表

```
book = xw.Book("/Users/caichicong/Desktop/添加新的工作表.xlsx")
book.sheets.add(name="新工作表")
book.sheets['新工作表'].name = "工作表1"
```

这里用了一种新的方式引用工作表，引用形式如下：

```
sheets[name]
```

name 代表工作表的具体名称，这个名称可以在 Excel 界面的底部看到。

扫一扫，看视频

5.3　删除工作表

工作表对象中有一个 delete 方法用于删除工作表，调用形式如下：

```
sheet.delete()
```

示例代码如下。

代码 5-3　删除工作表

```
book = xw.Book("/Users/caichicong/Desktop/删除工作表.xlsx")
book.sheets.add(name="新工作表")
book.sheets['新工作表'].delete()
```

在这个示例中，首先新建了一个工作表，然后把这个工作表删除。

扫一扫，看视频

5.4　移动工作表

使用 xlwings 移动某个工作表，需要用到工作表对象的 Move 方法，这个方法来自 Excel VBA。Move 方法的调用形式如下：

```
sheet.api.Move(Before, After)
```

Before 参数和 After 参数都是对某个 sheet 的引用，而且要加上 .api。下面通过代码展示这个方法的具体用法。

代码 5-4　移动工作表

```python
import xlwings as xw

app = xw.App(visible = True, add_book = False)
workbook = app.books.add()

workbook.sheets.add(name="test1")
workbook.sheets.add(name="test2")
workbook.sheets.add(name="test3")
# 获取 3 个 sheet 的引用
test1 = workbook.sheets["test1"]
test2 = workbook.sheets["test2"]
test3 = workbook.sheets["test3"]

# 将 test3 移动到 test1 之前
test3.api.Move(Before=test1.api)
# 将 test3 移动到 Sheet1 之后
# 注意，当 Before 参数不填写时要用 None 占位
test3.api.Move(None, After= workbook.sheets["Sheet1"].api)
```

执行倒数第 4 行的代码后，结果如图 5.1 所示。

执行倒数第 1 行的代码后，结果如图 5.2 所示。

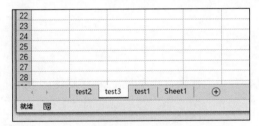

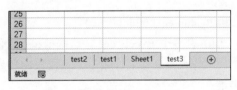

图 5.1　移动到某个工作表之前　　　　　　　图 5.2　移动到某个工作表之后

 当在 xlwings 中调用 Excel VBA 的功能时，首先要在对象后添加.api，然后再调用方法或引用属性。

5.5　复制工作表

扫一扫，看视频

使用 xlwings 复制某个工作表，需要用到工作表对象的 Copy 方法，这个方法来自 Excel VBA。Copy 方法的调用形式如下：

```
sheet.api.Copy(Before, After)
```

Before 参数和 After 参数都是对某个 sheet 的引用，而且要加上.api。下面通过代码展示这个方法的具体用法。

代码 5-5　复制工作表

```
import xlwings as xw

wb = xw.Book(r"C:\Users\WIN10\Desktop\sheet.xlsx")
# 获取 3 个 sheet 的引用
sheet1 = wb.sheets['Sheet1']
sheet2 = wb.sheets['Sheet2']
sheet3 = wb.sheets['Sheet3']

#把工作表 sheet1 复制到同一个工作簿中，放在 sheet2 之前
sheet1.api.Copy(Before=sheet2.api)

#把工作表 sheet1 复制到同一个工作簿中，放在 sheet3 之后
sheet1.api.Copy(None, After=sheet3.api)

#当不填写参数时，Copy 方法把工作表复制到一个新的工作簿中
sheet1.api.Copy()
```

5.6　练习题

用 Python 程序完成以下题目：

（1）有多个 Excel 文件，这些 Excel 文件都包含多个工作表，用 Python 程序将这些 Excel 文件中的工作表重新命名，第 1 个工作表命名为"工作表 1"，第 2 个工作表命名为"工作表 2"，以此类推。

（2）有多个 Excel 文件，这些 Excel 文件都包含多个工作表，用 Python 程序删除除第 1 个工作表之外的所有工作表。

第6章

操作单元格

第 4 章和第 5 章介绍了如何利用 xlwings 模块来操作工作簿和工作表,本章接着介绍对单元格的操作。单元格的操作是 Excel 表格中最核心和最常用的操作。

本章主要涉及的知识点有:

- 选择单元格。
- 自动填充数据到指定的单元格区域。
- 调整单元格的样式。
- 调整单元格的数据格式。
- 查找和替换单元格中的内容。
- 合并和拆分单元格。
- 用 Python 自动校验单元格的内容。

扫一扫，看视频

6.1　选择单元格

在 Excel 中选择一个单元格或者一个单元格区域，需要组合运用鼠标左键、Ctrl 键和 Shift 键，其中，鼠标左键+Shift 键可以选择连续的多个单元格；鼠标左键+Ctrl 键可以选择不连续的多个单元格。

在 xlwings 中有一个 Range 类，Range 类可以代表一个单元格或一个单元格区域。Range 类是 xlwings 中最常用的类之一，可以使用 Range 类来引用单元格，然后调用 select 方法来选择单元格。下面分几种情况介绍使用 xlwings 选择单元格的操作。

- 选择单个单元格。
- 选择一个区域里的单元格。
- 选择单个列。
- 选择单个行。
- 选择定义了名称的单元格区域。
- 选择多个不相邻的单元格。
- 选择多个不相邻的列或行。

这里约定在运行本章的示例代码前，先运行以下代码进行初始化。

```
app = xw.App(visible = True, add_book = False)
workbook = app.books.add()
sheet1 = workbook.sheets[0]
```

选择单个单元格的操作最简单，只需填写单元格的地址即可。例如：

```
# 选择单元格 A1
sheet1.range('A1').select()
```

在 Excel 中选择一个单元格区域，首先选取区域左上角的单元格，然后按 Shift 键选取右下角的单元格。类似地，在 xlwings 中选择一个单元格区域时，要依次填写区域的左上角单元格地址和右下角单元格地址。例如：

```
sheet1.range('A1:C3').select()
```

选择的结果如图 6.1 所示。

	A	B	C	D
1	1	4	1	
2	2	5	1	
3	3	6	1	
4				
5				

图 6.1　选择单元格区域 A1:C3

选择一个比较大的单元格区域时，用这种方法比用鼠标选择更有效率。

在 Excel 中选择某一列的所有单元格，只需要单击某一列顶部的英文字母。例如，选择 A 列，就单击字母 A。在 xlwings 中，可以使用"字母:字母"这样的地址格式来表示某一列。例如：

```
sheet1.range('A:A').select()
```

代码执行结果如图 6.2 所示。

在 Excel 中选择某一行的所有单元格，只需要单击那一行的行号。例如，选择第 2 行，就单击行号 2，如图 6.3 所示。

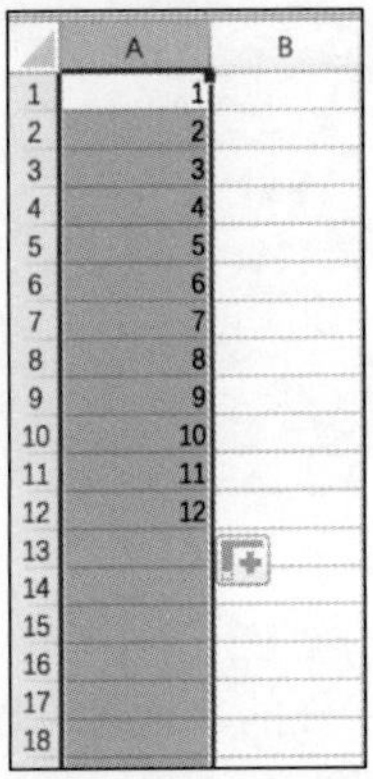

图 6.2　选择单列

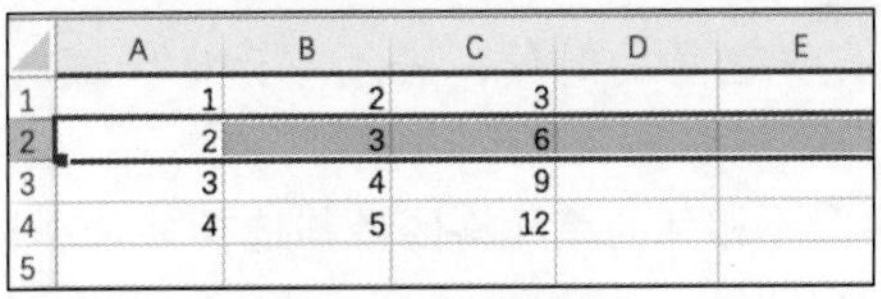

图 6.3　选择某一行

在 xlwings 中，可以使用"数字:数字"这样的地址格式来表示某一行。例如：

```
sheet1.range('2:2').select()
```

在 Excel 中可以给某个单元格区域定义一个名称。例如，先用鼠标和 Shift 键选定一个单元格区域 A1:B3，然后在左上角的名称框中输入要使用的名称，如 test，如图 6.4 所示。

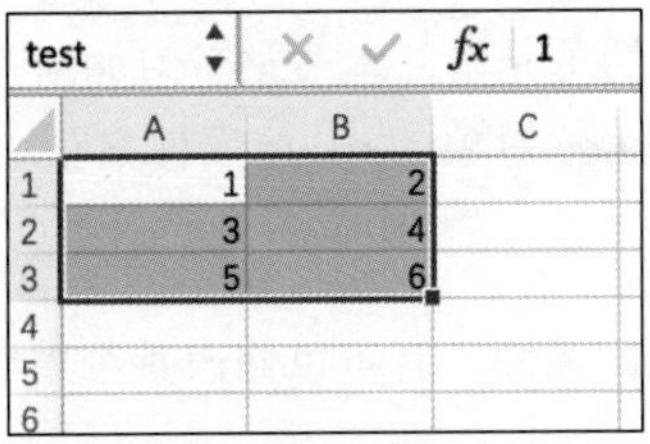

图 6.4　定义了名称的区域

在 xlwings 中要引用刚才定义了名称的区域，可以把名称以字符串的形式传入 range 方法中。例如：

```
sheet1.range("test").select()
```

在 xlwings 中选择多个不相邻的单元格，可以把这些单元格的地址用逗号隔开传入 range 方法中。例如：

```
sheet1.range("A1, A10").select()
```

这段代码选取了 A1 和 A10 这两个单元格。

在 Excel 中选择多个不相邻的列或行，可以按住 Ctrl 键并分别单击这些列的列名或这些行的行号。在 xlwings 中选择多个不相邻的列或行的操作相对复杂，需要先为这些行或列定义名称，然后再通过名称引用这些行或列。例如，引用第 1 行和第 3 行：

```
# 1:1 代表第 1 行, 3:3 代表第 3 行
sheet1.names.add("mrows", "=1:1, 3:3")
sheet1.names["mrows"].refers_to_range.select()
```

引用第 1 列和第 3 列：

```
# A:A 代表第 1 列, C:C 代表第 3 列
sheet1.names.add("mcols", "=A:A, C:C")
sheet1.names["mcols"].refers_to_range.select()
```

 定义名称的时候，表示单元格区域的字符串要以 "=" 开头。

选择多个不相邻的单元格区域与选择多个不相邻的列或行的原理是一样的，读者可以运行以下的代码，观察结果。

```
sheet1.names.add("range1", "=A1:A10,C1:C5")
sheet1.names["range1"].refers_to_range.select()
```

扫一扫，看视频

6.2　填充数据到单元格中

6.1 节学习了如何引用 Excel 中的单元格，本节来学习如何获取和修改这些单元格中的内容。在 xlwings 中，可以通过访问 range 对象的 value 属性来获取单元格的内容。例如：

```
sheet1.range('A1').value
```

把内容赋值给 range 对象的 value 属性，就可以修改某个单元格的内容了。例如：

```
# 修改 A1 单元格的内容
sheet1.range('A1').value = 1
sheet1.range('A1').value = "abc"
```

下面用两个示例说明如何基于这个知识点实现一些实用的数据填充功能。两个示例都先介绍如何在 Excel 中实现，再介绍如何在 xlwings 中实现。

6.2.1 创建有序日期列表

本小节要在 Excel 表格中创建一个从 2019 年 11 月 11 日开始的时间序列，相邻单元格的日期相差一天。

1. 用 Excel 创建有序日期列表

在 Excel 中创建一个有序日期列表，步骤如下：

（1）在 A1 单元格中填写 2019/11/11，如图 6.5 所示。

（2）单击选择 A1 单元格，然后拖动鼠标到单元格的右下角，直到出现填充柄的图案。按住填充柄向下拖动就可以生成有序日期列表。往右拖动填充柄，日期列表将会生成在第 1 行中。

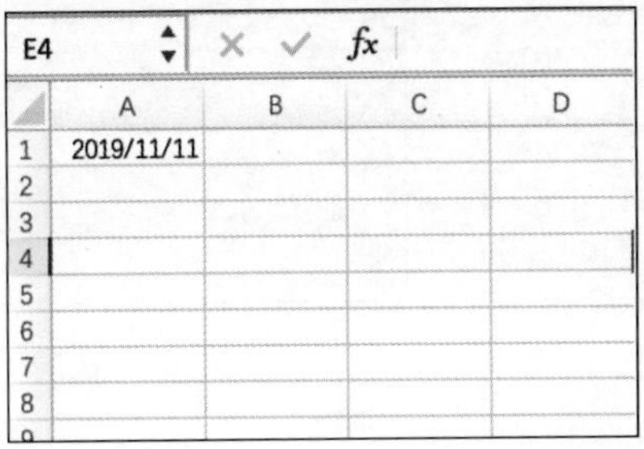

图 6.5 填写第 1 个日期到第 1 个单元格

2. 用 xlwings 创建有序日期列表

用 xlwings 创建有序日期列表可分为以下两个步骤：

（1）在第 1 个单元格中填写一个日期。

（2）调用 AutoFill 方法自动填充日期。AutoFill 方法的 destination 参数代表需要自动填充的单元格区域，而且这个区域包含第 1 个单元格。示例代码如下。

代码 6-1 创建有序日期列表

```
from datetime import date, timedelta
from xlwings.constants import AutoFillType

app = xw.App(visible = True, add_book = False)
workbook = app.books.add()
sheet1 = workbook.sheets[0]
# 在第 1 个单元格中填写一个日期
sheet1.range('A1').value = date(2019, 11, 11)
# 自动填充日期
for i in range(2, 11):
    sheet1.range('A' + str(i)).value = date(2019, 11, 11) + timedelta(days=i-1)
```

运行结果如图 6.6 所示。

把最后两行代码修改为按行填充，效果与往右拖动填充柄一样。

```
letters = ['A', 'B', 'C', 'D', 'E']
for i in range(1, 5):
    sheet1.range(letters[i] + '1').value = date(2019, 11, 11) + timedelta(days=i)
```

运行结果如图 6.7 所示。

	A	B
1	2019/11/11	
2	2019/11/12	
3	2019/11/13	
4	2019/11/14	
5	2019/11/15	
6	2019/11/16	
7	2019/11/17	
8	2019/11/18	
9	2019/11/19	
10	2019/11/20	
11		
12		
13		

图 6.6　在同一列生成日期序列

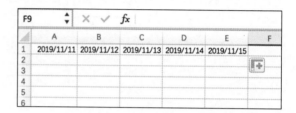

图 6.7　在同一行生成日期序列

6.2.2　自动填充序列

在日常的 Excel 数据处理中，经常要按某种规则生成一个数字序列，如生成一个从 2 开始递增的偶数序列。本节分别介绍如何用 Excel 内置功能和 Python 生成一个自动填充的偶数序列。

1. 用 Excel 实现自动填充序列

首先在第 1 个单元格中输入偶数序列的第 1 个数字 2，在第 2 个单元格中输入数字 4。用鼠标选中第 1 个单元格，然后拖动填充柄划过要填充的区域，Excel 就会根据第 1 个值和第 2 个值自动填充后面的单元格。

2. 用 Python 自动填充序列

用 xlwings 实现自动填充偶数序列，可以分为以下两步：

（1）在第 1 个单元格中填写序列的第 1 个值，在第 2 个单元格中填写序列的第 2 个值。这一步通过赋值 Range 对象的 value 属性即可实现。

（2）调用 AutoFill 方法自动填充序列。AutoFill 方法的第 1 个参数是 Range 对象，代表要填的区域；AutoFill 的第 2 个参数 type 代表要填充的类型，这里把 type 参数的值设置为 AutoFillType.xlFillSeries，代表按等差序列来生成数字。

示例代码如下。

代码 6-2　自动填充序列

```
from xlwings.constants import AutoFillType

app = xw.App(visible = True, add_book = False)
workbook = app.books.add()
sheet1 = workbook.sheets[0]
# 先填写数字 2 和 4
sheet1.range('A1').value = 2
sheet1.range('A2').value = 4
# 自动填充数值
sheet1.range("A1:A2").api.AutoFill(sheet1.range("A1:A5").api,
AutoFillType.xlFillSeries)
```

sheet1.range("A1:A2").api.AutoFill 中的 api 究竟是什么呢？　xlwings 的工作原理其实是调用 pywin32 模块去操控 Excel 表格中的各种对象，实现各种原本可以由 VBA 实现的功能。pywin32 模块是一个 Python 模块，封装了大部分的 Windows API。Range 对象的 api 属性实际上就是一个 pywin32 对象，读者对此不用细究，只需要记住 xlwings 的某些功能是依赖这个 api 属性实现的就可以了。

虽然可以用 Excel 内置的 row 函数设置一列自动更新的序号，但是当插入新的行时，只能通过复制公式使序号连续。利用 Python 则可以实现一键重新生成序列，完美解决这个问题。

如果数字序列的生成规则更加复杂，那么可以使用 for 循环的循环变量生成单元格的值。例如，执行下面的代码可以生成一个平方数序列。所谓平方数序列，就是第 1 个数字是 1 的平方，第 2 个数字是 2 的平方，第 3 个数字是 3 的平方，以此类推。

代码 6-3　自动生成平方数序列

```
from xlwings.constants import AutoFillType

app = xw.App(visible = True, add_book = False)
workbook = app.books.add()
sheet1 = workbook.sheets[0]

# 用 for 循环对 A1～A7 这 7 个单元格赋值
for i in range(1, 8):
    sheet1.range('A{}'.format(i)).value = i*i
```

运行结果如图 6.8 所示。

实际操作中，可以在 Excel 表格中添加一个按钮控件，单击按钮，会自动在某个单元格区域填充序列。下面以自动生成整数序列为例，说明如何实现这个效果。

（1）新建一个名为 button.py 的文件，输入以下代码。

	A	B	C
1	1		
2	4		
3	9		
4	16		
5	25		
6	36		
7	49		
8			
9			

图 6.8　生成平方数序列

代码 6-4　单击按钮实现自动填充序列

```
import xlwings as xw

@xw.sub
def main():
    wb = xw.Book.caller()
    sheet = wb.sheets[0]

# autoSeries 函数的功能是自动生成整数序列
@xw.func
def autoSeries():
    wb = xw.Book.caller()
    sheet = wb.sheets[0]
    for i in range(1, 8):
        sheet.range('A{}'.format(i)).value = i

if __name__ == "__main__":
    xw.Book("button.xlsm").set_mock_caller()
    main()
```

（2）打开 Excel 中的 Visual Basic 编辑器，添加一个函数 handleClick。

```
Sub handleClick()
    RunPython ("import button; button.autoSeries()")
End Sub
```

handleClick 函数只有一行代码，这行代码调用 RunPython 方法执行两个 Python 语句。第 1 个 Python 语句 import button 导入一个模块 button，模块 button 就是第 1 步创建的 button.py 文件；第 2 行代码调用了模块中的 autoSeries 函数。

（3）从“开发工具”选项卡中选择按钮组件，将其添加到工作表中，如图 6.9 所示。然后右击这个按钮，在弹出的菜单中指定宏，选择 handleClick。

图 6.9　"开发工具"选项卡中的表单控件

扫一扫，看视频

6.3　调整单元格样式

本节主要介绍如何使用 xlwings 自动调整单元格的样式。单元格的格式包括以下几个方面：

● 单元格的宽度和高度。
● 单元格的文字颜色。
● 单元格的文字大小。
● 单元格的背景颜色。

学会了本节内容，可以用 Python 自动设置整个表格的所有单元格的样式。

6.3.1　调整列宽和行高

1．在 Excel 中调整列宽和行高

在 Excel 中既可以直接拖动鼠标调整列宽和行高，也可以在"开始"选项卡下的"单元格"组中，通过"格式"选项调整单元格的大小，如图 6.10 所示。

图 6.10　调整列宽和行高

2．通过 Python 调整列宽和行高

Range 对象有两个属性用于调整单元格的大小，分别是 column_width 和 row_height，两个都是整数类型。column_width 表示列宽，row_height 表示行高。示例代码如下。

代码 6-5　调整单元格的列宽和行高

```
app = xw.App(visible = True, add_book = False)
workbook = app.books.add()
sheet1 = workbook.sheets[0]
sheet1.range('A1').value = 100
sheet1.range('A1').column_width = 100
sheet1.range('A1').row_height = 50
```

6.3.2　自动调整单元格的大小

有时自动生成的 Excel 表格的单元格大小并不合适，不能完整显示单元格中的内容，这就需要我们手动微调，借助 Python 可以实现一键自动调整。

1．在 Excel 中自动调整单元格的大小

在"开始"选项卡中找到"单元格"组，如图 6.11 所示。单击"格式"下拉按钮，子菜单中的"自动调整行高"和"自动调整列宽"两项用于调整单元格的大小，如图 6.12 所示。

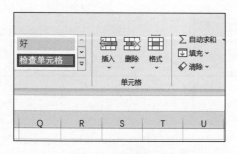

图 6.11　单元格工具　　　　图 6.12　"自动调整行高"和"自动调整列宽"

2．通过 Python 自动调整单元格的大小

使用 Range 对象调用 autofit 方法就可以实现自动调整单元格的大小，示例代码如下。

代码 6-6 自动调整单元格的大小

```
app = xw.App(visible = True, add_book = False)
workbook = app.books.add()
sheet1 = workbook.sheets[0]
sheet1.range('A1').value = 100
sheet1.range('A1').autofit()
```

6.3.3 调整文字颜色和大小

1. 在 Excel 中调整文字颜色和大小

选中单元格区域，然后在"开始"选项卡下的"字体"组中对字体格式进行设置，如图 6.13 所示。

2. 通过 Python 调整文字颜色和大小

在讲解如何修改颜色之前，先介绍一下 RGB 色彩模式。RGB 色彩模式就是用红、蓝、绿这 3 种颜色叠加起来得到其他颜色，其中，R 代表红色，G 代表绿色，B 代表蓝色。用 3 个范围在 0～255 之间的整数去设定这 3 种颜色在叠加时的比例。例如，红色可以用（255，0，0）表示，粉红色可以用（255，192，203）表示。

那怎么才能设定自己想要的颜色呢？读者可以在网页浏览器中搜索 RGB 颜色值转换工具，如图 6.14 所示。在第 1 个输入框中填写 255，在第 2 个输入框里填写 0，在第 3 个输入框中填写 0，然后单击"转换"按钮，可以看到右边的方块变成红色。

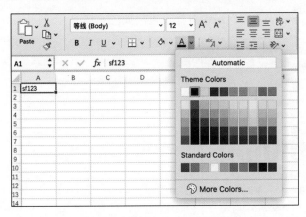

图 6.13 调整单元格文字颜色和字体大小　　图 6.14 转换 RGB 颜色

在 xlwings 中，可以通过修改 Font 对象的属性来修改文字的样式，修改文字颜色的代码形式如下：

```
rangeObj.api.Font.Color = rgb_to_int((i,j,k))
```

i、j、k 分别对应 RGB 颜色值中的 3 个数字。rgb_to_int 是一个辅助函数，用于生成代表某种颜色的 RGB 编码。该函数的调用形式如下：

```
from xlwings.utils import rgb_to_int
```

修改文字大小的代码形式如下：

```
rangeObj.api.Font.Size = i
```

示例代码如下。

代码 6-7　修改文字颜色和大小

```
# 这段代码只能在 Windows 上正常运行
app = xw.App(visible = True, add_book = False)
workbook = app.books.add()
sheet1 = workbook.sheets[0]
sheet1.range('A1').value = 100
sheet1.range('A1').api.Font.Color = rgb_to_int((255, 0, 0))
sheet1.range('A1').api.Font.Size = 30
```

另外，Font 中还有一个属性 Name 用于设置单元格的字体。例如，使用下面的代码把字体设置为微软雅黑。

```
sheet1.range('A1').api.Font.Name = "Microsoft YaHei"
```

6.3.4　调整单元格背景颜色

1. 在 Excel 中调整单元格背景颜色

选中单元格区域，在"开始"选项卡下的"字体"组中进行设置，如图 6.15 所示。

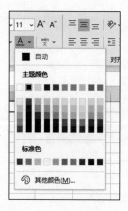

图 6.15　修改单元格颜色

2. 通过 Python 调整单元格背景颜色

把一个元组赋值给 Range 对象的 color 属性可以调整单元格的背景颜色，形式如下：

```
rangeObj.color = (i, j, k)
```

与修改单元格文字颜色的方法类似，也是使用 RGB 代表某种颜色，这 3 个数字以元组的形式表示。示例代码如下。

代码 6-8　调整单元格背景颜色

```
app = xw.App(visible = True, add_book = False)
workbook = app.books.add()
sheet1 = workbook.sheets[0]
sheet1.range('A1').value = 100
sheet1.range('A1').color = (169,169,169)
```

6.4　单元格的格式设置

使用 Excel 时，虽然输入的数据都是以默认的格式显示，但是在实际工作中要根据数据的内容选择合适的显示格式，让数据更容易阅读和分析。本节就来介绍如何在 Excel 中批量设置单元格的格式。

6.4.1　数字格式

1．在 Excel 中设置数字格式

Excel 单元格中可以存放不同类型的数据，如数字、日期、文本和货币等。选中某个有内容的单元格右击，在弹出的菜单中选择"设置单元格格式"选项。在弹出的"设置单元格格式"对话框中，选择"数字"选项卡，这个选项卡下有多个分类供用户选择，如图 6.16 所示。

图 6.16　设置单元格格式

Excel 中还支持自定义的单元格格式，在"类型"一栏中输入格式代码，可以在"示例"一栏中看到该单元格的值格式化后的结果，如图 6.17 所示。

图 6.17　自定义格式

Excel 中自定义格式的规则非常多，这里只介绍最基本的规则。自定义格式最多可以包含 4 个小节，每个小节用分号隔开，这 4 个小节按顺序定义了正数、负数、零值和文本的格式，如图 6.18 所示。

图 6.18　自定义格式的 4 个小节

每个小节中可以使用数字占位符和常规字符来表示格式。数字占位符用于表示某种格式控制设定，而常规字符都是直接显示，不会用于格式控制。常用的常规字符见表 6.1。

表 6.1　常规字符

字　符	说　明
%	百分号
¥	货币符号
$	货币符号
+	正号
−	负号
()	圆括号

常用的数字占位符有以下几种：

(1)“#”，用于隐藏无意义的数字零。例如，数字 123.30 中末尾的 0 就是无意义的。

(2)“?”，用于小数点对齐。

(3)数字“0”，当一个数字的位数少于格式符中的零的个数时，强制显示无意义的零。

(4)小数点“.”。

(5)千位分隔符“,”，如数字 12345，使用千位分隔符之后，就变成了 12,345。

(6)文本占位符“@”。

(7)空格占位符“_”。

下面给出几个占位符的使用示例，体会它们的具体用法。表格中的 C 列是靠右对齐的，如图 6.19 所示。

	A	B	C	D
1	数字	格式符	结果	
2	123.345	#.##	123.35	小数点
3	123.45	0.00	123.45	
4	123.3	0.00	123.30	
5	1.5	0.0?	1.5	
6	9.155	0.0?	9.16	
7	0.345	0.0?	0.35	
8	123456	#,##	123,456	千位分隔符
9	广州	@"abc"	广州abc	文本占位符
10	0.99	0.____00	0. 99	用空格占位符添加空格
11	10	0"个"	10个	自动添加单位
12				
13				

图 6.19　数字占位符用法示例

如果只有一个小节，那么所有数字都会使用这个小节指定的格式。例如，数字 1、-1、0 使用自定义格式 0.00，效果如图 6.20 所示。

如果有两个小节（只有一个分号），那么正数和 0 会使用第 1 个小节指定的格式，负数会使用第 2 个小节指定的格式。例如，数字 1、-1、0 使用自定义格式“0.00;-0.0”，效果如图 6.21 所示。

	A	B	C
1	数字	格式符	结果
2	1	0.00	1.00
3	-1	0.00	-1.00
4	0	0.00	0.00
5			
6			

图 6.20　一个小节

	A	B	C
1	数字	格式符	结果
2	1	0.00;-0.0	1.00
3	-1	0.00;-0.0	-1.0
4	0	0.00;-0.0	0.00
5			
6			

图 6.21　两个小节

如果要跳过某一个小节，那么该节留空即可。例如，数字 1、-1、0 使用自定义格式“0.00;-#;;”，效果如图 6.22 所示，数字 0 没有对应的格式符，所以结果是空。

自定义格式还可以用于设定日期的格式，如图 6.23 所示。y、m、d 其实是英文 year、month、day 的缩写，这点与 Python 中的日期格式化类似。

自定义格式还支持数字颜色的设置。例如，使用格式符“[红色]0.00”可以将数字的颜色改为红色，并保留两位小数。

	A	B	C
1	数字	格式符	结果
2	1	0.00;-#;;	1.00
3	-1	0.00;-#;;	-1
4	0	0.00;-#;;	
5			

图 6.22　忽略部分小节

	A	B	C
1	日期	格式码	结果
2	2020/1/3	yyyy"年"m"月"	2020年1月
3	2020/1/4	m"月"d"日"	1月4日
4	2020/1/5	yyyy/m/d	2020/1/5
5	2020/1/6	yyyy-mm-dd	2020-01-06
6			

图 6.23　设定日期格式

2. 通过 Python 设置数字格式

给 range 的 number_format 属性赋值，可以设置单元格的格式。自定义格式的规则在前面已经详细介绍了，这里采用 xlwings 插件的方式来完成，示例代码如下。

代码 6-9　设置单元格格式

```python
# formatExample.py
import xlwings as xw

def main():
    wb = xw.Book.caller()
    sheet = wb.sheets[0]

    # 数字格式
    sheet.range('A1').value = 123.45611
    sheet.range('A1').number_format = "0.00"

    # 日期
    sheet.range('A2').value = "2020/1/2"
    sheet.range('A2').number_format = "yyyy-mm-dd"

    # 添加货币符号
    sheet.range('A3').value = 123.45611
    sheet.range('A3').number_format = "$#,##0.00"

    # 百分比
    sheet.range('A4').value = 0.04
    sheet.range('A4').number_format = "0.00%"

    # 文本
    sheet.range('A5').number_format = "@"
    sheet.range('A5').value = "12345678000000000"

    # 科学记数法
    sheet.range('A6').value = 12345678000
    sheet.range('A6').number_format ="0.00E+00"

    # 自定义格式
```

```
    sheet.range('A7').value = -100123
    sheet.range('A7').number_format = "#,##0_);[Red](#,##0)"

if __name__ == "__main__":
    xw.Book("formatExample.xlsm").set_mock_caller()
    main()
```

单击 Run main 按钮，运行结果如图 6.24 所示。

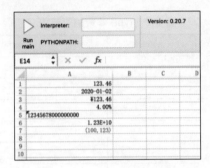

图 6.24　用 xlwings 设置单元格格式

6.4.2　条件格式

用 Excel 进行数据分析时，可以利用条件格式功能把一些符合特定条件的数据用自定义的样式展示出来。本小节主要介绍如何采用 xlwings 插件来设置条件格式。

1. 在 Excel 中设置条件格式

先选取单元格区域，然后在"开始"选项卡下的"样式"组中找到"条件格式"选项，选择对应的条件格式应用到单元格区域即可，如图 6.25 所示。

图 6.25　Excel 条件格式设置

2. 通过 Python 设定条件格式

在 xlwings 中，FormatConditions 中的 add 方法用于设定条件格式。调用形式如下：

```
rangeObj.api.FormatConditions.add(type, operator, Formula1, Formula2)
```

下面详细介绍 add 方法的 4 个参数。

（1）type，代表条件格式的类型。type 参数的可选值见表 6.2。

表 6.2 type 参数的可选值

值	说　明
xlAboveAverageCondition	高于平均值
xlNoBlanksCondition	非空值条件
xlBlanksCondition	空值条件
xlCellValue	单元格值
xlTextString	文本字符串
xlTimePeriod	时间段
xlUniqueValues	标注唯一值
xlTop10	排名前 10

（2）operator，代表判断条件用到的条件运算符。operator 参数的可选值见表 6.3。

表 6.3 operator 参数的可选值

名　称	说　明
xlBetween	介于
xlEqual	相等
xlGreater	大于
xlGreaterEqual	大于或等于
xlLess	小于
xlLessEqual	小于或等于
xlNotBetween	不介于
xlNotEqual	不等于

（3）Formula1，判断条件的第 1 个值。例如，判断条件是判断单元格的值是否大于 100，那么 Formula1 的值是 100。

（4）Formula2，判断条件的第 2 个值。当 operator 的值是 xlBetween 或 xlNotBetween 时才需要填写。例如，判断条件是判断单元格的值是否在 100～200 之间，那么 Formula2 的值是 200。

下面的示例代码演示如何使用 FormatConditions.Add 方法设定条件格式。这段代码把单元格区域中数值大于 400 的单元格文字转成红色。FormatConditionType.xlCellValue 和 FormatConditionOperator.xlGreater 的含义参考表 6.2 和表 6.3。

代码 6-10　设定条件格式

```python
import xlwings as xw
from random import randint
from xlwings.constants import FormatConditionType, FormatConditionOperator


@xw.sub
def main():
    wb = xw.Book.caller()
    sheet = wb.sheets[0]
    # 随机生成范围 100～900 的正整数
    for i in range(1, 6):
        sheet.range("A{i}".format(i=i)).value = randint(100, 900)

    #数值大于 400 的用红色标注，数字 3 代表红色
    cond = sheet.range('A1:A5').api.FormatConditions.Add(FormatConditionType.xlCellValue,
                                                         FormatConditionOperator.xlGreater,
                                                         400)

    cond.Font.ColorIndex = 3

if __name__ == "__main__":
    xw.Book("conditionFormat.xlsm").set_mock_caller()
    main()
```

下面再给出几个条件格式设置的示例。

```python
# 单元格的值在 100～200 之间
sheet.range('A1:A5').api.FormatConditions.Add(FormatConditionType.xlCellValue,
                                              FormatConditionOperator.xlBetween,
                                              100, 200)

# 单元格的值高于平均值
sheet.range('A1:A5').api.FormatConditions.Add(FormatConditionType.
xlAboveAverageCondition)
# 设置空白单元格的背景颜色为红色
cond = sheet.range('A1:A5').api.FormatConditions.Add(FormatConditionType.xlBlanksCondition)
cond.Interior.ColorIndex = 3
```

xlwings 中还有 3 个方法用于设置条件格式。其中，AddDatabar 用于添加数据条；AddColorScale 用于添加色阶；AddIconSetCondition 用于添加图标集，示例代码如下。

代码 6-11　添加数据条、色阶和图标集

```python
import xlwings as xw
from random import randint
```

```python
@xw.sub
def main():
    wb = xw.Book.caller()
    sheet = wb.sheets[0]
    for i in range(1, 6):
        sheet.range("A{i}".format(i=i)).value = randint(100, 900)
    sheet.range("A1:A5").api.FormatConditions.AddDatabar()

    for i in range(1, 6):
        sheet.range("B{i}".format(i=i)).value = randint(100, 900)
    sheet.range("B1:B5").api.FormatConditions.AddColorScale(2)

    for i in range(1, 6):
        sheet.range("C{i}".format(i=i)).value = randint(100, 900)
    sheet.range("C1:C5").api.FormatConditions.AddIconSetCondition()


if __name__ == "__main__":
    xw.Book("databar.xlsm").set_mock_caller()
    main()
```

运行结果如图 6.26 所示。

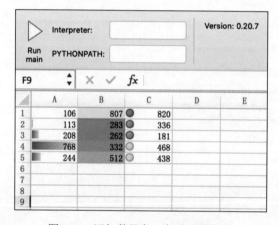

图 6.26　添加数据条、色阶和图标集

AddColorScale 的参数值可以是 2，也可以是 3。当参数为 2 时，使用双色刻度；当参数为 3 时，使用三色刻度。

6.4.3　隐藏和显示零值

要隐藏 Excel 表格中的零值，可以使用该单元格区域的自定义单元格式"#;-#;#"。当要显示零值时，把自定义格式改成"通用"即可。用 xlwings 隐藏零值原理也是这样。例如，下面的代码隐藏了 A1 单元格的值。

```
sheet1.range('A1').value = 0
sheet1.range('A1').number_format = "#;-#;#"
```

在实际应用中，可以在表格中添加按钮来控制零值的显示。例如，单击 hideZero 按钮，数字 0 会被隐藏，如图 6.27 所示。单击 showZero 按钮，数字 0 会显示出来，如图 6.28 所示。

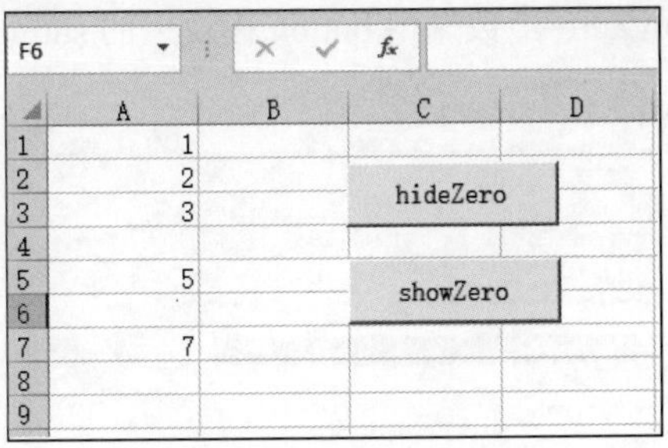

图 6.27 隐藏零值

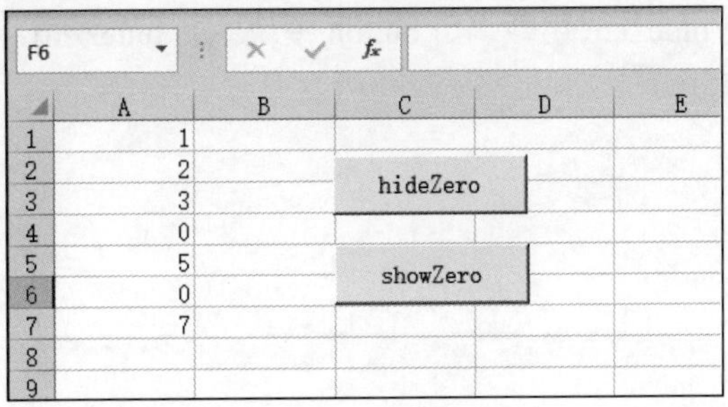

图 6.28 显示零值

如何实现这个效果呢？首先在 Excel 文件所在目录中新建一个 button.py 文件，在 button.py 中添加两个函数，并添加修饰符@xw.func。此时，这两个函数就可以在 Excel 中使用了，示例代码如下。

代码 6-12 隐藏和显示零值

```python
import xlwings as xw

@xw.func
def hideZero():
    wb = xw.Book.caller()
    sheet = wb.sheets[0]
    sheet.range('A1:A7').number_format = "#;-#;#"

@xw.func
def showZero():
    wb = xw.Book.caller()
    sheet = wb.sheets[0]
    sheet.range('A1:A7').number_format = "G/通用格式"
if __name__ == "__main__":
    xw.Book("button.xlsm").set_mock_caller()
    main()
```

hideZero 函数的功能是隐藏 A1:A7 单元格区域中的零值；showZero 函数的功能是显示 A1:A7 单元格区域中的零值。

在 Excel 的 VBA 编辑器中添加如下两个函数，并把这个两个函数与按钮关联起来，如图 6.29 和图 6.30 所示。

```vba
Sub hideZero()
    RunPython ("import button; button.hideZero()")
```

```
End Sub

Sub showZero()
    RunPython ("import button; button.showZero()")
End Sub
```

hideZero 函数调用 button 模块中的 hideZero 函数；showZero 函数调用 button 模块中的 showZero 函数。

图 6.29　选择按钮然后指定宏

图 6.30　选择要绑定的宏

6.4.4　对齐单元格文本

通过设置 range 对象的 HorizontalAlignment 属性，可以调整单元格文本的对齐方式。有 3 个可选值：xlLeft、xlRight、xlCenter。xlLeft 代表左对齐，xlRight 代表右对齐，xlCenter 代表居中对齐。调用形式如下：

```
rangeObj.api.HorizontalAlignment = value
```

下面的示例代码中分别对单元格 A1、A2、A3 设置文本对齐。

代码 6-13　对齐单元格文本

```
import xlwings as xw
from xlwings.constants import Constants

def main():
    wb = xw.Book.caller()
    sheet = wb.sheets[0]
```

```
    sheet.range("A1").value = "左对齐"
    sheet.range("A2").value = "右对齐"
    sheet.range("A3").value = "居中对齐"
    sheet.range("A1").api.HorizontalAlignment = Constants.xlLeft
    sheet.range("A2").api.HorizontalAlignment = Constants.xlRight
    sheet.range("A3").api.HorizontalAlignment = Constants.xlCenter

if __name__ == "__main__":
    xw.Book("align.xlsm").set_mock_caller()
    main()
```

运行结果如图 6.31 所示。

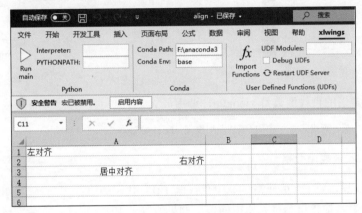

图 6.31　设置单元格对齐方式

6.5　查找单元格

扫一扫，看视频

　　用 Python 可以实现按值查找，也可以实现按条件查找，而且可以在多个工作表中查找。本节主要介绍如何实现这几种查找方式。

1. 在 Excel 中查找单元格

　　在"开始"选项卡下的"编辑"组中单击"查找和选择"下拉按钮，在子菜单中选择"查找"选项，如图 6.32 所示。

　　在弹出的"查找和替换"对话框中设置查找内容和范围，如图 6.33 所示。

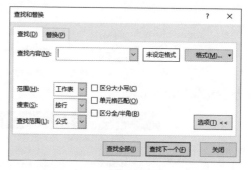

图 6.32 "查找和选择"工具　　　　　图 6.33 "查找和替换"对话框

在 Excel 中最常用的查找函数是 xlookup，调用形式如下：

xlookup(查找的值, 查找区域, 返回区域, 匹配模式, 搜索模式)

2. 通过 Python 查找单元格

下面的代码实现从 A1:D4 单元格区域中查找值 101。代码的第 7～9 行使用 for 循环遍历 range 对象中每一个单元格，检查每个单元格中的值。如果值等于 101，则选择该单元格。

代码 6-14　从单个工作表中查找值

```python
import xlwings as xw

def main():
    wb = xw.Book.caller()
    sheet1 = wb.sheets[0]

    for cell in sheet1.range("A1:D4"):
        if(cell.value == 101):
            cell.select()

if __name__ == "__main__":
    xw.Book("conditionExample.xlsm").set_mock_caller()
    main()
```

上面的代码要实现按条件查找，只需要修改判断条件即可。例如：

```python
for cell in sheet1.range("D2:D4"):
    if(cell.value > 5000 and cell.value < 8000):
        cell.color = (169,169,169)
```

在整个 workbook 中查找某个值，需要用到工作表中的 UsedRange 属性，UsedRange 代表工作表中已经使用过的单元格区域。sheet.api.UsedRange.Rows.Count 代表这个区域的行数，sheet.api.UsedRange.Columns.Count 代表这个区域的列数。

以下代码实现的功能是从文件 search.xslx 的所有工作表中查找数字 8500。

代码 6-15　从多个工作表中查找值

```
import xlwings as xw

workbook = xw.Book(r"C:\Users\WIN10\Desktop\search.xlsx")

def findInSheet(sheet, value):
    used_range_rows = (sheet.api.UsedRange.Row, sheet.api.UsedRange.Row + sheet.api.
                        UsedRange.Rows.Count)
    used_range_cols = (sheet.api.UsedRange.Column, sheet.api.UsedRange.Column + sheet.api.
                        UsedRange.Columns.Count)

    for r in range(used_range_rows[0], used_range_rows[1]+1):
        for c in range(used_range_cols[0], used_range_cols[1]+1):
            if sheet.range((r,c)).value == value:
                print("单元格位置: {sheetname}, {address}".format(sheetname=sheet.name,
                        address=sheet.range((r,c)).address))

for sheet in workbook.sheets:
    findInSheet(sheet, 8500)
```

findInSheet 函数的作用是从一个工作表中查找值，如果某个单元格的值等于指定的值，则输出该单元格所在的工作表名称和该单元格的地址。

6.6　替换单元格中的内容

扫一扫，看视频

利用 xlwings 修改单元格的 value 属性就可以替换单元格的内容。基于这一点，可以实现比 Excel 中的 SUBSTITUTE 函数更加复杂的字符串替换操作。

先用一段比较简单的代码演示如何替换单元格的内容。有一个 Excel 表格，如图 6.34 所示。

	A	B	C	D	E
1	员工姓名	年龄	地区		
2	张三	24	广州天河		
3	李四	23	广州黄埔		
4	赵五	24	广州黄埔		
5	孙六	30	广州天河		
6	刘山	32	广州荔湾		
7					

图 6.34　替换字符串之前的表格

现在要把 C 列单元格中的"广州"替换成"广州市"，然后在字符串末尾添加一个"区"字，示例代码如下。

代码 6-16　替换单元格中的内容（一）

```
workbook = xw.Book("/Users/caichicong/Documents/Python+Excel/code/data/replace.xlsx")
sheet1 = workbook.sheets[0]
for cell in sheet1.range('C2:C6'):
    cell.value = cell.value.replace("广州", "广州市") + '区'
```

运行结果如图 6.35 所示。

在 Excel 中可以使用如下公式实现相同的功能。

```
=CONCAT(SUBSTITUTE(C2, "广州", "广州市"), "区")
```

把这个公式添加至 D 列，如图 6.36 所示。

图 6.35　替换字符串之后的表格　　　图 6.36　用 Excel 函数进行字符串替换

利用 xlwings 可以实现更加复杂的单元格内容替换，如用函数来实现替换规则。下面给出一个复杂替换的示例。有一个 Excel 表格，如图 6.37 所示，需要按以下要求进行替换。

（1）把半角字符逗号替换成全角字符逗号。

（2）逗号后如果有超过一个的空格，仅保留一个空格；逗号后如果没有空格，补充一个空格。

图 6.37　复杂替换

复杂替换的示例代码如下。

代码 6-17　替换单元格中的内容（二）

```
import xlwings as xw
import re

workbook = xw.Book("code/data/replace2.xlsx")
sheet1 = workbook.sheets[0]

def substitute(str):
    newstr = str.replace(",", chr(65292))
    newstr = newstr.replace(chr(65292), chr(65292) + " ")
    # \s{2,} 代表连续两个空格
    return re.sub("\s{2,}", " ", newstr)

for cell in sheet1.range('A1:A3'):
    cell.value = substitute(cell.value)
```

代码中 chr(65292)代表全角字符逗号，数字 65292 是一个 Unicode 编码，这个数字可以由 ord 函数获得。使用 ord 函数可以把字符串转换成 Unicode 编码，而使用 chr 函数可以把 Unicode 编码转换成字符串。下面的代码将会输出数字 65292。

```
ord(", ")
```

读者在替换一些特殊字符时，可以采用 Unicode 编码方式来表示这些特殊字符。

在 Excel 中，替换"*""?""~"3 个特殊字符时，需要在它们前面加上波浪号"~"，用波浪号来转义字符，这是因为这 3 个字符在 Excel 中都有特殊的含义。但是在 Python 中就不需要这样做，在 Python 中替换这 3 个特殊字符的语法形式如下：

```
cell.value = cell.value.replace("*", "")
cell.value = cell.value.replace("?", "")
cell.value = cell.value.replace("~", "")
```

6.7　拆分单元格

扫一扫，看视频

在 Excel 的"开始"选项卡下的"对齐方式"组中可以找到拆分单元格和合并单元格的功能选项，如图 6.38 所示，可以根据实际需求选择相应的选项。

在 xlwings 中，使用 range 对象调用 UnMerge 方法就可以拆分单元格，调用形式如下：

```
rangeObj.api.UnMerge()
```

下面给出一段示例代码，这段代码拆分了 A1:B1 单元格区域。

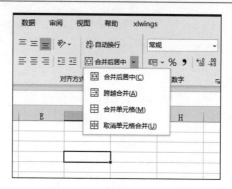

图 6.38　单元格合并拆分选项

代码 6-18　拆分单元格

```
import xlwings as xw

workbook = xw.Book("code/data/unmerge.xlsx")
sheet1 = workbook.sheets[0]
sheet1.range('A1:B1').api.UnMerge()
```

再来看一个实际的示例，有这样一个销售明细表，如图 6.39 所示。

现在要实现的功能是先把 B3:B7 和 D3:D7 这两个单元格区域拆开，然后将空的单元格自动补充内容，效果如图 6.40 所示。

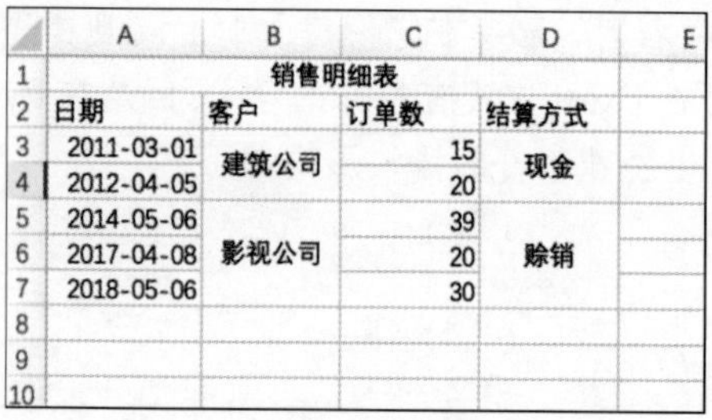

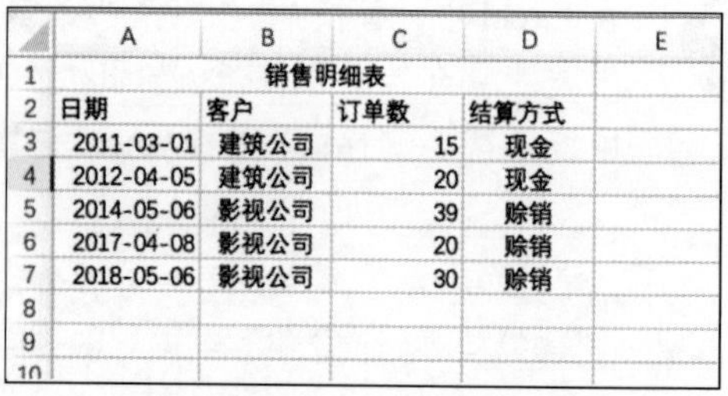

	A	B	C	D	E
1	销售明细表				
2	日期	客户	订单数	结算方式	
3	2011-03-01	建筑公司	15	现金	
4	2012-04-05		20		
5	2014-05-06	影视公司	39	赊销	
6	2017-04-08		20		
7	2018-05-06		30		
8					
9					
10					

图 6.39　销售明细表

	A	B	C	D	E
1	销售明细表				
2	日期	客户	订单数	结算方式	
3	2011-03-01	建筑公司	15	现金	
4	2012-04-05	建筑公司	20	现金	
5	2014-05-06	影视公司	39	赊销	
6	2017-04-08	影视公司	20	赊销	
7	2018-05-06	影视公司	30	赊销	
8					
9					
10					

图 6.40　拆分单元格并自动填充

实现上述功能的代码如下。

代码 6-19　拆分单元格并自动填充

```
import xlwings as xw

workbook = xw.Book("/Users/caichicong/Documents/Python+Excel/code/data/销售明细表.xlsx")

sheet1 = workbook.sheets[0]

# 拆分
sheet1.range('B3:B4').api.UnMerge()
```

```
sheet1.range('B5:B7').api.UnMerge()
sheet1.range('D3:D7').api.UnMerge()

# 自动填充
def autoFillColumn(column):
    autoValue = column[0].value
    for cell in column[1:]:
        if cell.value is None:
            cell.value = autoValue
        else:
            autoValue = cell.value

autoFillColumn(sheet1.range('B3:B7'))
autoFillColumn(sheet1.range('D3:D7'))
```

这里把按列自动填充的功能封装成了一个函数 autoFillColumn。

6.8 合并单元格

扫一扫，看视频

6.7 节介绍了如何拆分单元格，本节接着介绍如何利用 xlwings 合并单元格。在 xlwings 中，使用 range 对象调用 Merge 方法可以合并多个单元格，调用形式如下：

```
rangeObj.api.Merge()
```

下面举例说明如何使用 Merge 方法。有一个 Excel 表格，如图 6.41 所示。现在要对这个表格中的第 1 列进行合并，得到的效果如图 6.42 所示。

	A	B	C
1	部门	编号	
2	A部门	701	
3	A部门	702	
4	A部门	703	
5	A部门	704	
6	A部门	705	
7	A部门	706	
8	A部门	707	
9	A部门	708	
10	B部门	709	
11	B部门	710	
12	B部门	711	
13	B部门	712	
14	C部门	713	
15	C部门	714	
16	C部门	715	
17	C部门	716	
18	C部门	717	
19	C部门	718	
20	C部门	719	
21			
22			

图 6.41 A 列合并之前

	A	B	C
1	部门	编号	
2		701	
3		702	
4		703	
5	A部门	704	
6		705	
7		706	
8		707	
9		708	
10		709	
11	B部门	710	
12		711	
13		712	
14		713	
15		714	
16		715	
17	C部门	716	
18		717	
19		718	
20		719	
21			

图 6.42 A 列合并之后

实现上述功能的代码如下。

代码 6-20　合并单元格

```python
import xlwings as xw

workbook = xw.Book("C:/Users/WIN10/Desktop/合并单元格.xlsx")
sheet1 = workbook.sheets[0]
# 关闭合并单元格时弹出的提示
workbook.app.display_alerts = False

initValue = sheet1.range("A2").value
# 从第 2 行开始遍历，根据单元格的内容自动合并
startIndex = 2
for i in range(3, 22):
# 发现当前单元格的值跟检测值不一样时，合并之前的单元格
    if sheet1.range("A"+str(i)).value != initValue:
        sheet1.range("A{start}:A{end}".format(start=startIndex, end=i-1)).api.Merge()

        startIndex = i
        initValue = sheet1.range("A"+str(i)).value
```

扫一扫，看视频

6.9　将多个单元格的文本合并到一个单元格

在 Excel 中使用符号 "&" 或 CONCAT 函数可以把多个单元格中的文本合并到一个单元格中。在 xlwings 中，使用 Python 字符串拼接就可以把多个单元格的值拼接起来，并填入指定的单元格中。

下面给出一段示例代码，合并 A、B、C 三列的数据并填入 D 列中。

代码 6-21　将多个单元格的文本合并到一个单元格

```python
import xlwings as xw

workbook = xw.Book("/Users/caichicong/Documents/Python+Excel/code/data/combine.xlsx")
sheet = workbook.sheets[0]
for i in ['1', '2', '3']:
    sheet.range("D" + i).value = sheet.range("A" + i).value + sheet.range("B" +
                        i).value + sheet.range("C"  + i).value
```

运行结果如图 6.43 所示。

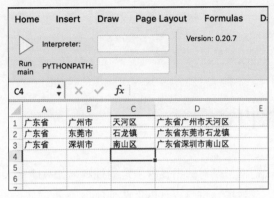

图 6.43　将多个单元格的文本合并到一个单元格

扫一扫，看视频

6.10　移动和复制单元格

移动单元格本质上是复制当前单元格的内容到另外一个单元格，然后把当前单元格的内容清空。所以本节只介绍如何利用 xlwings 复制单元格内容。

先读取指定单元格的值，然后把值填入另外一个单元格，这样就实现了复制单元格的值的功能。例如，要把单元格 A1 的值复制到单元格 B1 中，可以使用以下代码实现。

代码 6-22　复制单元格的值

```
workbook = xw.Book("/Users/caichicong/Documents/Python+Excel/code/data/copy.xlsx")
sheet1 = workbook.sheets[0]
sheet1.range("B1").value = sheet1.range("A1").value
```

代码 6-22 只是复制了单元格的值，如果要实现同时复制单元格的值和格式，就要用到 api 对象的 copy 方法。例如，下面的代码实现了把 A1:A2 单元格区域的格式和值复制到 C1:C2 单元格区域中。

代码 6-23　复制单元格的格式和值

```
import xlwings as xw

@xw.sub
def main():
    wb = xw.Book.caller()
    sheet = wb.sheets[0]
    sheet.range("A1:A2").api.Copy
    sheet.range("C1:C2").api.Select
    sheet.api.Paste
    wb.app.api.CutCopyMode = False
```

```
if __name__ == "__main__":
    xw.Book("copyFormat.xlsm").set_mock_caller()
    main()
```

扫一扫，看视频

6.11 校验单元格内容

在数据处理工作中，我们常常要对数据设置一定的规则，如只能输入大于 0 的整数、只能输入某个时间范围内的日期等。校验单元格内容有以下两种情形：

（1）输入数据时自动校验。

（2）对已有数据进行校验。

本节主要介绍如何用 xlwings 实现这两种自动校验。

1．输入数据时自动校验

在 Excel 中要实现输入数据后自动校验，可以按以下步骤进行操作：

（1）选择需要校验的单元格区域。

（2）在"数据"选项卡下的"数据工具"组中选择"数据验证"选项，弹出"数据验证"对话框，如图 6.44 所示。

图 6.44 "数据验证"对话框

（3）可以看到在"设置"选项卡下的"允许"列表框中有多个选项，选项说明见表 6.4。可以根据需要设定相应的规则。

表 6.4　Excel 数据验证类型

类　　型	解　　释
整数	单元格只能输入符合条件的整数
小数	单元格只能输入符合条件的小数
序列	单元格的值只能从下拉列表中选取
日期	单元格只能输入日期
时间	单元格只能输入时间
文本长度	限制单元格中文本的长度
自定义	根据 Excel 公式判断输入是否合法

在 xlwings 中，使用 Validation 对象的 add 方法可以自动添加单元格内容的校验规则。实际上就是用 Python 设置校验类型和校验规则，所以可以借助 Python 批量添加数据验证规则，避免大量重复操作。add 方法的调用形式如下：

```
rangeObj.api.Validation.Add(Type, AlertStyle, Operator, Formula1, Formula2)
```

这里的 add 方法有 5 个参数。

（1）Type，参数类型是 DVType，对应图 6.44 中的第一个下拉菜单选项，代表验证的类型。DVType 的可选值见表 6.5。

表 6.5　DVType 的可选值

名　　称	说　　明
xlValidateWholeNumber	单元格只能输入符合条件的整数
xlValidateDecimal	单元格只能输入符合条件的小数
xlValidateList	单元格的值只能从下拉列表中选取
xlValidateTextLength	限制单元格中文本的长度
xlValidateDate	单元格只能输入日期
xlValidateTime	单元格只能输入时间
xlValidateCustom	根据公式判断输入是否合法

（2）AlertStyle，参数类型是 DVAlertStyle，用于设置验证后弹出的提示框中的图标。DVAlertStyle 的可选值见表 6.6，DVAlertStyle 的值一般取 xlValidAlertStop 就可以了。

表 6.6　DVAlertStyle 的可选值

名　　称	说　　明
xlValidAlertInformation	将单元格限制为仅接受日期格式
xlValidAlertStop	数值
xlValidAlertWarning	仅在用户更改值时进行验证

（3）Operator，代表数据校验操作符，参数类型是 FormatConditionOperator。FormatConditionOperator 的可选值见表 6.7。

表 6.7　FormatConditionOperator 的可选值

名　　称	说　　明
xlBetween	介于
xlEqual	相等
xlGreater	大于
xlGreaterEqual	大于或等于
xlLess	小于
xlLessEqual	小于或等于
xlNotBetween	不介于
xlNotEqual	不等于

（4）Formula1，校验规则中的参考值，可以是一个公式，也可以是一个值。

（5）Formula2，当校验操作符 Operator 是 xlBetween 或 xlNotBetween 时，作为校验规则中的第 2 个值。

在添加规则之前，需要先导入上述几种类型，代码如下：

```
from xlwings.constants import DVType, DVAlertStyle, FormatConditionOperator
```

下面给出几个设置规则的示例说明 add 方法的参数是如何使用的，每一个示例代码之前都有相应的 Excel 设置选项。代码中的 sheet1.range('A1') 在实际应用中可以替换成相应的单元格区域。

（1）规定单元格中只能输入 100～200 之间的一个整数，设置如图 6.45 所示。

上面的设置可以转换成如下代码：

```
sheet1.range('A1').api.Validation.Add(DVType.xlValidateWholeNumber,
DVAlertStyle.xlValidAlertStop, FormatConditionOperator.xlBetween, 100, 200)
```

FormatConditionOperator.xlBetween 代表"介于……之间"，第 1 个值 100 是最小值，第 2 个值 200 是最大值。

（2）规定单元格中只能填入一个日期，而且这个日期介于 2020 年 4 月 1 日和 2020 年 5 月 1 日之间，设置如图 6.46 所示。

上面的设置可以转换成如下代码：

```
from datetime import date

date1 = (date(2020, 4, 1) - date(1900, 1, 1)).days + 2
date2 = (date(2020, 5, 1) - date(1900, 1, 1)).days + 2
sheet1.range('A1').api.Validation.Add(DVType.xlValidateDate,
    DVAlertStyle.xlValidAlertStop, FormatConditionOperator.xlBetween, date1, date2)
```

图 6.45　只能输入 100～200 之间的一个整数

图 6.46　设置日期的验证条件

这里 date1 和 date2 是两个整数，这个整数是一个序列号。1900 年 1 月 1 日的序列号为 1，2020 年 4 月 1 日的序列号是 43922，所以 date1 的值是 43922。

（3）规定输入一个大于 100 的整数，设置如图 6.47 所示。

上面的设置可以转换成如下代码：

```
sheet1.range('A1').api.Validation.Add(DVType.xlValidateWholeNumber,
DVAlertStyle.xlValidAlertStop, FormatConditionOperator.xlGreater, 100)
```

FormatConditionOperator.xlGreater 代表"大于"。

（4）规定输入一个小于 0.5 的小数，设置如图 6.48 所示。

图 6.47　输入一个大于 100 的整数

图 6.48　只能输入小于 0.5 的小数

上面的设置可以转换成如下代码：

```
sheet1.range('A1').api.Validation.Add(DVType.xlValidateDecimal,
DVAlertStyle.xlValidAlertStop, FormatConditionOperator.xlLess, 0.5)
```

FormatConditionOperator.xlLess 代表"小于"。

（5）规定单元格的文本长度大于或等于 5，设置如图 6.49 所示。

上面的设置可以转换成如下代码：

```
sheet1.range('A1').api.Validation.Add(DVType.xlValidateTextLength,
DVAlertStyle.xlValidAlertStop, FormatConditionOperator.xlGreaterEqual, 5)
```

这里 FormatConditionOperator.xlGreaterEqual 代表"大于等于"。

（6）规定数据只能来自单元格区域 C6:C8，设置如图 6.50 所示。

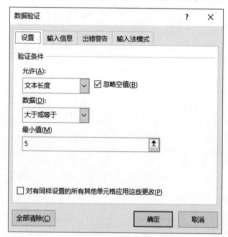

图 6.49　文本长度大于或等于 5

图 6.50　数据只能来自于单元格区域 C6:C8

上面的设置可以转换成如下代码：

```
sheet1.range('A1').api.Validation.Add(DVType.xlValidateList,
DVAlertStyle.xlValidAlertStop, FormatConditionOperator.xlEqual, "=$C$6:$C$8")
```

（7）规定单元格中的时间介于上午 10 点到晚上 8 点之间，设置如图 6.51 所示。

上面的设置可以转换成如下代码：

```
sheet1.range('A9').api.Validation.Add(DVType.xlValidateTime,
DVAlertStyle.xlValidAlertStop, FormatConditionOperator.xlBetween, "10:00:00", "20:00:00")
```

（8）规定单元格 A10 的输入值要满足公式 A10>B10，设置如图 6.52 所示。

图 6.51　单元格中的时间介于上午 10 点到晚上 8 点之间　图 6.52　单元格 A10 的输入值要满足公式 A10>B10

上面的设置可以转换成如下代码：

```
sheet1.range('A10').api.Validation.Add(DVType.xlValidateCustom,
DVAlertStyle.xlValidAlertStop, FormatConditionOperator.xlEqual, "=A10>B10")
```

2. 对已有数据进行校验

要对已有数据进行校验，可以先写一个校验函数，然后用这个函数去校验某个单元格区域中的所有值。下面以批量检查手机号码为例，说明如何用 xlwings 来校验单元格内容。

手机号码的校验规则有以下两点：

（1）手机号码有 11 位数字，没有其他字符。

（2）手机号码必须以 1 开头。

在示例代码中，这个校验规则由 checkMobile 函数实现，完整代码如下。

代码 6-24　批量校验手机号码

```python
import xlwings as xw

def checkMobile(phonenumber):
    value = str(phonenumber.options(numbers=int).value)
    if len(value) != 11:
        return "长度"
    if not value.startswith("1"):
        return "不以 1 开头"
    for letter in value:
        if letter not in ['1', '2', '3', '4', '5', '6', '7', '8', '9', '0']:
            return "包含非数字"
    return ""
```

```
@xw.sub
def main():
    wb = xw.Book.caller()
    sheet = wb.sheets[0]
    for i in range(1, 10):
        sheet.range("B{i}".format(i=i)).value: = checkMobile(sheet.range("A{i}".format(i=i)))

if __name__ == "__main__":
    xw.Book("customValidation.xlsm").set_mock_caller()
    main()
```

在 main 函数中，遍历了 A1:A10 单元格区域，检查每个单元格中的手机号码是否符合要求。如果手机号码不符合要求，则在 B 列对应的单元格中填入说明文字，校验结果如图 6.53 所示。

	A	B	C
1	1342850321	长度	
2	86-18912520156	长度	
3	18022849898		
4	1501172024a	包含非数字	
5	13849202325		
6	26516189992	不以1开头	
7	138779579900	长度	
8	183 3798 4044	长度	
9	14594208355		
10			
11			
12			

图 6.53　校验手机号码

6.12　练习题

（1）编写一个 Python 程序，从多个 Excel 文件中查找出数字大于 100 的单元格，并将查找到的单元格文字颜色设置为红色，设置单元格格式为 0.00 的形式。

（2）编写一个 Python 程序，将多个 Excel 文件中内容为负数的单元格替换为数字 0。

第 7 章

操作表格

本章主要介绍如何通过 Python 执行操作 Excel 表格，主要包括如下内容：

- 列和行的基本操作。
- 数据筛选。
- 数据汇总。
- 表格样式设置。

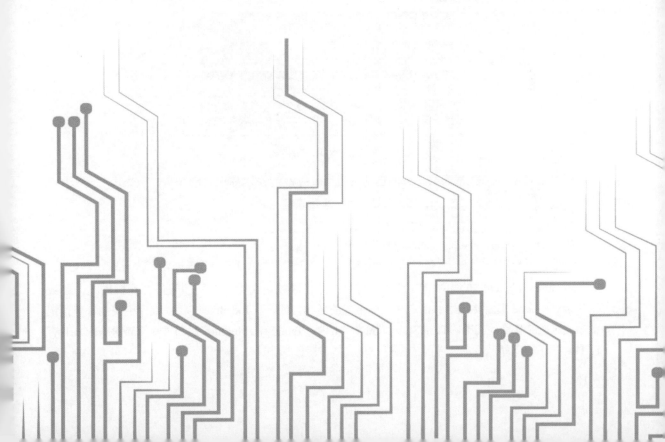

7.1 调整表格格式

扫一扫，看视频

在日常表格处理中，经常要设置表格的格式，如果每次都手动设置会很麻烦。Excel 为我们准备了多个预先定义好的表格格式，只要选中某个单元格区域，然后在工具栏中选择"套用表格格式"命令即可，如图 7.1 所示。

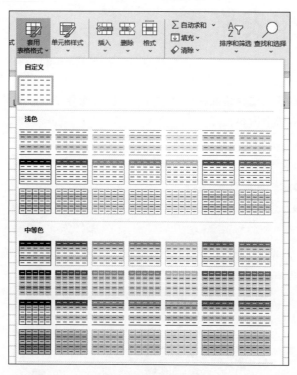

图 7.1 套用表格格式

利用 xlwings 完成上述表格格式的自动套用比较简单，示例代码如下。

代码 7-1 套用表格格式

```
workbook = xw.Book("/Users/caichicong/Desktop/test.xlsx")
sht = workbook.sheets['Sheet1']
tbl = sht.tables.add(sht.range('A1:B5'), table_style_name='TableStyleMedium6')
```

sht.tables 的 add 方法的作用就是把某个单元格区域定义为一个新的表格并设置样式。参数 table_style_name 指定要套用的预定义表格格式的名称。可以从 Excelize 文档基础库中找到每个预定义样式对应的名称，其中，TableStyleLight 有 21 种；TableStyleMedium 有 28 种；TableStyleDark 有 11 种。

除了套用预定义的表格格式，利用第 6 章操作单元格的知识也可以自动设定表格格式，示例代码如下。

代码 7-2　调整表格格式

```python
import xlwings as xw
from xlwings.constants import BordersIndex, LineStyle
from xlwings.utils import rgb_to_int

wb = xw.Book(r"C:\Users\WIN10\Desktop\表格格式.xlsx")
header = wb.sheets[0].range("A1:D1")
# 表头的背景颜色
header.color = (57,47,56)
# 表头的文字颜色
header.api.Font.Color = rgb_to_int((255,255,255))
# 表头的文字大小
header.api.Font.Size = 12
# 表头的文字字体格式
header.api.Font.Name = "Microsoft YaHei"
# 自动调整表头单元格的大小
header.autofit()
# 调整表身的文字大小
body = wb.sheets[0].range("A2:D5")
body.api.Font.Size = 14
# 设置单元格的边框
for i in range(2, 6):
    rng = wb.sheets[0].range("A{i}:D{i}".format(i=i))
    rng.api.Borders(BordersIndex.xlEdgeTop).LineStyle = LineStyle.xlContinuous
# 调整行高
body.row_height = 30
```

格式调整后的表格如图 7.2 所示。

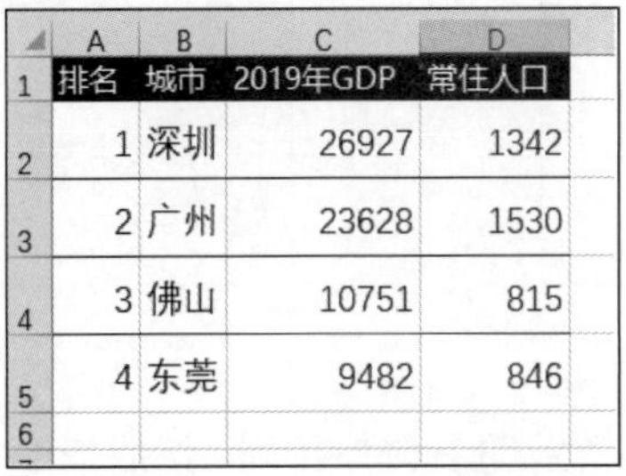

图 7.2　格式调整后的表格

代码 rng.api.Borders(BordersIndex.xlEdgeTop).LineStyle = LineStyle.xlContinuous 调用了 Excel VBA 的接口来设置表身的边框。其中，BordersIndex.xlEdgeTop 代表设置单元格的上边框；xlContinuous 代表边框样式是连续的线段。设置边框的常用值和含义见表 7.1。

表 7.1　边框属性的常用值

值	含　义
xlContinuous	连续的线段
xlEdgeBottom	下边框
xlEdgeLeft	左边框
xlEdgeRight	右边框
xlEdgeTop	上边框

7.2　对表格中的数据进行排序

扫一扫，看视频

在 Excel 中要对表格的某列按数值进行排序，只需要选中该列，然后在工具栏中单击"排序和筛选"按钮，在下拉菜单中选择"升序"或"降序"选项即可，如图 7.3 所示。

在 xlwings 中要对表格排序可以使用 range 对象的 Sort 方法，Sort 方法的调用形式如下：

```
range.api.Sort(Key1, Order1)
```

参数 Key1 是排序字段，一般是一个 range 对象。参数 Order1 是排序的方式，有两种取值：SortOrder.xlDescending 代表降序；SortOrder.xlAscending 代表升序。

例如，有这样一个表格，如图 7.4 所示。

图 7.3　表格排序

▲	A	B	C	D
1	排名	城市	2019年GDP	常住人口
2	1	深圳	26927	1342
3	2	广州	23628	1530
4	3	佛山	10751	815
5	4	东莞	9482	846
6				
7				

图 7.4　广东 4 个城市的统计数据

现在需要对这个表格按 C 列的数据进行降序排列，然后按 D 列的数据进行升序排列，示例代码如下。

代码 7-3　数据排序

```
import xlwings as xw
from xlwings.constants import SortOrder
```

```
wb = xw.Book(r"C:\Users\WIN10\Desktop\表格排序.xlsx")
sheet = wb.sheets[0]
oj
sheet.range("A2:D5").api.Sort(Key1=sheet.range("D2").api, Order1=SortOrder.xlDescending)
sheet.range("A2:D5").api.Sort(Key1=sheet.range("C2").api, Order1=SortOrder.xlAscending)
```

实际上，更复杂的表格数据的排序可以借助 Pandas 类库完成，后面的章节会详细介绍。

7.3 隐藏行或列

扫一扫，看视频

在 xlwings 中隐藏列或隐藏行的方法比较特殊，首先要调用 Excel VBA 的编程接口引用行或列。例如，要引用工作表的 A 列可以执行如下代码：

```
sheet1.api.Columns('A:A')
```

要引用工作表的第 2 行可以执行如下代码：

```
sheet1.api.Rows('2:2')
```

然后设置行或列的 Hidden 属性为 True，示例代码如下。

代码 7-4　隐藏工作表中的行和列

```
import xlwings as xw
wb = xw.Book(r"C:\Users\WIN10\Desktop\test.xlsx")
sheet = wb.sheets[0]
# 隐藏第 1 个工作表中的 A 列
sheet.api.Columns('A:A').Hidden = True
# 隐藏第 1 个工作表中的第 2 行
sheet.api.Rows('2:2').Hidden = True
```

要取消隐藏状态只需要设置 Hidden 属性为 False 即可。

7.4 筛选表格数据

扫一扫，看视频

在 Excel 中对表格中的数据进行筛选的步骤如下：

（1）选中该表格。

（2）在工具栏中单击"排序和筛选"按钮，在下拉菜单中单击"筛选"选项。

（3）单击表头中的箭头，就会出现一个新的对话框，如图 7.5 所示。在新的对话框中进行筛选操作即可。

用 xlwings 可以进行更加灵活的数据筛选操作，原理就是把不符合条件的行自动隐藏，示例代码如下。

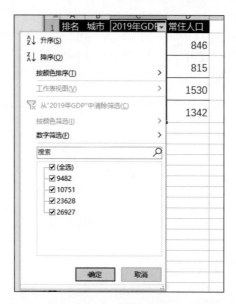

图 7.5　筛选数据

代码 7-5　筛选数据

```
wb = xw.Book(r"C:\Users\WIN10\Desktop\select.xlsx")
sheet1 = wb.sheets[0]
for r in sheet1.range("B2:B5").rows:
    if(r[0].value > 200):
        sheet1.api.Rows(str(r.row) + ':' + str(r.row)).Hidden = True
```

上面代码中的筛选条件就是该行的第 2 个元素的值大于 200，满足条件的行将会自动隐藏。

7.5　汇总表格数据

在 Excel 中如果要统计表格中的某些值，可以借助工具栏中的"自动求和"功能，如图 7.6 所示。

选中要汇总的表格，然后单击"自动求和"菜单下的汇总函数，在表格最后一行下方会新增一行统计结果。例如，选择"求和"选项，那么新一行就是每列数字的总和，如图 7.7 所示。

用 Python 计算某行或某列的汇总数据很简单，因为某行或某列的 value 属性就是一个列表，而 Python 内置的 sum 函数、max 函数、min 函数和 len 函数都可以对一个列表中的元素进行统计计算。示例代码如下。

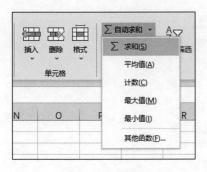

<table>
<tr><td></td><td>A</td><td>B</td><td>C</td></tr>
<tr><td>1</td><td>a</td><td>b</td><td>c</td></tr>
<tr><td>2</td><td>3</td><td>2</td><td>3</td></tr>
<tr><td>3</td><td>4</td><td>2</td><td>3</td></tr>
<tr><td>4</td><td>5</td><td>2</td><td>3</td></tr>
<tr><td>5</td><td>6</td><td>2</td><td>3</td></tr>
<tr><td>6</td><td>7</td><td>2</td><td>3</td></tr>
<tr><td>7</td><td>8</td><td>2</td><td>3</td></tr>
<tr><td>8</td><td>9</td><td>2</td><td>3</td></tr>
<tr><td>9</td><td>10</td><td>2</td><td>3</td></tr>
<tr><td>10</td><td>52</td><td>16</td><td>24</td></tr>
<tr><td>11</td><td></td><td></td><td></td></tr>
</table>

图 7.6　自动求和　　　　　　　　　图 7.7　求和结果出现在最后一行

代码 7-6　汇总数据

```python
summaryWb = xw.Book("/Users/caichicong/Documents/Python+Excel/code/data/汇总.xlsx")
sheet1 = summaryWb.sheets[0]

# 求平均值
def average(l):
    return sum(l)/len(l)

for i in range(0, 3):
    sheet1.range("b6:d6").columns[i][0].value = sum(sheet1.range("B2:D5").columns[i].value)
for i in range(0, 3):
    sheet1.range("b7:d7").columns[i][0].value = average(sheet1.range("B2:D5").columns[i].value)
for i in range(0, 3):
    sheet1.range("b8:d8").columns[i][0].value = max(sheet1.range("B2:D5").columns[i].value)
```

上面的示例代码有两点需要注意：

（1）表达式 sheet1.range("B2:D5").columns[1]指的是 B2:D5 单元格区域中的第 2 列，这是引用某个单元格区域内第几列的一个方式。引用单元格区域的某一行的方法也是类似的。例如，表达式 sheet1.range("B2:D5").rows[0]指的是 B2:D5 单元格区域中的第 1 行。

（2）代码 7-6 中定义了一个新函数 average 用于计算平均值，这个函数调用了 sum 函数和 len 函数。在实际运用中，可以定义各种新函数来满足统计需求。

7.6　调整列的位置

扫一扫，看视频

调整列的位置有以下两种情形：

（1）交换两列的位置。

（2）交换多列的位置。

先来介绍如何交换两列的位置。交换两列的具体步骤如下：

（1）分别读取 A、B 两列的数据存入两个变量中，这两个变量是一维列表。

（2）把两列的数据转换成特定结构的二维列表，如把列表[1, 2, 3]转换为[[1], [2], [3]]，也就是让每个元素单独构成一个列表。

（3）把 A 列的数据赋值给 B 列的 value 属性，把 B 列的数据赋值给 A 列的 value 属性。

用这种方法交换两列，每列的元素个数是有限的。示例代码如下。

代码 7-7 交换两列的位置

```python
import xlwings as xw

# 读取第 1 列的值
column1Value = workbook.sheets[0].range('A1:A5').value
# 读取第 2 列的值
column2Value = workbook.sheets[0].range('B1:B5').value
# 转换列表的结构，并赋值给 value 属性
workbook.sheets[0].range('A1:A5').value = [[v] for v in column2Value]
workbook.sheets[0].range('B1:B5').value = [[v] for v in column1Value]
```

这里转换列表用到了列表表达式，请读者仔细体会。

交换多列位置的方法比交换两列位置的方法更加简单，具体步骤如下：

（1）分别读取 A、B 两列的数据存入两个变量中。

（2）把 A 列的数据赋值给 B 列的 value 属性，把 B 列的数据赋值给 A 列的 value 属性。

示例代码如下。

代码 7-8 交换多列的位置

```python
import xlwings as xw

workbook = xw.Book("/Users/caichicong/Desktop/test2.xlsx")
# 获取第 1、2 列的数据
v1 = workbook.sheets[1].range('A1:B4').value
# 获取第 3、4 列的数据
v2 = workbook.sheets[1].range('C1:D4').value
# 把第 1、2 列与第 3、4 列交换
workbook.sheets[1].range('A1:B4').value = v2
workbook.sheets[1].range('C1:D4').value = v1
```

7.7 调整行的位置

扫一扫，看视频

调整行的位置有以下两种情形：

（1）交换两行的位置。

（2）交换多行的位置。

先来介绍如何交换两行的位置。交换两行的具体步骤如下：

（1）分别读取 A、B 两行的数据存入两个变量中。

（2）把 A 行的数据赋值给 B 行的 value 属性，把 B 行的数据赋值给 A 行的 value 属性。

用这种方法交换两行，每行的元素个数是有限的，示例代码如下。

代码 7-9　交换两行的位置

```
import xlwings as xw

workbook = xw.Book("/Users/caichicong/Desktop/test2.xlsx")
# 读取第 1 行的值
row1Value = workbook.sheets[0].range('A1:D1').value
# 读取第 2 行的值
row2Value = workbook.sheets[0].range('A2:D2').value
# 交换两行的值
workbook.sheets[0].range('A1:D1').value = row2Value
workbook.sheets[0].range('A2:D2').value = row1Value
```

交换多行位置的方法与交换两行位置的方法是类似的，只是读取出来的数据是一个多维列表，示例代码如下。

代码 7-10　交换多行的位置

```
import xlwings as xw

workbook = xw.Book("/Users/caichicong/Desktop/test2.xlsx")

v1 = workbook.sheets[0].range('A1:B2').value
v2 = workbook.sheets[0].range('A4:B5').value

workbook.sheets[0].range('A1:B2').value = v2
workbook.sheets[0].range('A4:B5').value = v1
```

7.8　插入或删除列

扫一扫，看视频

在 xlwings 中插入列或删除列的操作比较简单。range 对象的 insert 方法用于插入列， delete 方法用于删除列。

具体步骤为：先用 range 方法选取某一列，如可以用代码 range('A:A')引用 A 列，然后调用 insert 方法或 delete 方法来插入一个新的列或删除指定列，示例代码如下。

代码 7-11　在工作表中插入列和删除列

```
workbook = xw.Book("/Users/caichicong/Desktop/test2.xlsx")
```

```
# 在第 1 个工作表中的 B 列之前插入一个新的列
workbook.sheets[0].range('B:B').insert()
# 删除第 1 个工作表中的 A 列
workbook.sheets[0].range('A:A').delete()
```

扫一扫，看视频

7.9　插入或删除行

插入行和删除行的方法与插入列和删除列类似。具体步骤为：先用 range 方法选取某一行，如可以用代码 range('1:1')引用第 1 行，然后调用 insert 方法或 delete 方法来插入一个新的行或删除指定行，示例代码如下。

代码 7-12　在工作表中插入行和删除行

```
workbook = xw.Book("/Users/caichicong/Desktop/test2.xlsx")
workbook.sheets[0].range('2:2').insert()
workbook.sheets[0].range('2:2').delete()
```

扫一扫，看视频

7.10　冻结首行和冻结首列

在 Excel 中冻结表格首行的操作步骤如下：

（1）在工具栏中找到"视图"，在视图里面找到"冻结窗口"，在"冻结窗口"下拉菜单中选择"冻结首行"选项，如图 7.8 所示。

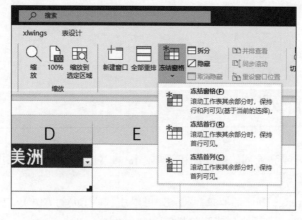

图 7.8　冻结表格首行

（2）选中需要冻结的首行，再单击"冻结首行"选项。

冻结表格首列的方法与冻结表格首行的方法类似。

在 xlwings 中要自动冻结表格的首行，首先要获取当前活动窗口（ActiveWindow）对象，然后设置这个窗口对象的 3 个相关属性，这 3 个属性都与分割窗口有关。

（1）FreezePanes，设定分割窗口是否冻结。

（2）SplitRow，分割窗口的行数，要冻结首行时设置为 1。

（3）SplitColumn，分割窗口的列数，要冻结首行时设置为 0。

要冻结首行，首先把 FreezePanes 设置为 False，然后设置 SplitRow 为 1，设置 SplitColumn 为 0，最后再把 FreezePanes 改为 True，冻结首行的示例代码如下。

代码 7-13　冻结首行

```
wb = xw.Book(r"C:\Users\WIN10\Desktop\test.xlsx")
active_window = wb.app.api.ActiveWindow
active_window.FreezePanes = False
active_window.SplitRow = 1
active_window.SplitColumn = 0
active_window.FreezePanes = True
```

冻结表格首列与冻结表格首行的代码是类似的。冻结首列的示例代码如下。

代码 7-14　冻结首列

```
wb = xw.Book(r"C:\Users\WIN10\Desktop\test.xlsx")
active_window = wb.app.api.ActiveWindow
active_window.FreezePanes = False
active_window.SplitRow = 0
active_window.SplitColumn = 1
active_window.FreezePanes = True
```

可以看到 SplitRow 属性被设置为 0，SplitColumn 属性被设置为 1，刚好与冻结首行的代码相反。

7.11　练习题

（1）编写一个 Python 程序，批量插入新列到多个 Excel 文件的所有工作表，并将该列的第 1 个单元格的内容设置为"序号"。

（2）编写一个 Python 程序，删除多个 Excel 工作表中的空行。假定所有工作表的内容在单元格区域 A1:E5 中。

第 **8** 章

用 **Python** 绘制 **Excel** 图表

  用 Python 在 Excel 文件中添加图表有两种方式。一种是使用 xlwings 内置的 chart 对象；另一种是使用 Python 类库 matplotlib 绘图，然后把结果作为图片粘贴到 Excel 文件中。在数据量较大时，使用 matplotlib 绘图比使用 Excel 内置的绘图功能性能更好。

  本章先介绍第 1 种方法，因为第 1 种方式比较简单。第 2 种方式相对复杂，一个图表类型对应着一个 matplotlib 内置方法，每个方法的参数较多，本书只选择比较常用的参数进行讲解。

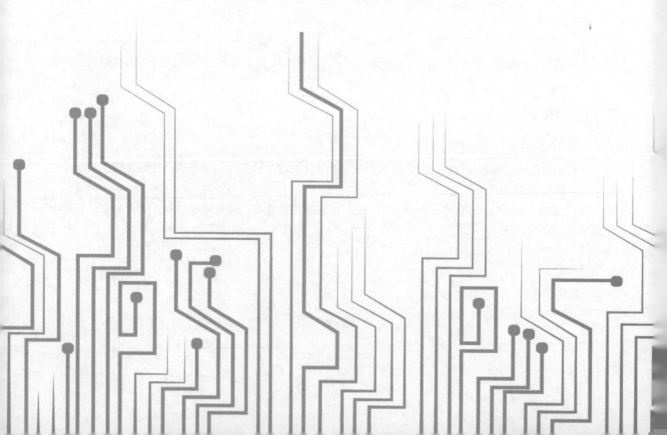

8.1　用 xlwings 绘图

本节主要介绍如何用 xlwings 绘制各种常用的统计图表。事实上，用 xlwings 绘制 Excel 图表比较简单，只需要设置好图表类型和数据源，就可以自动在 Excel 中创建新的图表。

8.1.1　柱状图

柱状图是很常用的一种统计图表，主要用于分类数据的比较。柱状图的其中一条轴是分类变量，每一个分类对应一条柱子，另外一条轴是定量数据，数值的大小决定柱子的高度。

本小节的示例数据如图 8.1 所示，这份数据记录了 4 个月份的费用情况。

下面把这个数据表用柱状图表达出来，示例代码如下。

代码 8-1　绘制柱状图

```python
import xlwings as xw

workbook = xw.Book(r"C:\Users\WIN10\Desktop\柱状图.xlsx")
sheet = workbook.sheets[0]
chart = sheet.charts.add(left = 200, top = 0, width = 355, height = 211)
chart.set_source_data(sheet.range("A1:B5"))
chart.chart_type = 'column_clustered'
```

输出结果如图 8.2 所示。

图 8.1　绘制柱状图的示例数据　　　　图 8.2　柱状图

代码中读取数据的部分在第 6 章中已经详细介绍了，下面来解释一下代码的第 5～7 行。创建其他种类图表的代码与创建柱状图的代码类似，建议读者仔细理解本小节的示例代码。

在第 5 行代码中，使用 add 方法添加了一个 chart 对象到 Excel 文件中，而且这个 chart 对象内暂时还没有图表。参数 left 和 top 用于控制新图表在 Excel 中的位置；参数 width 和 height 用于控制新图表的宽和高。

在第 6 行代码中，set_source_data 方法设定了柱状图的数据源，数据源的值是一个 range 对象。示例中选取了单元格区域 A1:B5，这个区域的第 1 行是表格的字段行。一般设定数据源时，会把字段行也放进去。

在第 7 行代码中，设定了 chart 对象的 chart_type 属性，xlwings 就是通过这个属性来控制图表的类型。对于柱状图，属性的值是 "column_clustered"，对于其他种类的图表应该填写的值在后面的章节中会详细说明。

 set_source_data 方法的参数不是某个 range 对象的 value 属性，而是 range 对象本身。这是使用过程中容易混淆的地方。

绘制柱状图时要注意以下几点：

（1）原点位置必须为 0，以免误导读者。

（2）对柱状图进行适当的排序，使重点信息更突出。

（3）注意与直方图进行区分，直方图的柱子是连续的，柱状图的柱子是离散的。

8.1.2 条形图

条形图与柱状图类似，只是柱子的摆放方式不一样。设定数据源之后，把参数 chart_type 设置为 bar_clustered 即可。

本小节的示例数据如图 8.3 所示，这份数据记录了 3 个销售人员的业绩数据。

绘制条形图的示例代码如下。

代码 8-2　绘制条形图

```
import xlwings as xw
workbook = xw.Book(r"C:\Users\WIN10\Desktop\条形图.xlsx")
sheet = workbook.sheets[0]
chart = sheet.charts.add(left = 200, top = 0, width = 355, height = 211)
chart.set_source_data(sheet.range('A1').expand('table'))
chart.chart_type = 'bar_clustered'
```

输出结果如图 8.4 所示。示例中使用了 range 对象的 expand 方法，自动扩展单元格区域 A1，识别出表格数据的范围。利用 expand 方法可以很方便地获取表格数据，当表格的范围变动时，代码不需要修改。

	A	B	C
1	销售人员	业绩	
2	黄霞	100	
3	李丽	200	
4	刘山	300	
5			

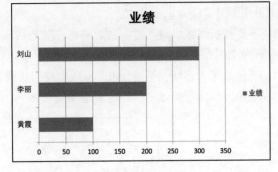

图 8.3　绘制条形图的示例数据

图 8.4　条形图

8.1.3　折线图

折线图是一个由直角坐标系和一些线段组成的统计图表，常用于表示数值随着时间或有序类别变化的情况。其中，x 轴一般是连续的时间或事物的不同阶段；y 轴一般是定量变量，y 轴的数据有可能是负数，线段用于连接两个相邻的点。

本小节示例数据如图 8.5 所示，这份数据记录了 1—12 月的增长率情况。

绘制折线图的示例代码如下。

代码 8-3　绘制折线图

```
workbook = xw.Book(r"C:\Users\WIN10\Desktop\折线图.xlsx")

sheet = workbook.sheets[0]
chart = sheet.charts.add(left = 200, top = 0, width = 355, height = 211)
chart.set_source_data(sheet.range('A1').expand('table'))
chart.chart_type = 'line'
```

输出结果如图 8.6 所示。绘制折线图时，chart_type 参数设置为 line。

	A	B	C
1	月份	增长率	
2	1月	4%	
3	2月	3%	
4	3月	2%	
5	4月	-1%	
6	5月	5%	
7	6月	7%	
8	7月	3%	
9	8月	2%	
10	9月	1%	
11	10月	1%	
12	11月	2%	
13	12月	4%	
14			
15			

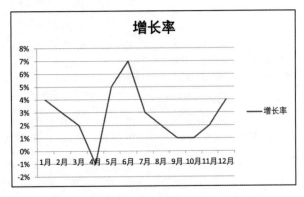

图 8.5　绘制折线图的示例数据

图 8.6　折线图

绘制折线图时要注意以下几点：

（1）不要在折线图中放入过多的数据组以免造成阅读困难。如图 8.7 所示，折线图中有 6 组数据，多个折线交织在一起，难以分析。

（2）变量数值大多情况下等于 0，不适宜使用折线图。

（3）如果 x 轴的节点过多，不适宜使用折线图。

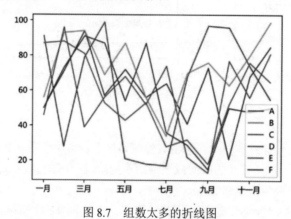

图 8.7　组数太多的折线图

8.1.4　饼图

饼图是一个包含若干个扇形的圆形统计图表，通过扇形的面积表示每个部分占总体的比例。饼图里规定各个扇形的数据比例加起来必须等于 100%；饼图常常用来展示某个事物各个部分的比例构成，绘制饼图需要一个分类数据字段和一个连续数据字段。

用于绘制饼图的示例数据如图 8.8 所示，这份数据记录了 A、B、C 3 个种类的销量情况。

绘制饼图的示例代码如下。

代码 8-4　绘制饼图

```
import xlwings as xw

workbook = xw.Book(r"C:\Users\WIN10\Desktop\饼图.xlsx")
sheet = workbook.sheets[0]
chart = sheet.charts.add(left = 200, top = 100, width = 355, height = 211)
chart.set_source_data(sheet.range('A1:B4'))
chart.chart_type = 'pie'
```

输出结果如图 8.9 所示。绘制饼图时，chart_type 参数设置为 pie。

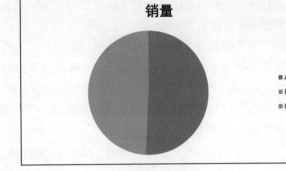

E	F	
种类	销量	
A	343	
B	232	
C	100	

图 8.8　绘制饼图的示例数据

图 8.9　饼图

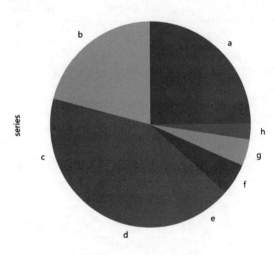

绘制饼图时要注意以下几点：

（1）在绘制前应该先按连续数据字段进行排序。

（2）如果饼图的几个部分占比相当接近，很难分辨大小，这时应该使用柱状图。

（3）饼图的几个部分必须构成一个整体，否则不应该使用饼图。

（4）使用饼图时，要注意控制饼图中分类的数量，建议尽量不要超过 5 个，否则阅读起来非常困难。如图 8.10 所示，这个饼图中共有 8 个分类，阅读起来并不方便。

这种情况可以改用柱状图，柱状图可以很方便地比较各个分类之间的数值差异，绘制结果如图 8.11 所示。

图 8.10　分类太多的饼图

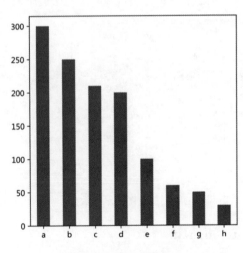

图 8.11　把饼图改成柱状图

8.1.5　散点图

散点图将数据以点的形式记录在直角坐标系中，一般都是取数据的两个数字类型字段分别作为 x 轴坐标值和 y 轴坐标值，如分析各类产品的销售额与推广费用之间的关系。从散点图中可以看出数据的分布状况，从而分析出两个变量之间的相关性。另外，还可以对点进行着色或者调整点的大小来表示更多关于数据的信息。

如果两个变量的散点图集中在一条直线的附近，那么可以推测这两个变量之间线性相关；如果两个变量的散点图集中在一条曲线的附近，那么可以推测这两个变量之间非线性相关。

用 xlwings 绘制散点图前需要准备两列数据，分别对应 x 轴数据和 y 轴数据。用于绘制散点图的示例数据如图 8.12 所示，本小节示例将销售额作为 x 轴数据，推广费用作为 y 轴数据。

绘制散点图的示例代码如下。

代码 8-5　绘制散点图

```python
import xlwings as xw

workbook = xw.Book(r"C:\Users\WIN10\Desktop\xlwings\散点图.xlsx")
sheet = workbook.sheets[0]
chart = sheet.charts.add(left = 200, top = 0, width = 355, height = 211)
chart.chart_type = 'xy_scatter'
chart.set_source_data(sheet.range('B1:C13'))
```

输出结果如图 8.13 所示。绘制散点图时，chart_type 参数设置为 xy_scatter。

以下场景不适宜使用散点图：

（1）当数据集的数据量较少时，难以判断变量之间的相关性。

（2）当散点的分类过多时，无法快速识别不同的分类。

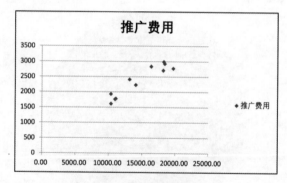

图 8.12　绘制散点图的示例数据　　　　　　　　图 8.13　散点图

8.1.6　雷达图

雷达图可以用于表示某个事物在各个维度上的属性。例如，某个运动员在各个方面的能力；某个城市在教育、医疗等各个方面的水平。另外，雷达图还可以用于对比多个个体的属性。

雷达图从中心点开始等角度间隔地放置数据轴，每个轴代表一个定量变量，各轴上的点依次连接成一个封闭的图形。雷达图一般要求展示的属性是有限的，不能过多，而且可以按照统一标准进行标准化。例如身高和年龄，虽然单位和数值分布都不一样，但是都可以按某个标准计分。

在 xlwings 中，绘制雷达图之前需要准备一个表格，表格中记录了若干个事物的属性数据。例如，本小节示例数据是 3 个人物的各项属性，如图 8.14 所示。表格的第 1 行记录了各种属性的名称。

绘制雷达图的示例代码如下。

代码 8-6　绘制雷达图

```
import xlwings as xw

workbook = xw.Book(r"C:\Users\WIN10\Desktop\雷达图.xlsx")
sheet = workbook.sheets[0]

chart = sheet.charts.add(left = 200, top = 0, width = 355, height = 211)
chart.chart_type = 'radar'
chart.set_source_data(sheet.range('A1:F4'))
```

输出结果如图 8.15 所示。绘制雷达图时，将 chart_type 参数设置为 radar。

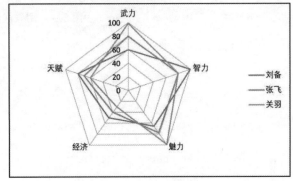

图 8.14　绘制雷达图的示例数据　　　　　　　　图 8.15　雷达图

8.1.7　气泡图

气泡图是一种多变量的统计图表。气泡图与散点图类似，只是气泡图中的各个点的大小不一致。气泡图中的每一个圆点都对应着一个三维的变量（x，y，z），其中，x 和 y 对应坐标系中的位置，z 由气泡的大小来表示。

气泡图通常用于比较数据和了解数据的分布状况，通过观察气泡的位置和大小来分析数据维度之间的相关性。例如，用 x 轴代表产品销量，y 轴代表产品利润，气泡大小代表产品市场份额占比，如图 8.16 所示。

在 xlwings 中，绘制气泡图需要准备三列数据，并把 chart_type 参数设置为 bubble。本小节的示例数据如图 8.17 所示，表格中列出了 5 个月的销售额与推广费用的数据。

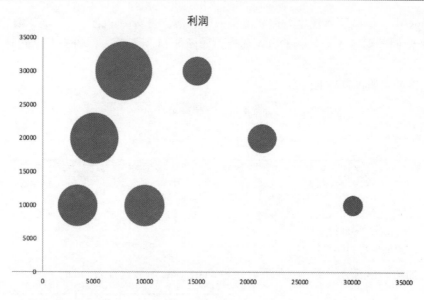

图 8.16　用气泡图分析产品

绘制气泡图的示例代码如下。

代码 8-7　绘制气泡图

```
import xlwings as xw

workbook = xw.Book(r"C:\Users\WIN10\Desktop\气泡图.xlsx")
sheet =  workbook.sheets[0]
chart = sheet.charts.add(left = 200, top = 0, width = 355, height = 211)
chart.chart_type = 'bubble'
chart.set_source_data(sheet.range('A1:C6'))
```

输出结果如图 8.18 所示。销售额被映射为气泡的大小，从图中可以看出不同月份与推广费用和销售额之间的关系。

	A	B	C
1	日期	销售额	推广费用
2	1月	13140.00	2412.4
3	2月	19712.00	2771.86
4	3月	10973.00	1762.46
5	4月	16346.00	2838.21
6	5月	14059.00	2228.34
7			

图 8.17　绘制气泡图的示例数据

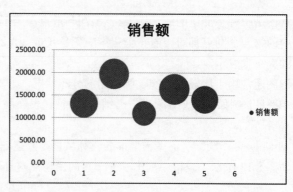

图 8.18　气泡图

8.1.8 箱形图

箱形图在 1977 年由美国著名统计学家约翰图基发明，它能显示出一组数据的最大值、最小值、中位数及上下四分位数。箱形图的结构如图 8.19 所示。箱子中间的线段代表中位数；箱子的顶部代表上四分位数；箱子的底部代表下四分位数。对于所有用于绘制箱形图的数值从大到小排列，大约有 25% 的数字大于上四分位数，25% 的数字小于下四分位数。上四分位数一般记为 Q3，下四分位数一般记为 Q1。

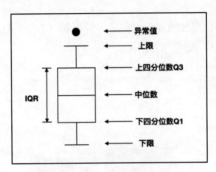

图 8.19　箱形图上的各种数值

箱形图里有一个重要的数值，就是 IQR。IQR 是 Inter-Quartile Range 的简写，计算公式是 IQR=Q3-Q1，其实就是盒子的长度。箱子顶部和底部分别延伸出一条线，线段的末端都有一条横线，对应着上限和下限。上限和下限与 IQR 有关。

箱形图上还会标记离群值，这里的离群值是指一般超出 [Q1-1.5I*QR, Q3+1.5*IQR] 范围的数值。

箱形图用非常简单的形式表示了一组数据的分布情况。通过箱形图可以很容易看出各种重要的统计值，如中位数、上下四分位数等。也可以看出数据的分布是否对称、离群点的多少。常常可以用箱形图概括多组数据的分布情况。

chart_type 参数里暂时还没有与箱形图对应的值，但是可以调用 VBA 模块，实现用 xlwings 自动绘制箱形图，具体步骤如下。

（1）先在 Excel 中用 Viusal Basic Editor 建立一个 VBA 的函数 createboxplot。

```
Sub createboxplot(rng)
    Range(rng).Select
    ActiveSheet.Shapes.AddChart2(406, xlBoxwhisker).Select
End Sub
```

函数中 AddChart2 方法的第 1 个参数表示图表样式风格编码，这里设置为 406；第 2 个参数表示图表类型，这里设定为 xlBoxwhisker。

（2）在 Python 代码文件中调用这个已经定义了的 VBA 函数，代码如下：

```
import xlwings as xw
```

```
@xw.sub
def main():
    wb = xw.Book.caller()
    createboxplot = wb.macro("createboxplot")
    createboxplot ("A2:B5")

if __name__ == "__main__":
    xw.Book("myp.xlsm").set_mock_caller()
    main()
```

（3）单击 xlwings 选项卡中的 Run main 按钮，调用第（2）步中已经定义好的 main 函数。这样箱形图就会出现在 Excel 文件中，如图 8.20 所示。

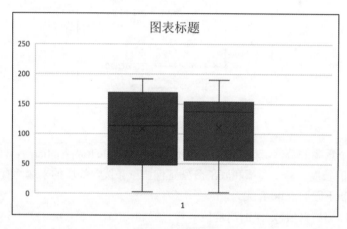

图 8.20　箱形图

8.2　用 matplotlib 绘图

扫一扫，看视频

matplotlib 是 Python 中常用的绘图函数库，十分适合快速绘制图片。可以在 matplotlib.org 中找到很多关于使用 matplotlib 绘制图表的例子。本节重点讲解以下两点：

（1）如何用 matplotlib 绘制常用的统计图表，并插入到 Excel 文件中。

（2）如何用 matplotlib 配置图表的坐标轴、图例等常见元素。

8.2.1　用 matplotlib 绘图并添加到 Excel 文件中

使用 matplotlib 绘制图表之前需要进行一系列的设置，步骤如下。

（1）引入 matplotlib 函数库和 pyplot 类代码如下：

```
import matplotlib
```

```
# 导入 matplotlib 的 pyplot, 并以 plt 作为简写
import matplotlib.pyplot as plt
```

（2）用语句 plt.figure()创建一个新的图表对象，这个对象的类型是 Figure。用 matplotlib 绘制的图像都存在一个 Figure 对象中。

```
plt.figure()
```

可以用 fisize 参数指定图表的高度和宽度，单位为英寸。例如：

```
plt.figure(fisize=(8,6))
```

（3）设置图表字体。在图表中要想正常显示中文字体，需要使用代码设定中文字体，否则图表中的中文字符会变成方框。可以通过下面的命令查询 matplotlib 支持的字体。

```
matplotlib.font_manager.fontManager.ttflist
```

结果如下：

```
[<Font 'cmex10' (cmex10.ttf) normal normal 400 normal>,
 <Font 'STIXSizeThreeSym' (STIXSizThreeSymReg.ttf) normal normal regular normal>,
 <Font 'STIXGeneral' (STIXGeneral.ttf) normal normal regular normal>,
 <Font 'Source Han Sans SC' (思源黑体 SC-Light.otf) normal normal light normal>,
 ]
```

例如，要使用思源黑体，设置代码如下：

```
# "Source Han Sans SC" 来自上面输出的第 4 行
matplotlib.rcParams['font.family']="Source Han Sans SC"
```

本章统一使用以下字体进行设置。

```
matplotlib.rcParams['font.sans-serif'] = ['SimHei']
matplotlib.rcParams['font.family']='Microsoft YaHei'
```

matplotlib 中的常用字体见表 8.1。

表 8.1 matplotlib 常用字体

字　　体	英文名称
宋体	SimSun
黑体	SimHei
仿宋	FangSong
微软雅黑	Microsoft YaHei
Cambria	Cambria
Calibri	Calibri

（4）设定输出图表的格式为 SVG。matplotlib 默认生成的统计图表不太清晰，要解决这个问题，可以在 Jupyter Notebook 中运行如下命令，把生成的图片设置为 SVG 格式。

```
%config InlineBackend.figure_format = 'svg'
```

（5）执行如下代码修改坐标轴负号无法正常显示的问题。

```
matplotlib.rcParams['axes.unicode_minus'] = False
```

（6）设置图表风格（可选）。matplotlib 中内置了很多图表风格样式，在 Jupyter Notebook 中运行如下命令，查看可以使用的风格。

```
matplotlib.style.available
```

结果如下：

```
['Solarize_Light2',
 '_classic_test_patch',
 'bmh',
 'classic',
 'dark_background',
 'fast',
 'fivethirtyeight',
 'ggplot',
 'grayscale',
 'seaborn',
 'seaborn-bright',
 'seaborn-colorblind',
 'seaborn-dark',
 'seaborn-dark-palette',
 'seaborn-darkgrid',
 'seaborn-deep',
 'seaborn-muted',
 'seaborn-notebook',
 'seaborn-paper',
 'seaborn-pastel',
 'seaborn-poster',
 'seaborn-talk',
 'seaborn-ticks',
 'seaborn-white',
 'seaborn-whitegrid',
 'tableau-colorblind10']
```

这个命令返回的结果是一个 Python 列表，每个列表元素代表一种图表风格。

例如，要使用 tableau-colorblind10 这种风格，可以在绘图之前添加如下代码：

```
matplotlib.style.use('tableau-colorblind10')
```

Anaconda 内置的 matplotlib 可能不是最新版本，可以执行如下命令升级到最新版。

```
conda update -n base matplotlib
```

下面给出一个示例。这段代码先打开一个 Excel 文件，然后用 matplotlib 绘制图表，最后添加图表到这个新的 Excel 文件中。

代码 8-8　添加图表到 Excel 文件中

```
import matplotlib
import matplotlib.pyplot as plt
import xlwings as xw

fig = plt.figure()
matplotlib.rcParams['font.sans-serif'] = ['SimHei']
matplotlib.rcParams['font.family']='Microsoft YaHei'
matplotlib.rcParams['axes.unicode_minus'] = False
%config InlineBackend.figure_format = 'svg'
matplotlib.style.use('tableau-colorblind10')

plt.plot([1, 2, 3])
sht = xw.Book(r"C:\Users\WIN10\Desktop\matplotlib.xlsx").sheets[0]
sht.pictures.add(fig, name='MyPlot', update=True)
```

代码的最后一行调用了 pictures 对象的 add 方法添加图表到 Excel 中，第 1 个参数是一个 figure 对象；第 2 个参数是图表的名称。将参数 update 设置为 True，就可以在 Excel 中手动调整图表的大小和位置。

8.2.2　折线图

matplotlib 的 plot 方法用于绘制折线图，绘制之前要先准备好 x 轴的数据和 y 轴的数据。plot 方法的调用形式如下：

```
plt.plot(x, y,marker=marker, markersize=markersize, color = color, linewidth = 1,
linestyle = style)
```

plot 方法的参数见表 8.2。

表 8.2　plot 方法的常用参数

参　　数	说　　明
x	x 轴数据
y	y 轴数据
marker	折线上标记的样式

参　　数	说　　明
markersize	折线上标记的大小
color	折线的颜色
linestyle	折线的样式，可选值有 solid、dashed、dashdot、dotted
linewidth	折线的宽度

plot 方法的示例代码如下。

代码 8-9　绘制折线图

```python
import xlwings as xw
import matplotlib.pyplot as plt
import matplotlib

# 设置中文字体
matplotlib.rcParams['font.sans-serif'] = ['SimHei']
matplotlib.rcParams['font.family']='Microsoft YaHei'
# 读取数据
workbook = xw.Book("/Users/caichicong/Documents/Python+Excel/code/data/折线图.xlsx")
x1 = workbook.sheets[0].range("A2:A13").value
y1 = workbook.sheets[0].range("B2:B13").value
# 绘制图表
fig = plt.figure()
plt.plot(x1, y1, color = 'red', linewidth = 1, linestyle = 'solid')
# 插入到 Excel 文件中
workbook.sheets[0].pictures.add(fig, left=100, top=100, name='lineplot', update=True)
```

绘制出来的折线图如图 8.21 所示。

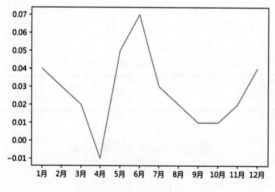

图 8.21　折线图

使用 marker 参数可以在折线上增加标记。例如：

```python
fig = plt.figure()
```

```
plt.plot(x1, y1, color = 'red', linewidth = 1, marker = '*', markersize=10)
plt.show()
```

输出结果如图 8.22 所示。代码的最后一行调用了 show 方法，可以直接在 Jupyter Notebook 中展示图表。

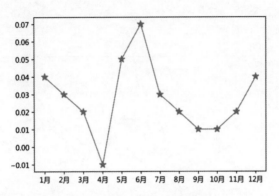

图 8.22　添加标记到折线图

对折线图中的数据进行适当处理后，折线图的曲线会更加平滑。方法是使用 SciPy 模块中的 interpolate 对数据进行插值处理。

要画出平滑的曲线，需要计算出平滑曲线的 x 轴数据和 y 轴数据。Interpolate 中的 interp1d 函数用来计算新的 x 轴数据和新的 y 轴数据。interp1d 的调用形式如下：

```
interp1d(x, y, kind=kind)
```

参数 kind 的常用可选值有 nearest、cubic、quadratic、linear。参数 x 和 y 分别来自原折线的 x 轴数据和 y 轴数据。函数 interp1d 的返回结果是一个用于计算新的 y 轴数据的函数。这个函数的参数是一个列表，对应着新的 x 轴数据，x 轴数据可以借助 numpy 函数库生成。

绘制平滑折线图的示例代码如下。

代码 8-10　绘制平滑的折线图

```
import numpy as np
from scipy import interpolate
import xlwings as xw
import matplotlib.pyplot as plt

workbook = xw.Book(r"C:\Users\WIN10\Desktop\xlwings\折线图2.xlsx")

x = workbook.sheets[0].range("A2:A13").value
y = workbook.sheets[0].range("B2:B13").value

func = interpolate.interp1d(x, y, kind = 'cubic')
```

```
# arange 函数以 0.1 为步长生成一个新的数字序列，这个序列包含 110 个数字
xnew = np.arange(1, 12, 0.1)
# 计算出新的 y 轴数据，这个序列也包含 110 个数字
ynew = func(xnew)
# 基于前面生成的 110 组坐标绘制平滑折线图
plt.plot(xnew, ynew)
```

输出结果如图 8.23 所示。

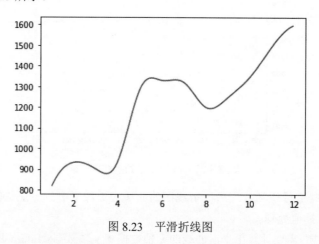

图 8.23　平滑折线图

接下来解释一下 numpy 模块中的 arange 函数。arange 函数的第 1 个参数代表起始值；第 2 个参数代表终止值；第 3 个参数代表步长。例如：

```
import numpy as np
print(np.arange(1, 15, 3))
```

输出结果如下：

```
[ 1  4  7 10 13]
```

np.arange(1, 15, 3)代表从 1 开始自增，值每次加 3，直到值大于 15 为止。

本小节用到的 numpy 模块和 SciPy 模块都是 Python 中常用的数值运算模块，读者可以在相应的官方网址中找到这两个模块的详细介绍。

8.2.3　设置坐标轴

8.2.2 小节介绍了如何用 matplotlib 绘制折线图，本小节介绍如何在折线图上设置坐标轴。其他种类图表的设置方法也是类似的。坐标轴的设置可以分为以下四项：

（1）坐标轴标题。
（2）坐标轴刻度。
（3）坐标轴的显示范围。

（4）坐标轴的字体大小和方向。

下面逐一介绍这四项。

1．坐标轴标题

pyplot 的 xlabel 和 ylabel 方法可以用于设置 x 轴和 y 轴的标题和标题的样式。这两个方法的调用形式如下：

```
xlabel(label, labelpad)
ylabel(label, labelpad)
```

label 参数用于设置坐标轴标题；labelpad 参数用于设置标题与坐标轴的距离。设置坐标轴标题的示例代码如下。

代码 8-11　设置坐标轴标题

```
import matplotlib.pyplot as plt
plt.xlabel("销售额", labelpad=10)
plt.ylabel("月份", labelpad=10)
plt.plot([100, 200, 230], ['一月', '二月', '三月'],color = 'black', linewidth = 1,
linestyle = 'solid')
```

输出结果如图 8.24 所示。

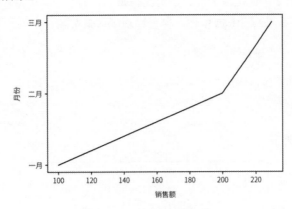

图 8.24　设置坐标轴标题

2．坐标轴刻度

xticks 和 yticks 方法可以自定义 x 轴和 y 轴的刻度。两个方法的参数都是一个列表，示例代码如下。

代码 8-12　设置坐标轴刻度

```
import matplotlib.pyplot as plt
# 设置 y 轴的刻度是在 8～15 之间的数字，但不包含 15
plt.yticks(range(8, 15))
# 设置 x 轴的刻度，第 1 个参数是 x 坐标轴的位置列表，位置从 0 开始计数
```

```
plt.xticks(range(0, 5),["一月", "二月", "三月", "四月", "五月"])
plt.plot([10,11,8,14, 13])
```

输出结果如图 8.25 所示。

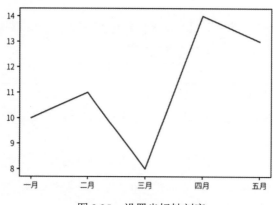

图 8.25　设置坐标轴刻度

3. 坐标轴的显示范围

xlim 方法和 ylim 方法可以控制 x 轴和 y 轴的显示范围，参数类型是 Python 元组。其中，元组的第 1 个值是最小值，第 2 个值是最大值。示例代码如下。

代码 8-13　设置坐标轴显示范围

```
import matplotlib.pyplot as plt
plt.yticks(range(8, 15))
plt.xticks(range(0, 5),["一月", "二月", "三月", "四月", "五月"])
plt.ylim((0, 20))
plt.plot([10,11,8,14,13])
```

输出结果如图 8.26 所示。

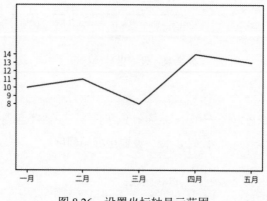

图 8.26　设置坐标轴显示范围

4．坐标轴的字体大小和方向

xticks 和 yticks 方法可以设置 x 轴和 y 轴的字体。其中，fontsize 参数用于设定坐标轴的字体大小；rotation 参数用于设置 x 轴标签的方向。例如：

```
import matplotlib.pyplot as plt

plt.xticks(fontsize=10, rotation="vertical")
plt.yticks(fontsize=10, rotation="vertical")
plt.plot([10,11,8,14,13])
```

输出结果如图 8.27 所示。

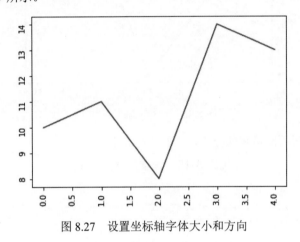

图 8.27　设置坐标轴字体大小和方向

8.2.4　设置网格线

网格线是坐标轴上刻度线的延伸。默认情况下，matplotlib 中的网格线是不显示的。可以使用 grid 方法来开启，示例代码如下。

代码 8-14　设置 y 轴网格线

```
import matplotlib.pyplot as plt
plt.grid(b=True, axis='y')
plt.plot([10,11,8,14,13])
```

输出结果如图 8.28 所示。当 grid 方法中的参数 b 设置为 True 时，显示网格线。

grid 方法的常用参数见表 8.3。

表 8.3　grid 方法的常用参数

参　　数	说　　明
b	是否显示网格线。设置为 True 时，显示网格线
axis	坐标轴。可选值有 both、x、y。both 代表 x 轴和 y 轴都添加网格线

参　　数	说　　明
color	网格线颜色
linestyle	网格线样式。可选值有 solid、dashed、dashdot、dotted

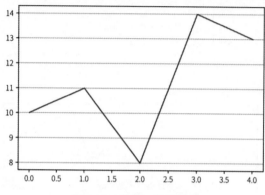

图 8.28　设置 y 轴网格线

使用上述参数可以设置网格线的样式，示例代码如下。

代码 8-15　设置网格线样式

```
import matplotlib.pyplot as plt
plt.grid(b=True, axis='both', color="red", linestyle=' dashed')
plt.plot([10,11,8,14,13])
```

输出结果如图 8.29 所示。这段程序把网格线颜色设置为红色，网格线样式设置为虚线。

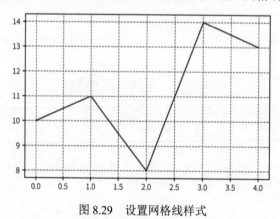

图 8.29　设置网格线样式

8.2.5　设置图例

图例是对图表上不同符号和颜色指代内容的说明。当图表中有多个不同颜色的折线时，图例可以清晰地指出哪条折线对应哪个数据列。使用 legend 方法可以添加图例，示例代码如下。

代码 8-16　设置图例

```
import matplotlib.pyplot as plt
plt.plot([10,11,8,14,13])
plt.legend(['line1'], loc='lower left')
```

输出结果如图 8.30 所示。

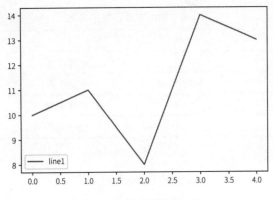

图 8.30　控制图例显示

legend 中的第 1 个参数是一个列表，列表的元素是字符串，这个字符串对应图例上的名称。如果图表上有一条折线，则列表只有一个元素；如果图表上有多条折线，则列表有多个元素。示例中折线在图例中的名称是 line1。

legend 方法的 loc 参数用于设置图例出现的位置，其可选值说明见表 8.4。

表 8.4　loc 参数可选值说明

可　选　值	说　　明
upper right	在图表的右上方
upper left	在图表的左上方
lower left	在图表的左下方
lower right	在图表的右下方
center left	在图表左边，垂直居中
center right	在图表右边，垂直居中
lower center	在图表下方，水平居中
upper center	在图表上方，水平居中
center	在图表中心

8.2.6 柱状图和条形图

matplotlib 的 bar 方法用于绘制柱状图，bar 方法的调用形式如下：

```
bar(x, height, width=1, color="xx")
```

bar 方法的常用参数见表 8.5。bar 的参数 x 一般是一个字符串列表。

表 8.5 bar 方法的常用参数

参 数	说 明
x	x 轴数据
height	y 轴数据，每根柱子的高度
width	柱子的宽度
color	柱子的颜色

绘制柱状图的示例代码如下。

代码 8-17 绘制柱状图

```
import matplotlib.pyplot as plt
import xlwings as xw

workbook = xw.Book(r"C:\Users\WIN10\Desktop\柱状图.xlsx")
sheet = workbook.sheets[0]
data = workbook.sheets[0].range("A2:B201").value
category = ['U盘', '手机壳', '手机支架']
# 计算每个分类的销售额总和
sales = []
for c in category:
    sales.append(sum([r[1] for r in data if r[0] == c]))
fig = plt.figure()
plt.bar(category, sales, width = 0.8, color = '#1f3134')
plt.show()
```

输出结果如图 8.31 所示。color 参数的值是一个代表某种颜色的十六进制字符串。[r[1] for r in data if r[0] == c]这个列表推导式返回某个分类的所有销售数据，利用 sum 函数对这个销售数据列表进行求和。

绘制条形图与绘制柱状图的参数是类似的，绘制条形图使用 barh 方法，barh 方法的调用形式如下：

```
barh(y, width, height=1, color="xx")
```

barh 方法的常用参数见表 8.6。barh 的参数 y 一般是一个字符串列表。

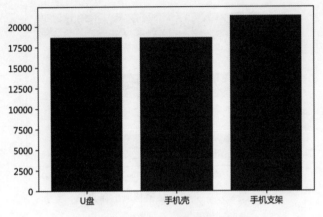

图 8.31　不同产品销售额的柱状图

表 8.6　barh 方法的常用参数

参　　数	说　　明
y	y 轴的数据
width	x 轴的数据，每根柱子的宽度
height	柱子的高度
color	柱子的颜色

绘制条形图的示例代码如下。

代码 8-18　绘制条形图

```
import matplotlib.pyplot as plt
import xlwings as xw

workbook = xw.Book(r"C:\Users\WIN10\Desktop\柱状图.xlsx")
data = workbook.sheets[0].range("A2:B201").value

category = ['U盘', '手机壳', '手机支架']
sales = []
for c in category:
    sales.append(sum([r[1] for r in data if r[0] == c]))

fig = plt.figure()
plt.barh(category, sales, height = 0.4, color = '#1f3134')
plt.show()
```

输出结果如图 8.32 所示。

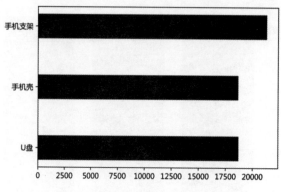

图 8.32 不同产品销售额的条形图

8.2.7 直方图

直方图由一系列高度不同的柱子组成，用于表示数据的分布状况。直方图的横轴用于表示各个数值区间，纵轴用于表示各个区间上的频数。直方图的数据均为连续的数值变量，所以柱子间是没有空隙的。

创建直方图时，一般先确定组距，然后按组距划分数值区间，计算每个区间上的频数，最后依据频数绘制矩形。实际操作中，往往会用几个不同的组距绘制直方图，看看哪个组距更能反映数据的规律。

 直方图与柱状图不一样，不能对分类的数据进行比较。

在 matplotlib 中可以使用 hist 方法绘制直方图。hist 方法的常用参数说明见表 8.7。

表 8.7 hist 方法常用参数说明

参　　数	说　　明
x	直方图的原始数据
bins	直方图组数
range	当参数 bins 是一个值时，用于设定直方图的数据范围

绘制直方图的示例代码如下。

代码 8-19 绘制直方图

```
import xlwings as xw
import matplotlib.pyplot as plt

workbook = xw.Book(r"C:\Users\WIN10\Desktop\直方图.xlsx")
x = workbook.sheets[0].range("A1:A21").value
bins = 5
```

```
plt.hist(x, bins)
```

输出结果如图 8.33 所示。代码 8-19 中把数据分为 5 组来绘制直方图。

如果只想用 0～50 之间的数据绘制直方图，可以使用 range 参数，示例代码如下。

代码 8-20　筛选数据绘制直方图

```
import xlwings as xw
import matplotlib.pyplot as plt

workbook = xw.Book(r"C:\Users\WIN10\Desktop\直方图.xlsx")
x = workbook.sheets[0].range("A1:A21").value
plt.hist(x, 5, range=[0,50])
```

输出结果如图 8.34 所示。

```
(array([5., 2., 3., 7., 2.]),
 array([ 0., 10., 20., 30., 40., 50.]),
 <a list of 5 Patch objects>)
```

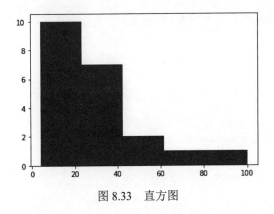

图 8.33　直方图

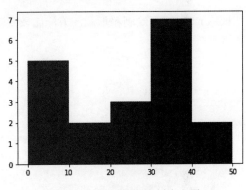

图 8.34　选取数据绘制直方图

bins 参数比较特别：当它是一个值时，bins 代表直方图中柱子的个数；当它是一个列表时，可以用于设定区间划分。示例代码如下。

代码 8-21　自定义分组绘制直方图

```
import xlwings as xw
import matplotlib.pyplot as plt

workbook = xw.Book(r"C:\Users\WIN10\Desktop\直方图.xlsx")
x = workbook.sheets[0].range("A1:A21").value
plt.hist(x, [0,30,60,100])
```

输出结果如图 8.35 所示。从图中可以看出，数据被划分为 3 组。第 1 组数据的范围是 0～30；第 2 组数据的范围是 30～60；第 3 组数据的范围是 60～100。

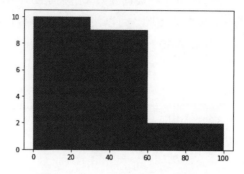

图 8.35　自定义分组绘制直方图

8.2.8　箱形图

使用 matplotlib 绘制箱形图的方法比较简单，只需传入一个列表到 boxplot 方法中即可，示例代码如下。

代码 8-22　绘制一个箱形图

```
import matplotlib.pyplot as plt
import xlwings as xw

path = "/Users/caichicong/Documents/Python+Excel/code/data/boxplot-data.xlsx"
app = xw.App(visible = True, add_book = False)
workbook = app.books.open(path)
sheet1 = workbook.sheets[0]
plt.boxplot(sheet1.range('A1:A100').value)
```

示例代码读取了 Excel 文件中的第 1 列数据，然后基于这些数据绘制了一个箱形图，如图 8.36 所示。

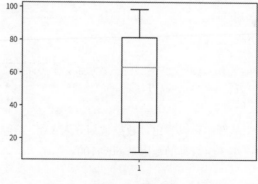

图 8.36　箱形图

使用 boxplot 方法还可以在同一个图表中绘制多个箱形图，这时传入的参数是一个二维 Python 列表，示例代码如下。

代码 8-23　绘制多个箱形图

```python
import matplotlib.pyplot as plt
import xlwings as xw

path = "/Users/caichicong/Documents/Python+Excel/code/data/boxplot-data2.xlsx"
app = xw.App(visible = True, add_book = False)
workbook = app.books.open(path)
sheet1 = workbook.sheets[0]

plt.boxplot([
  sheet1.range('A1:A100').value,
  sheet1.range('B1:B100').value,
  sheet1.range('C1:C100').value,
])
```

示例代码读取了 Excel 文件中第 1 个工作表的 3 列数据，然后基于这些数据绘制了 3 个箱形图，如图 8.37 所示。

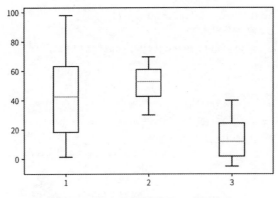

图 8.37　多个箱形图在同一个图表中

8.2.9　堆叠面积图

堆叠面积图由折线图演变而来，在折线图的基础上把折线与坐标轴之间区域用颜色填充起来。因此，堆叠面积图与折线图一样，也可以用来表示数值随时间变化的趋势。使用堆叠面积图把多个数据系列堆叠起来，既能看到单个数据系列的走势，又能看到多个数据系列之和的走势。

matplotlib 中的 stackplot 方法用于绘制堆叠面积图。stackplot 方法参数见表 8.8。

表 8.8　stackplot 方法参数

参　　数	说　　明
x	x 轴数据
y	y 轴数据
labels	图表上各个部分的标签
colors	图表上各个部分的颜色

　　下面通过示例说明 stackplot 方法的用法。在 Excel 表格中记录了几个不同品种在最近一年的月销售数量，如图 8.38 所示。

　　使用 stackplot 方法把这些数据绘制成堆叠面积图，示例代码如下。

代码 8-24　绘制堆叠面积图

```python
import xlwings as xw
workbook = xw.Book(r"C:\Users\WIN10\Desktop\堆叠面积图.xlsx")
# 连衣裙销售数据
category1 = workbook.sheets[0].range("B2:B13").value
# 长裙销售数据
category2 = workbook.sheets[0].range("C2:C13").value
# 月份列表
month = ["{m}月".format(m=m) for m in range(1, 13)]
# 连衣裙的部分用蓝色，长裙的部分用红色
plt.stackplot(month, category1, category2, colors=['b', 'r'])
# 设置图例
plt.legend(["连衣裙","长裙"])
plt.show()
```

　　输出结果如图 8.39 所示。

	A	B	C
1	月份	连衣裙	长裙
2	1	100	123
3	2	223	231
4	3	132	344
5	4	245	678
6	5	345	908
7	6	677	123
8	7	453	473
9	8	322	266
10	9	768	367
11	10	933	232
12	11	113	233
13	12	213	656

图 8.38　绘制堆叠面积图的示例数据

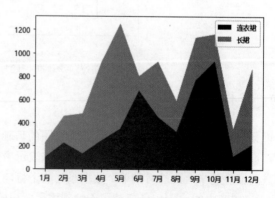

图 8.39　堆叠面积图

　　绘制堆叠面积图时要注意以下几点：

　　（1）当数据系列过多时，往往难以阅读分析。

（2）当数据系列中包含负数时，不适合使用堆叠面积图。

（3）当 x 轴是分类数据时，不适合使用堆叠面积图，这时可以考虑使用堆叠柱状图代替。

8.2.10 散点图

matplotlib 中的 scatter 方法可以用于绘制散点图。scatter 方法的调用形式如下：

```
scatter(x,y,s,color,marker,linewidth,edgecolor)
```

scatter 方法常用参数见表 8.9。

表 8.9 scatter 方法常用参数

参　　数	说　　明
x	点序列的 x 轴坐标值
y	点序列的 y 轴坐标值
s	点的面积
color	点的填充颜色
marker	点的形状

参数 marker 的常用可选值有 "." "*" "o"。参数 s 和 color 可以是一个值，也可以是一个列表。下面通过示例解释这几个参数的用法。

在 Excel 表格中有一份广告投放数据，如图 8.40 所示。表格中记录了日期、每天的销售额和推广费用。

选取销售额和推广费的两列数据绘制散点图，示例代码如下。

代码 8-25　绘制一份数据的散点图

```
import xlwings as xw

workbook = xw.Book(r"C:\Users\WIN10\Desktop\散点图.xlsx")
sheet = workbook.sheets[0]

x = sheet.range("B2:B13").value
y = sheet.range("C2:C13").value
plt.scatter(x, y, s = 16, color = 'red', marker = '.')
plt.xlabel("销售额")
plt.ylabel("推广费用")
plt.show()
```

输出结果如图 8.41 所示。

使用 matplotlib 还可以绘制多个系列数据的散点图，多次调用 scatter 方法即可。Excel 文件中的第 2 个工作表中的数据记录了另一个产品的销售额与推广费用数据，把这个数据与第 1 个工作表中的数据合并起来绘制散点图，示例代码如下。

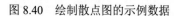

	A	B	C
1	日期	销售额	推广费用
2	2019/1/1	13140.00	2412.4
3	2019/1/2	19712.00	2771.86
4	2019/1/3	10973.00	1762.46
5	2019/1/4	16346.00	2838.21
6	2019/1/5	14059.00	2228.34
7	2019/1/6	18211.00	2707.43
8	2019/1/7	18414.00	2921.31
9	2019/1/8	18261.00	2988.85
10	2019/1/9	16353.00	2836.59
11	2019/1/10	10334.00	1927.32
12	2019/1/11	11102.00	1778.31
13	2019/1/12	10366.00	1614.05
14			

图 8.40 绘制散点图的示例数据

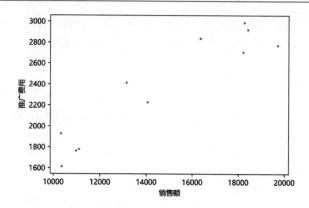

图 8.41 销售额与推广费用的散点图

代码 8-26 绘制两份数据的散点图

```python
import xlwings as xw

workbook = xw.Book(r"C:\Users\WIN10\Desktop\散点图.xlsx")
sheet = workbook.sheets[0]

x = sheet.range("B2:B13").value
y = sheet.range("C2:C13").value
x2 = workbook.sheets[1].range("B2:B13").value
y2 = workbook.sheets[1].range("C2:C13").value
plt.xlabel("销售额")
plt.ylabel("推广费用")
plt.scatter(x, y, s = 16, color = 'red', marker = '.')
plt.scatter(x2, y2, s = 16, color = 'blue', marker = '.')
plt.show()
```

输出结果如图 8.42 所示。

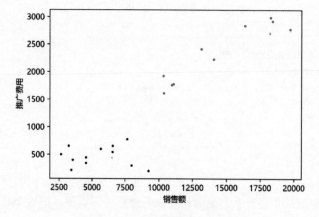

图 8.42 两个产品数据的散点图

下面的示例代码中，参数 s 和参数 color 都是一个列表。

代码 8-27　用 matplotlib 绘制散点图

```python
import xlwings as xw
import matplotlib.pyplot as plt
import matplotlib

workbook = xw.Book(r"C:\Users\WIN10\Desktop\散点图.xlsx")
sheet = workbook.sheets[0]

x = sheet.range("B2:B13").value
y = sheet.range("C2:C13").value
x2 = workbook.sheets[1].range("B2:B13").value
y2 = workbook.sheets[1].range("C2:C13").value
x.extend(x2)
y.extend(y2)

length = len(x2)
size = [16 for i in range(0, length)] + [32 for i in range(0, length)]
color = ['red' for i in range(0, length)] + ['blue' for i in range(0, length)]

plt.xlabel("销售额")
plt.ylabel("推广费用")
plt.scatter(x, y, s = size, color = color, marker = "o")
plt.show()
```

输出结果如图 8.43 所示。变量 size 和 color 都使用了列表推导式来创建，而且两个列表用加号进行了拼接操作。

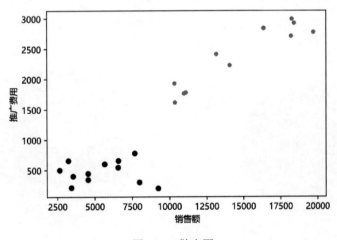

图 8.43　散点图

8.2.11 饼图

matplotlib 中的 pie 方法可以用于绘制饼图。第 1 个参数就是一个列表，在这个列表中，数字越大，占饼图的面积就越大，示例代码如下。

代码 8-28　绘制简单的饼图

```
import matplotlib.pyplot as plt

plt.pie([100, 200, 300])
plt.show()
```

输出结果如图 8.44 所示。数字 300 刚好对应这个饼图的一半，因为整个饼图的数字合计是 600。

在 pie 方法中，还有一些参数可以对饼图的细节进行配置，示例代码如下。

代码 8-29　配置饼图

```
import matplotlib.pyplot as plt

# 设定饼图每部分的标签
labels = '大米', '小米', '糯米', '香米'
# 设定饼图每部分的大小
sizes = [15, 30, 45, 10]
# 设定饼图某部分是否突出显示，某部分的数字越大，离开饼图的中心点越远
explode = (0, 0.2, 0, 0)

plt.pie(sizes, explode=explode, labels=labels, autopct='%1.1f%%')
plt.show()
```

输出结果如图 8.45 所示。

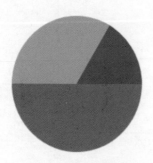

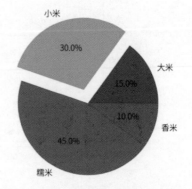

图 8.44　简单饼图　　　　　图 8.45　带文字标签和百分比的饼图

pie 方法的可用参数见表 8.10。

表 8.10　pie 方法的可用参数

参　　数	说　　明
explode	设定饼图中某部分是否突出显示
labels	饼图上每部分的标签
colors	饼图上每部分的颜色
autopct	数字百分比的格式

8.2.12　双折线图

有时需要在同一个坐标系中绘制多个折线，方便同时观察多组数据的走势，这样的折线图被称为双折线图。在 matplotlib 中要实现双折线图，可以调用两次 plot 方法，示例代码如下。

代码 8-30　绘制双折线图

```python
import matplotlib.pyplot as plt
import xlwings as xw

workbook = xw.Book(r"C:\Users\WIN10\Desktop\双折线图.xlsx")

x = workbook.sheets[0].range("A2:A13").value
y1 = workbook.sheets[0].range("B2:B13").value
y2 = workbook.sheets[0].range("C2:C13").value

plt.plot(x, y1, label = "空调")
plt.plot(x, y2, label = "洗衣机")
plt.legend()
plt.show()
```

输出结果如图 8.46 所示。

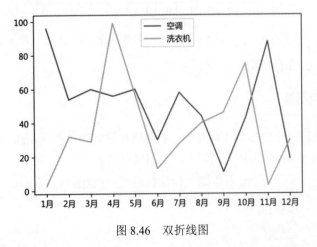

图 8.46　双折线图

有时双折线图的两个数据序列取值范围相差太大，就需要设定双坐标轴，示例代码如下。

代码 8-31　绘制双坐标轴折线图

```python
import matplotlib.pyplot as plt
import xlwings as xw

workbook = xw.Book(r"C:\Users\WIN10\Desktop\双折线图.xlsx")

x = workbook.sheets[1].range("A2:A13").value
y1 = workbook.sheets[1].range("B2:B13").value
y2 = workbook.sheets[1].range("C2:C13").value

plt.plot(x, y1, label = "温度", color="red")
# 为图表设置双坐标轴
plt.twinx()
plt.plot(x, y2, label = "降雨量", color="blue")
plt.legend()
plt.show()
```

输出结果如图 8.47 所示。

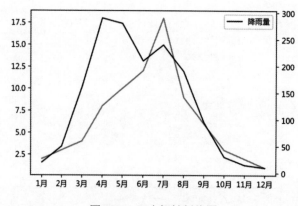

图 8.47　双坐标轴折线图

代码中的 twinx 方法用于设置双坐标轴。

8.2.13　折线图+柱状图

本小节介绍如何在同一个坐标轴中同时绘制折线图和柱状图。在 matplotlib 中要实现这样的需求并不难，分别调用 plot 方法和 bar 方法即可，示例代码如下。

代码 8-32　绘制折线图+柱状图

```python
import matplotlib.pyplot as plt
import xlwings as xw
```

```
workbook = xw.Book(r"C:\Users\WIN10\Desktop\双折线图.xlsx")

x = workbook.sheets[1].range("A2:A13").value
y1 = workbook.sheets[1].range("B2:B13").value
y2 = workbook.sheets[1].range("C2:C13").value

plt.bar(x, y2, label = "降雨量", color='#5470C6')
plt.twinx()
plt.plot(x, y1, label = "温度", color='#EE6666')
plt.legend(['降雨量', '温度'])
plt.show()
```

输出结果如图 8.48 所示。代码中的 twinx 方法用于设置双坐标轴，而且是在调用了 bar 方法后才调用 twinx 方法。

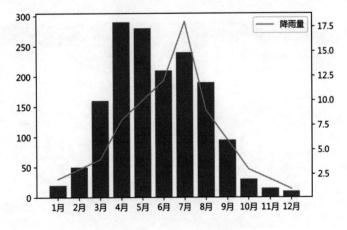

图 8.48　折线图+柱状图

第三部分
Python 数据分析
基础知识

第9章

Pandas 数据结构

虽然 Python 中提供了列表和字典等数据结构，但是在 Python 数据分析中，一般使用专为日常数据分析设计的 Pandas 类库，用于分析的数据都放在 DataFrame 中。利用 Pandas 的内置方法，可以很方便地完成各种日常数据分析操作，如分组、统计最大值最小值、绘制图表等。

本章主要涉及的知识点有：

Pandas 类库中 Series 和 DataFrame 的创建和修改。

扫一扫，看视频

9.1 Pandas 简介

Python 中数据分析最基础的类库就是 Pandas。Pandas 提供了大量快速便捷地处理数据的函数和方法。Pandas 中有两个数据结构：Series 和 DataFrame。我们经常把 Excel 中的数据先放到这两种数据结构中，再进行统计分析。下面的章节会详细介绍 Series 和 DataFrame 的具体用法。

为了叙述方便，本书后面的示例代码默认先执行以下导入语句：

```
import pandas as pd
import numpy as np
```

本书代码中的 pd 表示 Pandas，np 表示 NumPy。

扫一扫，看视频

9.2 一维数据结构 Series

Series 与 Excel 中的单列类似，是一个一维的数据结构。一个 Series 由一组数据和索引组成。Excel 中可以用字母和数字（如 A1、B3）引用单元格，而 Series 用索引引用 Series 中的数据。Series 的索引可以是整数，也可以是字符串。Excel 单列的单元格中可以存放数字、字符串、日期等数据类型，同样，Series 数据结构中也可以存储任意数据类型。

本节主要介绍如何创建 Series 和读取修改 Series 中的数据。

9.2.1 创建 Series

创建一个 Series 数据结构主要有以下两种方式：
- 从列表创建。
- 从字典创建。

这两种创建方式都使用了 Pandas.Series 方法，下面分别介绍两种方法。

1. 从列表创建

第 1 种方法是基于列表来创建 Series，示例代码如下：

```
s = pd.Series([1, 2, 3, 6, 8])
print(s.index)
print(s.values)
```

输出结果如下：

```
RangeIndex(start=0, stop=5, step=1)
```

```
[1 2 3 6 8]
```

代码的最后两行输出了 Series 的两个属性，分别是 index 和 values。index 是索引，values 是值。示例代码中变量 s 的结构如图 9.1 所示。

创建 Series 时，默认的索引是一个 0～N 的整数型索引。图 9.1 中的索引是 0～4 的整数序列。基于列表创建时，可以用 index 参数指定每个元素的索引。例如：

```
s2 = pd.Series([1, 2, 3, 6, 8], index=['A', 'B', 'C', 'D', 'E'])
print(s2.index)
print(s2.values)
```

输出结果如下：

```
Index(['A', 'B', 'C', 'D', 'E'], dtype='object')
[1 2 3 6 8]
```

s2 的结构如图 9.2 所示。

2. 从字典创建

第 2 种方法是基于字典来创建 Series，示例代码如下：

```
s3 = pd.Series({'b': 1, 'a': 0, 'c': 2})
print(s3.index)
print(s3.values)
```

输出结果如下：

```
Index(['b', 'a', 'c'], dtype='object')
[1 0 2]
```

使用这种方式创建的 Series 索引是传入的字典的键。s3 的结构如图 9.3 所示。

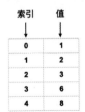
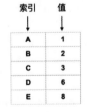

图 9.1 整数索引　　　　　图 9.2 字符索引　　　　　图 9.3 s3 的结构

基于字典创建时，也可以用 index 指定索引。如果某个索引没有对应的值，那么对应的 value 是 NaN，也就是一个缺失值。例如：

```
s4 = pd.Series({'b': 1, 'a': 0, 'c': 2}, index=["a", "b", "c", "d"])
print(s4)
```

输出结果如下：

```
a    0.0
b    1.0
c    2.0
d    NaN
dtype: float64
```

3. name 参数

创建 Series 时，可以用 name 参数设定一个名称。例如：

```
s = pd.Series([1,2,3,4,5], name='integer array')
print(s.name)
print(s)
```

在输出结果的最后一行中可以看到 Series 的 Name。

```
integer array
0    1
1    2
2    3
3    4
4    5
Name: integer array, dtype: int64
```

9.2.2 读取 Series

读取 Series 中的数据与读取 Python 列表中的数据类似，都依赖于索引。Series 的索引主要有两种：整数和字符串；而 Python 列表的索引只能是整数。读取 Series 的示例代码如下：

```
# 使用整数索引
s = pd.Series([1, 2, 3, 6, 8])
print(s[0])
# 使用字符串索引
s2 = pd.Series({'b': 1, 'a': 0, 'c': 2})
print(s2['b'])
```

可以传入一个索引列表来读取 Series 的多个数据。例如：

```
print(s2[['a', 'b']])
```

输出结果如下：

```
a    0
b    1
dtype: int64
```

Series 可以像 Python 中的字典那样，用 in 关键字来判断某个索引是否存在。例如，要判断 s2 是否有索引'a'，可以执行如下代码：

```
print('a' in s2)
```

输出结果如下：

```
True
```

9.2.3 修改 Series

Series 中的值和索引都可以通过赋值修改。通过赋值既可以修改 Series 中的单个数据，也可以修改多个数据。例如：

```
ss = pd.Series([1, 2, 3, 4], index=['a', 'b', 'c', 'd'])
# 修改单个数据
ss['a'] = 100
print(ss)
# 修改多个数据
ss['b':'c'] = 5
print(ss)
```

输出结果如下：

```
a    1
b    5
c    5
d    4
dtype: int64
```

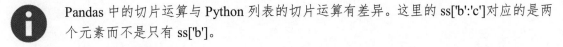 Pandas 中的切片运算与 Python 列表的切片运算有差异。这里的 ss['b':'c']对应的是两个元素而不是只有 ss['b']。

修改索引的示例代码如下：

```
obj = pd.Series([1, 2, 3, 4], index=['a', 'b', 'c', 'd'])
obj.index = ['e', 'f', 'g', 'h']
print(obj)
```

输出结果如下：

```
e    1
f    2
g    3
h    4
dtype: int64
```

可以看到索引由['a', 'b', 'c', 'd']变成了['e', 'f', 'g', 'h']。上面的操作如图 9.4 所示。

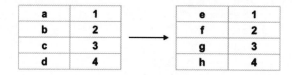

图 9.4　修改索引

9.2.4　自动对齐

自动对齐是 Pandas 的特色功能。自动对齐是指当两个 Series 的索引不完全相同时，按索引进行对齐后再运算。

　对于本小节内容，初学者可以先简单了解，以后有需要时再深入学习。

先来介绍一下 Series 的数学运算和连接运算。Series 的数学运算与高中数学的向量运算类似。例如：

```
s1 = pd.Series([1, 2, 3, 6, 8])
s1*2
```

输出结果如下：

```
0    2
1    4
2    6
3    12
4    16
dtype: int64
```

将 Series 中的每个元素都乘以 2，乘积构成一个新的 Series。这一点与在 Excel 中利用公式生成新的列很像。两个 Series 可以进行相加。例如：

```
s2 = pd.Series([3, 3, 3, 3, 3])
s1+s2
```

输出结果如下：

```
0    4
1    5
2    6
3    9
4    11
dtype: int64
```

上面例子中，参与运算的 Series 索引是相同的。如果 Series 的索引不完全相同，就会将索引值自动对齐后再运算。例如：

```
s1 = pd.Series([1, 2, 3, 4], index=['一月', '二月', '三月', '四月'])
s2 = pd.Series([1, 2, 3, 4], index=['二月', '三月', '四月', '五月'])
s1+s2
```

输出结果如下：

```
一月    NaN
三月    5.0
二月    3.0
五月    NaN
四月    7.0
dtype: float64
```

二月、三月、四月这三个索引值是 s1 和 s2 都有的，Pandas 会自动对齐相加。例如，s1 中二月的值是 2，s2 中二月的值是 1，所以相加的结果等于 3。但是 s1 中没有五月的数据，s2 中没有一月的数据，所以合并结果中一月和五月的数据是缺失的。这个示例的对齐操作如图 9.5 所示。

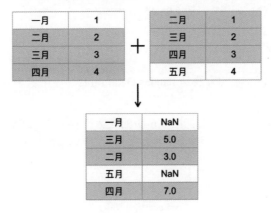

图 9.5　自动对齐

如果希望把 NaN 当成数字 0 来相加，应该如何操作呢？这里会用到第 10 章关于缺失值的知识点。读者可以在学习完第 10 章后，再尝试解决这个问题。

9.3　二维数据结构 DataFrame

扫一扫，看视频

本节介绍另外一个 Pandas 内置的数据结构——DataFrame。将 Excel 表格中的数据转换成 DataFrame，然后用 DataFrame 的功能进行处理和分析。DataFrame 的相关知识是 Python 数据分析中的重要部分，建议读者重点掌握。

9.3.1　DataFrame 是什么

DataFrame 是一个表格型的数据结构，与 Excel 中的 table 很像。DataFrame 中有行索引，也有列索引，DataFrame 每列的数据类型可以不一样。DataFrame 由三部分构成，分别是行索引、列索引和数据。在 DataFrame 中，行索引为 index，列索引为 columns。DataFrame 中的每一列都是一个 Series 对象。

下面用 Excel 表格类比说明 DataFrame 索引的概念。如图 9.6 所示，Excel 表格是通过英文字母和数字来定位单元格的。其中，左边的行号相当于 DataFrame 的行索引，在表格的第 1 行中，name、age、score 相当于 DataFrame 的列索引；行索引从数字 1 开始。

	A	B	C	D
1	name	age	score	
2	lucy	17	80	
3	lily	18	95	
4	grace	19	100	
5				
6				

图 9.6　Excel 中的表格

9.3.2　创建 DataFrame

在 Pandas 中创建 DataFrame 的方法是 Pandas.DataFrame。使用这个方法将数据传入字典即可创建 DataFrame。

下面的示例是使用传入字典的方法把图 9.6 中的表数据存到 DataFrame 中。传入字典的 key 对应 Excel 表中的字段名称（A1、B1、C1 这 3 个单元格）。代码中的第 2～4 行分别对应着 Excel 表格中的 A、B、C 三列。

```
students = pd.DataFrame({
       "name" : ["lucy","lily", "grace"],
       "age" : [17,18,19],
       "score" : [80,95,100]
}, index = [1,2,3])
students
```

输出结果如下：

```
    name     age     score
1   lucy     17      80
2   lily     18      95
3   grace    19      100
```

index 参数对应着结果的第 1 列。

如果不设置 index 参数，则 DataFrame 的类型与 Series 类型类似，Pandas 默认使用从 0～N 的整数索引。

```
students = pd.DataFrame({
        "name" : ["lucy","lily", "grace"],
        "age" : [17,18,19],
        "score" : [80,95,100]
})
students
```

输出结果如下：

```
    name    age  score
0  lucy     17   80
1  lily     18   95
2  grace    19   100
```

在创建 DataFrame 结构时，可以使用 columns 参数定义列名。例如：

```
students = pd.DataFrame({
        "name" : ["lucy","lily", "grace"],
        "age" : [17,18,19],
        "score" : [80,95,100]
    }, index = [1,2,3], columns=["score", "name", "age", "newcol"])
print(students)
```

如果某一字段没有数据，会自动变成 NaN。例如：

```
pd.DataFrame({
    '2018': {'GDP': "1%", '人口': 3},
    '2019': {'GDP': "3%", '人口': 2},
    '2020': {'GDP': "2%", '人口': 1},
    '2021': {'人口': 1},
    '2022': {'GDP': "4%"}
})
```

输出结果如图 9.7 所示。

从输出结果可以看到，2021 年没有 GDP 的数据，于是该年的数据自动变成了 NaN。

再来看一个 Excel 表格，表格中的数据如图 9.8 所示。

	2018	2019	2020	2021	2022
GDP	1%	3%	2%	NaN	4%
人口	3	2	1	1.0	NaN

图 9.7　DataFrame 数据缺失

	A	B	C	D
1			销量	型号
2	一月	冰箱	10	A
3		电视	11	B
4	二月	冰箱	13	C
5		电视	10	D
6	三月	冰箱	12	E
7		电视	12	F
8				

图 9.8　原始数据

用 DataFrame 应该如何表示这样的表格呢？实际上，创建 DataFrame 时可以设置多层的索引，上面的 Excel 表格的数据结构可以用 DataFrame 表示如下：

```python
values = [
    [10, "A"], [11, "B"], [13, "C"], [10, "D"], [12, "E"], [12, "F"],
]
salesData = pd.DataFrame(values, columns=["销量", "型号"], index=[
    ["一月", "一月", "二月", "二月", "三月", "三月"],
    ["冰箱", "电视", "冰箱", "电视", "冰箱", "电视"],
])
salesData
```

输出结果如图 9.9 所示。

index 参数是一个 Python 列表。Python 列表的第 1 个元素对应 Excel 表格的 A 列；第 2 个元素对应 Excel 表格的 B 列。请读者仔细比对体会。

另外，使用 MultiIndex 方法可以直接生成多层次索引。例如：

```python
index = pd.MultiIndex.from_tuples([('d', 1), ('d', 2), ('e', 2)], names=['n', 'v'])
pd.DataFrame({
    "a": [4, 5, 6],
    "b": [7, 8, 9],
    "c": [10, 11, 12]
}, index=index)
```

生成的 DataFrame 如图 9.10 所示。

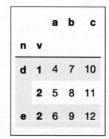

图 9.9　DataFrame 层次化索引　　　　图 9.10　多层次索引的 DataFrame

扫一扫，看视频

9.4　使用切片运算符读取数据

前面介绍了如何创建 DataFrame，本节来介绍如何读取 DataFrame。读取的方法用到了切片运算符，调用方式与读取 Python 列表数据类似，但是用法更加丰富。下面用 students 变量为例，讲解使用切片运算符读取数据的方法。

```
students = pd.DataFrame({
    "name" : ["lucy","lily", "grace"],
    "age" : [17,18,19],
    "score" : [80,95,100]
}, index = [1,2,3])
```

（1）读取 DataFrame 的某一列数据，读取结果是 Series 类型。

例如，要读取 name 列，可以执行如下语句：

```
students['name']
```

输出结果如下：

```
1    lucy
2    lily
3   grace
Name: name, dtype: object
```

（2）选择 DataFrame 的多列数据，读取结果是 DataFrame 类型。

例如，要读取 name 和 age 列，可以执行如下语句：

```
# 注意这里使用了两组方括号
students[['name', 'age']]
```

输出结果如下：

```
    name    age
1   lucy    17
2   lily    18
3   grace   19
```

（3）选择 DataFrame 的多行数据，读取结果是 DataFrame 类型。

例如，要读取 students 变量的前两行数据，与 Python 列表的切片运算符类似（如 list[:2]），可以执行如下语句：

```
students[:2]
```

输出结果如下：

```
    name  age  score
1   lucy  17    80
2   lily  18    95
```

扫一扫，看视频

9.5 使用 loc 属性读取数据

DataFrame 除了可以使用切片运算符读取数据外，有两个属性 loc 和 iloc 也可以用来读取数据。其中，loc 是基于标签的；iloc 是基于位置的，位置用整数来表达。

本节以 students 变量为例，介绍几种使用 loc 属性读取数据的常用用法，并在每个示例后面加上示意图，辅助读者理解。

```
students = pd.DataFrame({
    "name" : ["lucy","lily", "grace"],
    "age" : [17,18,19],
    "score" : [80,95,100]
}, index = [1,2,3])
```

（1）选择 DataFrame 的某一行。

```
students.loc[1]
```

输出结果如下：

```
name     lucy
age       17
score     80
Name: 1, dtype: object
```

这个数据选择如图 9.11 所示。

	name	age	score
1	lucy	17	80
2	lily	18	95
3	grace	19	100

图 9.11 选择某一行

这里的 1 是行索引，不是代表第 1 行。下面的代码运行之后会出现错误提示"KeyError: 1"。因为 students2 中没有 1 这个索引。

```
students2 = pd.DataFrame({
    "name" : ["lucy","lily", "grace"],
    "age" : [17,18,19],
    "score" : [80,95,100]
}, index=[2, 3, 4])
students2.loc[1]
```

（2）选择 DataFrame 的多行多列。这种读取方式的调用形式如下，逗号前的参数对应行索引，逗号后的参数对应列索引。

```
dataframe.loc[row, column]
```

loc 的参数既可以是数字和字符串，也可以是列表，下面给出 4 个示例。

```
students.loc[1, ['name', "age"]]
```

这个数据选择如图 9.12 所示。

```
students.loc[[1, 3], "name"]
```

这个数据选择如图 9.13 所示。

	name	age	score
1	lucy	17	80
2	lily	18	95
3	grace	19	100

图 9.12　同时选择行和列（一）

	name	age	score
1	lucy	17	80
2	lily	18	95
3	grace	19	100

图 9.13　同时选择行和列（二）

```
students.loc[[1, 3], ['name', "age"]]
```

这个数据选择如图 9.14 所示。

```
students.loc[1:2]
```

这个数据选择如图 9.15 所示。

	name	age	score
1	lucy	17	80
2	lily	18	95
3	grace	19	100

图 9.14　同时选择行和列（三）

	name	age	score
1	lucy	17	80
2	lily	18	95
3	grace	19	100

图 9.15　选择多行

 [1:2]是包含了索引 2 对应的值，与 Python 中用切片运算符获取列表部分元素不一样。

（3）基于 lambda 表达式选择 DataFrame 数据。

关于 lambda 表达式的用法，读者可以参考第 2 章内容。用 lambda 表达式筛选 DataFrame 数据的调用形式如下：

```
dataframe.loc[lambda 表达式]
```

这里的 lambda 表达式以 DataFrame 的某一行数据为参数，返回值是一个布尔值。下面举例说明这个用法。

要获取行索引值是偶数的数据行，可以执行如下语句：

```
students.loc[lambda x: x.index % 2 == 0]
```

因为只有第 2 行符合条件，所以输出结果如下：

```
    name    age  score
2   lily    18   95
```

获取 age 大于 18 的数据行，可以执行如下语句：

```
students.loc[lambda x: x['age'] > 18]
```

因为只有 grace 的年龄大于 18，所以输出结果如下：

```
    name    age  score
3   grace   19   100
```

（4）按条件筛选后，选择 DataFrame 中的一列或几列。

这种读取方式的调用形式如下：

```
dataframe.loc[条件，列名]
```

在逗号前填写筛选条件，在逗号后直接填写要获取的列的名称。例如：

```
students.loc[students['age'] > 17, 'name']
```

输出结果如下：

```
2    lily
3    grace
Name: name, dtype: object
```

使用这种读取方式，也可以在逗号后直接填写要获取的字段列表名称。例如：

```
students.loc[students['age'] > 17, ['name', 'score']]
```

输出结果如下：

```
    name    score
2   lily    95
3   grace   100
```

另外，loc 属性可以通过多层次索引选取 DataFrame 数据。例如，有一个使用了多层次索引的 DataFrame，代码如下：

```
salesData = pd.DataFrame([
    [10, "A"], [11, "B"], [13, "C"], [10, "D"], [12, "E"], [12, "F"],
], columns=["销量", "型号"], index=[
    ["一月", "一月", "二月", "二月", "三月", "三月"],
    ["冰箱", "电视", "冰箱", "电视", "冰箱", "电视"],
```

```
])
```

这个 DataFrame 的结构如图 9.16 所示。

		销量	型号
一月	冰箱	10	A
	电视	11	B
二月	冰箱	13	C
	电视	10	D
三月	冰箱	12	E
	电视	12	F

图 9.16　salesData 的结构

要读取 salesData 中一月的数据，可以执行如下语句：

```
salesData.loc['一月']
```

返回的结果是一个 DataFrame。

	销量	型号
冰箱	10	A
电视	11	B

要读取 salesData 中一月的冰箱销售数据，可以执行如下语句：

```
salesData.loc['一月', '冰箱']
```

返回的结果是一个 Series。

```
销量    10
型号    A
Name: (一月, 冰箱), dtype: object
```

9.6　使用 iloc 属性读取数据

扫一扫，看视频

使用 iloc 属性读取 DataFrame 数据是基于用整数表示的位置信息。本节以 df1 变量为例，介绍几种使用 iloc 属性读取数据的常用用法，并在每个示例后面加上示意图，辅助读者理解。

```
df1 = pd.DataFrame([[3,3,8,7], [5,4,4,8], [8, 8, 4, 8], [5, 4, 2, 9], [1, 2, 3, 4],
[4, 5, 6, 7]],
   index=list(range(0, 12, 2)),
   columns=list(range(0, 8, 2)))
```

（1）选取 DataFrame 的某一行。

使用 iloc 属性读取某一行数据的调用形式如下：

```
df.iloc[num]
```

例如，要读取 df1 的第 2 行，可以执行如下语句：

```
df1.iloc[1]
```

这里的数字 1 是指第 2 行，而不是行索引。这个数据选择如图 9.17 所示。

（2）使用切片运算符。

使用 iloc 属性配合切片运算符读取数据，与 Python 列表中的读取元素用法类似。例如，要读取 df1 的前 3 行，可以执行如下语句：

```
df1.iloc[:3]
```

这个数据选择如图 9.18 所示。

":3" 是 0:3 的简写，与 Python 列表的用法类似，这里不包含索引 3 对应的行。

使用切片运算符时有一点要注意，切片运算超出范围并不会引起错误。例如：

```
df1.iloc[3:100]
```

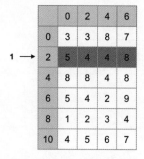

图 9.17　iloc[1]示意图

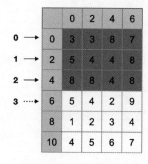

图 9.18　iloc[:3]示意图

但是，如果读取单个不存在的索引值，会引起错误。例如：

```
df1.iloc[4, 8, 9]
```

错误信息如下：

```
IndexError: single positional indexer is out-of-bounds
```

（3）选择 DataFrame 中的某一个元素。调用形式如下：

```
df.iloc[n,m]
```

其中，n 是行序号；m 是列序号。两者都是从 0 开始计数。例如：

```
df1.iloc[1, 1]
```

这个数据选择如图 9.19 所示。

（4）选择 DataFrame 中连续的行和列。调用形式如下：

```
df.iloc[行范围, 列范围]
```

例如：

```
df1.iloc[1:5, 2:4]
```

这个数据选择如图 9.20 所示。

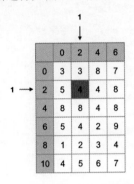

图 9.19　iloc[1, 1]示意图

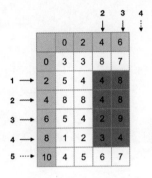

图 9.20　iloc[1:5, 2:4]示意图

另外，可以用冒号代表一整行和一整列。下面用两个示例说明。

选择第 2 行和第 3 行，执行如下语句：

```
df1.iloc[1:3, :]
```

这个数据选择如图 9.21 所示。

选择第 2 列和第 3 列，执行如下语句：

```
df1.iloc[:, 1:3]
```

这个数据选择如图 9.22 所示。

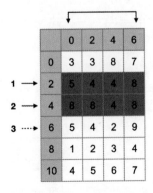

图 9.21　iloc[1:3, :]示意图

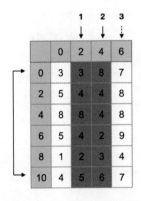

图 9.22　iloc[:, 1:3]示意图

（5）选择 DataFrame 中的某些行和某些列。调用形式如下：

```
df.iloc[行的序号列表, 列的序号列表]
```

例如：

```
df1.iloc[[1, 3, 5], [1, 3]]
```

这个数据选择如图 9.23 所示。

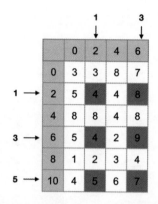

图 9.23　iloc[[1, 3, 5], [1, 3]]示意图

9.7　小结

本章主要介绍了 Series 数据结构和 DataFrame 数据结构。Series 和 DataFrame 的创建、读取和修改是 Pandas 中的基础内容，建议读者通过实际操作熟练掌握。下面是一些简单总结。

（1）创建 Series 和 DataFrame 的 4 种方法如下：

● 基于字典创建 Series。
● 基于列表创建 Series。
● 基于字典创建 DataFrame。
● 基于列表创建 DataFrame。

示例代码如下：

```
# 基于字典创建 Series
pd.Series([1, 2, 3, 4, 5])
# 基于列表创建 Series
pd.Series({'a': 0, 'b': 1, 'c': 2})
# 基于字典创建 DataFrame
pd.DataFrame({
    "col1" : [1, 2, 3],
```

```
    "col2" : ['a', 'b', 'c']
}, index = [1,2,3])
# 基于列表创建 DataFrame
pd.DataFrame(
    [['a', 1], ['b', 2], ['c', 3]],
index = [1,2,3], columns=['col1', 'col2'])
```

创建 Series 时可以指定索引 index，创建 DataFrame 时可以指定 index 和 columns。

（2）Series 和 DataFrame 都支持直接修改索引。

（3）读取 Series 数据的常用方法如下：

● 基于单个索引读取，如 s[1]。

● 基于多个索引读取，如 s[[1,3]]。

（4）读取 DataFrame 数据的常用方法如下：

● 使用切片运算符。

● 使用 loc 属性和 iloc 属性。其中，loc 基于标签；iloc 基于位置。表 9.1 总结了 loc 的常用模式；表 9.2 总结了 iloc 的常用模式。

表 9.1　loc 的常用模式

模　式	示　例
单标签	df.loc[5]、df.loc['a']
多标签	df.loc[['a', 'b', 'c']]
切片运算符	df.loc['a':'f']
按条件读取	df1.loc[:, df1.loc['a'] > 0]
lambda 表达式	df.loc[lambda x: x.index % 2 == 0]

表 9.2　iloc 的常用模式

模　式	示　例
单标签	df.iloc[5]
多标签	df.iloc[[4, 3, 0]]
切片运算符	df.iloc[1:7]

（5）iterrows 方法是按列遍历；items 方法是按行遍历。

9.8　练习题

有这样一个 DataFrame 类型的变量：

```
df = pd.DataFrame({
       "A": ["your", "data", "grace"],
       "B": [17.1, 28.2, 19.3],
       "C": [48, 195, 130]
}, index = [1, 2, 3])
```

用 Pandas 完成以下数据操作：

（1）用代码获取 A 列数据。

（2）用代码获取 B 列的第 2 个数据。

（3）用代码同时读取 A 列和 B 列数据。

（4）用代码获取 C 列大于 100 的行。

第 *10* 章

数据处理

在数据分析中，原始数据往往包含缺失值、异常值和重复值。这些低质量的数据会严重影响分析结果，所以必须先进行数据预处理，再进行数据分析。

本章将会讲解 Pandas 在数据预处理中的 3 个主要操作：

- 缺失值处理。
- 异常值处理。
- 重复值处理。

另外，本章还介绍了如何使用 Python 实现多个 Excel 常用数据处理的操作。

10.1　缺失值处理

扫一扫，看视频

本节介绍如何使用 Pandas 发现缺失值和处理缺失值，涉及的知识点如下：

● 综合运用 isnull 方法和 any 方法找出缺失值。

● 使用 fillna 方法填充缺失值，使用 dropna 方法删除缺失值。

10.1.1　发现缺失值

在 Excel 中，可以利用筛选功能找到表格中的缺失值。例如，有这样一个表格，记录了若干个人的姓名和性别，如图 10.1 所示。其中，第 4、7、8 行的性别信息都是缺失的。

单击字段名旁边的下拉按钮，可以选择数据，如图 10.2 所示。

勾选"空白"复选框，单击"确定"按钮，就可以筛选出有缺失值的行，如图 10.3 所示。

图 10.1　有缺失值的表格

图 10.2　筛选出性别为空的行

图 10.3　筛选出有缺失值的行

利用 Pandas 查找缺失值的步骤如下：

（1）用 Pandas 把 Excel 文件的表格数据转换成一个 DataFrame。

（2）用 DataFrame 内置方法查找缺失值。

1．导入 Excel 文件数据

下面先来讲解如何利用 Pandas 直接导入 Excel 文件的数据。

Excel 文件有以下两种格式：

● xls 格式，Excel 所有版本都可以读取修改。

- xlsx 格式，只能用 Excel 2007 及以上版本读取。

如果文件的后缀名是.xls，那么这个文件就是 xls 格式；如果文件的后缀名是.xlsx，那么这个文件就是 xlsx 格式。这两种格式的文件都可以用 Pandas 导入。

用 Pandas 导入 Excel 文件使用的是 read_excel 方法。read_excel 方法返回的结果是一个 DataFrame，DataFrame 中的一列对应着 Excel 表格中的一列。

read_excel 的调用形式如下：

```
pandas.read_excel(path, sheet_name="xxx")
```

其中，参数 path 表示文件路径；参数 sheet_name 表示工作表名称。read_excel 读取 xlsx 格式文件的代码如下：

```
df = pd.read_excel("d:/test.xlsx", sheet_name="Sheet1")
```

如果不设置 sheet_name 参数，将默认读取 Excel 文件中的第 1 个 sheet。

2. isnull 方法

使用 DataFrame 中的 isnull 方法可以找出 DataFrame 中的缺失值。isnull 方法返回一个新的 DataFrame 对象，对应 DataFrame 内的每一个元素。如果该元素的值缺失就返回 True，否则返回 False。示例数据如图 10.4 所示。

isnull 方法的示例代码如下。

代码 10-1　找出有缺失值的行

```
import pandas as pd
df = pd.read_excel("/Users/caichicong/Documents/Python+Excel/code/data/缺失值.xlsx")
df.isnull()
```

输出结果如图 10.5 所示。

	A	B	C
1	姓名	性别	年龄
2	刘云	男	19
3	李丽丽	女	20
4	张三		18
5	陈天	女	
6	楚门	男	20
7	赵前		
8	李云	男	24
9	王明	男	

图 10.4　有缺失值的表格

	姓名	性别	年龄
0	False	False	False
1	False	False	False
2	False	True	False
3	False	False	True
4	False	False	False
5	False	True	True
6	False	False	False
7	False	False	True

图 10.5　isnull 方法结果

从图 10.4 中可以看出，张三的性别是缺失的，所以第 3 行的性别一栏是 True；陈天的年龄是缺失的，所以第 4 行的年龄一栏是 False。

3. any 方法

对 isnull 方法返回的结果调用 any 方法，就可以检查出行或列的缺失值的情况。例如：

```
df.isnull().any(axis=1)
```

当参数 axis=1 时，any 方法会遍历 DataFrame 的每一行，如果某一行有一个值是 True，返回 True，否则返回 False。上述代码的输出结果如下：

```
0    False
1    False
2     True
3     True
4    False
5     True
6    False
7     True
dtype: bool
```

从输出结果中可以看到，包含了空值的行都返回了 True。基于上面的结果，可以再进一步显示有缺失值的行。例如：

```
df[df.isnull().any(axis=1)]
```

输出结果如图 10.6 所示。

当 axis=0 时，any 方法会遍历 DataFrame 的每一列，如果某一列有一个值是 True，返回 True，否则返回 False。利用这一点可以找到含有缺失值的列。例如，在下面的表格中，性别列有缺失值，如图 10.7 所示。

	姓名	性别	年龄
2	张三	NaN	18.0
3	陈天	女	NaN
5	赵前	NaN	NaN
7	王明	男	NaN

图 10.6　显示有缺失的行

	A	B	C
1	姓名	性别	年龄
2	刘云	男	19
3	李丽丽	女	20
4	张三		18
5	陈天	女	25
6	楚门	男	20
7	赵前		29
8	李云	男	31
9	王明	男	30
10			
11			

图 10.7　性别列缺失

代码 df.isnull().any(axis=0)的运行结果如下：

```
姓名    False
性别    True
年龄    False
```

```
dtype:bool
```

可以看到，性别列返回的结果为 True。

10.1.2　处理缺失值

10.1.1 小节讲解了如何用 Pandas 发现缺失值，本小节讲解如何用 Pandas 处理缺失值。处理缺失值主要有以下两种方法：

● 删除缺失值。

● 填充缺失值。

使用 Pandas 中的 dropna 方法可以删除缺失值，使用 fillna 方法可以填充缺失值。利用这两种方法处理缺失值后，再把处理好的表格复制到原表格所在的单元格区域中。

1．dropna 方法

dropna 方法的使用非常简单，示例代码如下。

代码 10-2　删除缺失值

```
path = "/Users/caichicong/Documents/Python+Excel/code/data/缺失值.xlsx"
outpath = "/Users/caichicong/Documents/Python+Excel/code/data/缺失值结果.xlsx"
df = pd.read_excel(path)
df.dropna().to_excel(outpath, index=False)
```

代码最后一行把删除缺失值之后的 DataFrame 导出成 Excel 文件。to_excel 方法的第 1 个参数是文件路径，index=False 表示 DataFrame 的索引值不写入 Excel 文件中。导出的 Excel 表格如图 10.8 所示，可以看到所有带有缺失值的行都被删除了。

	A	B	C
1	姓名	性别	年龄
2	刘云	男	19
3	李丽丽	女	20
4	楚门	男	20
5	李云	男	24
6			

图 10.8　删除缺失值后的表格

 这里调用 dropna 方法并不会修改原来的 DataFrame，而是会把删除缺失值后的 DataFrame 作为方法的返回值。

除了可以使用 to_excel 方法导出结果外，还可以使用 range 对象的 options 方法导出结果，后面会详细介绍。

使用 subset 参数可以选择某几个列来查找缺失值，如果其中一列有缺失值，则删除该列。例如：

```
# 删除性别字段的值为空的行
df.dropna(subset=['性别'])
```

需要直接修改原来的 DataFrame，可以使用 inplace 参数。例如：

```
df.dropna(inplace=True)
```

最后，how 参数可以与 axis 参数组合使用，实现特定的功能。例如：

```
# 只删除所有值都是空的行
df.dropna(how='all', axis='index')
# 只删除所有值都是空的列
df.dropna(how='all', axis='columns')
# 删除某个值是空的列
df.dropna(how='any', axis='columns')
```

2. fillna 方法

fillna 方法的第 1 个参数即是填充值。例如：

```
df = pd.DataFrame({'value':[1, 2, None, 4, 100], 'name': ['A', 'B', 'C', 'D', 'E']})
df.fillna(333)
```

使用 fillna 方法也可以指定列名进行填充。

```
df = pd.DataFrame({'value1':[1, 2, np.nan, 4, 100], 'value2':[1, 2, 3, np.nan, 100],
'name': ['A', 'B', 'C', 'D', 'E']})
df.fillna({'value1': 111, 'value2': 222})
```

> ℹ️ 这里调用 fillna 方法并不会修改原来的 DataFrame，而是会把填充之后的 DataFrame 作为方法的返回值。

需要直接修改原来的 DataFrame，可以使用 inplace 参数。例如：

```
df.fillna({'value1': 111, 'value2': 222}, inplace=True)
```

> ℹ️ 如果缺失数据的记录占比过大，就不适合直接删除，因为会严重影响后续分析结果的准确性。

扫一扫，看视频

10.2 异常值处理

本节介绍发现异常值和处理异常值的若干方法。其中，有些内容需要用到第 9 章的知识。读者遇到不懂的地方，可以回看前面的章节。

10.2.1　发现异常值

检测异常值的方法一般有以下 3 种：

（1）利用箱形图和散点图发现异常值。箱形图和散点图的绘制方法已经在第 9 章中介绍过。一般来说，箱形图和散点图上的某个点与其他点相距较远，或者附近没有其他点，这个点往往就是异常值。

（2）根据经验确定正常值的范围，超出该范围的视作异常值。可以利用 Pandas 中的条件过滤功能把超出某个数值范围的值过滤掉。例如：

```
df = pd.DataFrame({'value':[1, 2, 3, 4, 100], 'name': ['A', 'B', 'C', 'D', 'E']})
df1 = df[(df['value'] < 50) & (df['value'] > 0)]
print(df1)
```

输出结果如下：

```
   value name
0      1    A
1      2    B
2      3    C
3      4    D
```

（3）基于统计值判定异常值。例如，某个数据服从正态分布，其中某个值超过 3 倍标准差，那么可以将其视为异常值。某个数据不服从正态分布，其中某个值与平均值之差大于 N 倍标准差，也可视为异常值。

在下面的示例中定义了一个 detect_outlier 函数，用于检测异常值。

代码 10-3　用标准差检测异常值

```
import numpy as np

dataset= [
    5, 15,  6,  6, 100,  7,  6,  3, 10, 11, 12, 10, 17,  3, 15, 12,
    7,  4,  4,  4, 12, 18,  4, 11,  7, 18, 10, 17,  6,  7,  4,  8,
    3,  1,  8,  6,  5, 11,  4, 17
]
def detect_outlier(data):
    outliers=[]
# 计算平均值
    mean = np.mean(data)
# 计算标准差
    std =np.std(data)

    for y in data:
        z_score= (y - mean)/std
        if np.abs(z_score) > 3:
```

```
        outliers.append(y)
    return outliers
outlier = detect_outlier(dataset)
print(outlier)
```

输出结果如下：

```
[100]
```

下面的示例演示了如何排除服从正态分布的数据中的异常值。

代码 10-4 检测服从正态分布的数据中的异常值

```
import numpy as np

# 用 random 函数生成服从正态分布的数据
df = pd.DataFrame({'Data':np.random.normal(size=200)})
# np.abs(df.Data-df.Data.mean()) 计算了数值与平均值之差的绝对值
# 3*df.Data.std() 对应数据标准差的 3 倍
df[np.abs(df.Data-df.Data.mean()) <= (3*df.Data.std())]
```

10.2.2 处理异常值

处理异常值的方法一般有以下 3 种：

（1）直接删除异常值。

（2）替换异常值。

（3）研究异常值出现的原因。有些异常值是由特定业务操作产生的，反映了真实情况。例如，某个商品的双十一销量在数值上会高于平常的日均销量。

> 异常值对某些数据分析方法（如决策树）的结果并无影响，这时可以直接保留异常值。

1. 直接删除异常值

在 Pandas 中通过条件筛选可以过滤掉异常值，过滤结果是一个新的不包含异常值的 DataFrame。

2. 替换异常值

替换异常值会用到 Pandas 中的 replace 方法，示例代码如下。

代码 10-5 替换异常值

```
df = pd.DataFrame({'value':[1, 2, 3, 4, 100], 'name': ['A', 'B', 'C', 'D', 'E']})
# 把数值 100 替换成 5
df.replace(100, 5)
```

输出结果如图 10.9 所示。

	value	name
0	1	A
1	2	B
2	3	C
3	4	D
4	5	E

图 10.9　替换异常值之后的结果

扫一扫，看视频

10.3　重复值处理

本节介绍数据预处理中另外一个重要的部分：重复值处理。本节的主要知识点有：

- 使用 duplicated 方法检查重复值。
- 使用 drop_duplicates 删除重复值。
- 使用 unique 方法获得去重后的值。

10.3.1　发现重复值

利用 Excel 的条件格式功能可以把一列中的重复值标记出来。在 Excel 中的"开始"选项卡下的"样式"组中单击"条件格式"→"突出显示单元格规则"→"重复值"选项，如图 10.10 所示。在弹出的"重复值"对话框中可以设置如何显示重复值，如图 10.11 所示。

图 10.10　利用条件格式标记重复值

图 10.11　发现重复值

从图 10.11 中看出，A 列中重复的值都用颜色标记出来了。

在介绍如何用 Pandas 检测重复值之前，先引入 Pandas 里面的 duplicated 方法。duplicated 方法

·201·

会标记某一个 Series 中是否会有重复值。例如，下面的 Series 中没有重复元素。

```
df = pd.DataFrame({'col1': [1, 2, 3, 4, 5]})
df['col1'].duplicated()
```

输出结果如下：

```
0    False
1    False
2    False
3    False
4    False
Name: col1, dtype: bool
```

下面的 Series 中有重复的元素，重复的元素是 2。

```
df2 = pd.DataFrame({'col1': [1, 2, 2, 4, 5]})
df2['col1'].duplicated()
```

输出结果如下：

```
0    False
1    False
2     True
3    False
4    False
Name: col1, dtype: bool
```

可以看出第 2 个 2 对应的值是 True。

duplicated 方法可以与 any 方法结合来检测重复值。如果其中一个值是 True，那么 any 方法返回 True，否则返回 False。所以如果某一列有重复值就会返回 True。例如：

```
df2['col1'].duplicated().any()
```

输出结果如下：

```
True
```

用 Python 检测重复值，可以先把 Excel 数据转成 DataFrame，然后用 duplicated 方法发现重复值。下面举例说明如何实现，示例数据如图 10.12 所示。

示例代码如下。

代码 10-6　标记重复值

```
import xlwings as xw
import pandas as pd

path = "/Users/caichicong/Documents/Python+Excel/code/data/重复值.xlsx"
workbook = xw.Book(path)
```

```
# 单元格区域的数据转换成 DataFrame
df = pd.DataFrame(workbook.sheets[0].range("A2:A7").value)
indexes = df[df.duplicated()].index
# 遍历索引值，修改 A4 和 A5 单元格的背景颜色
for i in indexes:
    workbook.sheets[0].range("A" + str(i+2)).color = (169,169,169)
```

代码 10-6 实现在表格中把重复的值用灰色背景标记出来，如图 10.13 所示。

利用表达式 df[df.duplicated()]找出重复的行；利用表达式 df[df.duplicated()].index 计算出重复值所在行的索引。

图 10.12　发现重复值示例数据　　　　图 10.13　标记重复值

10.3.2　删除重复值

在 Excel 中要删除重复的列，要先选中包含重复值的数据列，然后单击工具栏中的"删除重复值"按钮，如图 10.14 所示。

使用 Pandas 中的 drop_duplicates 方法可以删除 DataFrame 中的重复值。drop_duplicates 方法会返回一个去除重复值后的 DataFrame。下面举例说明 drop_duplicates 方法的用法。示例数据如图 10.15 所示。

图 10.14　用 Excel 删除重复值　　　　图 10.15　删除重复值示例数据

示例数据是一个城市的列表，这个列表中包含了重复值。下面的代码使用 drop_duplicates 方法删除表格中的重复值。

代码 10-7　删除重复值

```
import xlwings as xw
import pandas as pd

path = "/Users/caichicong/Documents/Python+Excel/code/data/重复值.xlsx"
workbook = xw.Book(path)
# 将单元格区域的数据转换成 DataFrame
df = workbook.sheets[0].range("A1:A7").options(pd.DataFrame,
                                               header=True,
                                               index=False).value
dfnew = df.drop_duplicates()
workbook.sheets[0].range("C1").options(index=False).value = dfnew
```

运行结果如图 10.16 所示。

代码中第 7 行的作用是把表格转换成 DataFrame，range 对象的 options 方法用于设置转换规则。options 方法很常用，建议读者认真学习。

在示例代码中，调用 options 方法传入了 3 个参数，第 1 个参数是转换类型，类型设置为 pd.DataFrame，表示要把该单元格区域转换成 DataFrame 类型；header=True 表示将表格的第 1 行作为表头；index=False 表示表格的数据不用于设置 DataFrame 的索引（index）。代码的最后一行用 options 方法设定 DataFrame 转换成 Excel 数据的规则，index=False 表示 DataFrame 的 index 不做转换。

代码 10-7 是用 DataFrame 的所有字段来判断重复值，drop_duplicates 方法还支持按部分字段来判断重复值，这些判断字段通过 subset 参数进行设定。下面举例说明 subset 参数的用法，示例数据如图 10.17 所示。

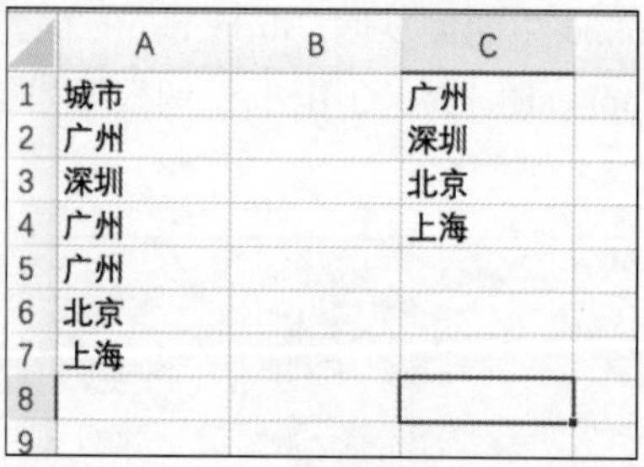

	A	B	C
1	城市		广州
2	广州		深圳
3	深圳		北京
4	广州		上海
5	广州		
6	北京		
7	上海		
8			
9			

图 10.16　删除重复值之后的结果

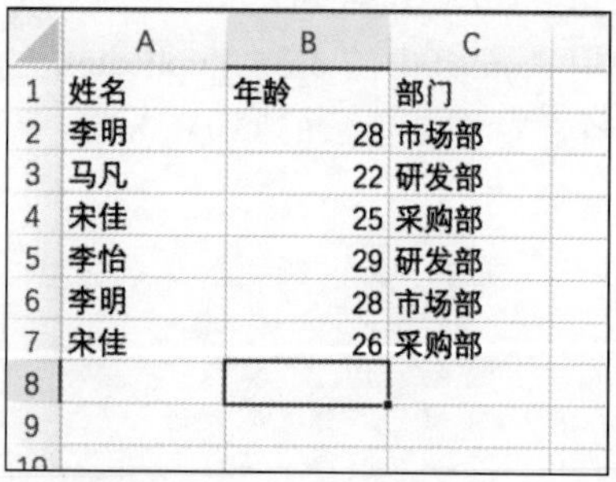

	A	B	C
1	姓名	年龄	部门
2	李明	28	市场部
3	马凡	22	研发部
4	宋佳	25	采购部
5	李怡	29	研发部
6	李明	28	市场部
7	宋佳	26	采购部
8			
9			
10			

图 10.17　员工信息表

利用 subset 方法实现按姓名列去除重复值，示例代码如下。

代码 10-8　删除某些列的重复值

```
import xlwings as xw
import pandas as pd

path = "/Users/caichicong/Documents/Python+Excel/code/data/重复值.xlsx"
```

```
workbook = xw.Book(path)

df = workbook.sheets[1].range("A1:C7").options(pd.DataFrame,
                                               header=True,
                                               index=False).value
dfnew = df.drop_duplicates(subset=['姓名'])
workbook.sheets[1].range("E1").options(header=True, index=False).value = dfnew
```

运行结果如图 10.18 所示。

有时重复行会出现多次，drop_duplicates 方法默认保留第 1 个重复行。如果只想保留最后一个出现的重复行，可以添加一个参数 keep 并设置为 last，示例代码如下。

代码 10-9　保留最后一个重复值

```
import pandas as pd
import xlwings as xw

df = workbook.sheets[1].range("A1:C7").options(pd.DataFrame,
                                               header=True,
                                               index=False).value
dfnew = df.drop_duplicates(subset=['姓名'], keep="last")
workbook.sheets[1].range("E8").options(header=True, index=False).value = dfnew
```

去除重复值之后的结果如图 10.19 所示。

	E	F	G
	姓名	年龄	部门
	李明	28	市场部
	马凡	22	研发部
	宋佳	25	采购部
	李怡	29	研发部

图 10.18　按姓名删除重复值

姓名	年龄	部门
马凡	22	研发部
李怡	29	研发部
李明	28	市场部
宋佳	26	采购部

图 10.19　保留最后一个出现的重复值

可以看到，员工宋佳的信息在表格中出现了两次，操作结果仅保留了最后一次出现的重复值，年龄是 26。

keep 参数的可选值见表 10.1。

表 10.1　keep 参数的可选值

可 选 值	说　　　　明
first	保留第 1 个出现的重复行，默认值
last	保留最后一个出现的重复行
False	删除所有重复值

最后说一下如何获取某一列的唯一值。例如，想要知道示例数据中有多少个部门，使用 unique 方法可以解决这个问题，示例代码如下：

```
print(df['部门'].unique())
print(df['部门'].unique().shape[0])
```

输出结果如下：

```
['市场部' '研发部' '采购部']
3
```

10.4　添加列

扫一扫，看视频

在 Excel 中添加一个新的列很简单，只需设定公式并自动填充即可。在 DataFrame 的操作中也有类似的功能，使用 DataFrame 添加新的列主要有以下两种方式。

- 直接赋值。
- 使用 apply 方法。

先介绍如何通过赋值添加新的列。例如，下面的示例代码增加了一列 course。

代码 10-10　通过赋值添加新的列

```
students = pd.DataFrame({
    "name" : ["lucy","lily", "grace"],
    "age" : [17,18,19],
    "score" : [80,95,100]
}, index = [1,2,3])
students['course'] = ['英语', '数学', '语文']
students
```

增加列之后，输出结果如下：

```
    name    age score   course
1   lucy    17  80      英语
2   lily    18  95      数学
3   grace   19  100     语文
```

　新的列的行数要等于原有的行数。

使用 apply 函数可以对 DataFrame 的某一列进行运算，这个与用 Excel 公式添加新列类似，示例代码如下。

代码 10-11　通过 apply 方法添加新的列

```
students = pd.DataFrame({
      "name" : ["lucy","lily", "grace"],
      "age" : [17,18,19],
      "score" : [80,95,100]
}, index = [1,2,3])
def multiplication (x):
     return x['score'] * 2
students['C'] = students.apply(multiplication, axis=1)
students
```

输出结果如下：

	name	age	score	C
1	lucy	17	80	160
2	lily	18	95	190
3	grace	19	100	200

apply 方法的第 1 个参数也可以是一个 lambda 表达式。例如：

```
students['C'] = students.apply(lambda x : x['score'] * 2, axis=1)
```

有一种常见的添加列需求，即某一列的日期全部加一天，这时可以使用 DateOffset 对象，示例代码如下。

代码 10-12　某一列的日期全部加一天

```
from datetime import datetime
studentsWithTime = pd.DataFrame({
      "name" : ["lucy","lily", "grace"],
      "age" : [17,18,19],
      "score" : [80,95,100],
      "time" : [datetime(2019, 10, 11), datetime(2019, 9, 10), datetime(2019, 8, 13)]
}, index = [1,2,3])
studentsWithTime['time'] + pd.DateOffset(days=1)
```

输出结果如下：

```
1    2019-10-12
2    2019-09-11
3    2019-08-14
Name: time, dtype: datetime64[ns]
```

类似地，将某一列的日期全部减一天，可以执行如下语句：

```
studentsWithTime['time'] - pd.DateOffset(days=1)
```

扫一扫，看视频

10.5 删除行和列

原始数据的列数很多，但不是每一列都对数据分析有用，需要把这些多余的列删除以便后续分析。在 DataFrame 中可以使用 drop 方法删除列，用 drop 方法中的 columns 参数设定要删除的列。示例代码如下。

代码 10-13 删除列

```
# 总共3列，对应3年的数据
statistics = {
    '2018': {'GDP': "1%", '人口': 3},
    '2019': {'GDP': "3%", '人口': 2},
    '2020': {'GDP': "2%", '人口': 1},
}
statDf = pd.DataFrame(statistics)
# 删除一列
deleteOne = statDf.drop(columns=["2020"])
# 删除多列
deleteMutiple = statDf.drop(columns=["2019", "2020"])
print(deleteOne)
print(deleteMutiple)
```

输出结果如下：

```
deleteOne:
      2018  2019
GDP    1%    3%
人口    3     2
deleteMutiple:
      2018
GDP    1%
人口    3
```

删除多余的行也是使用 drop 方法，传入行索引的列表作为参数。

```
statDf.drop(["GDP"])
```

输出结果如下：

```
      2018   2019   2020
人口    3      2      1
```

如果 DataFrame 使用整数索引，那么传入的行索引是整数列表。0 代表第 1 行，1 代表第 2 行，以此类推。例如：

```
df = pd.DataFrame(np.arange(12).reshape(3, 4), columns=['A', 'B', 'C', 'D'])
print(df)
print("删除之后：")
print(df.drop([0, 1]))
```

扫一扫，看视频

10.6　修改列名

为了方便理解，有时会修改原始数据中的列名。在 Pandas 中可以使用 rename 方法修改列名，传入一个字典类型的参数。key 是原来的列名，value 是新的列名。

```
df = pd.DataFrame({"A": [2018, 2019, 2020], "B": [40, 50, 60]})
df.rename(columns={"A": "year", "B": "income"})
```

输出结果如下：

```
   year  income
0  2018  40
1  2019  50
2  2020  60
```

另外，通过修改 DataFrame 的 columns 属性，也可以达到修改列名的目的。这种方法一般适用于原始数据的列名是纯数字的情形。例如：

```
df.columns = ['name', 'age', 'course']
```

扫一扫，看视频

10.7　拆分列

拆分列是数据处理的常用操作。一般来说，列的每个单元格中的内容都包含了分隔符，列就是按这些分隔符进行拆分。

在 Excel 中，拆分某一列的步骤如下：

（1）用鼠标选中要拆分的列。

（2）单击选项卡中的"数据"选项，然后单击"分列"选项，如图 10.20 所示。

图 10.20　分列

（3）在"文本分列向导-第 2 步，共 3 步"对话框中选择分隔方式和分隔符号，如图 10.21 所示。

（4）在"文本分列向导-第 3 步，共 3 步"对话框中可以设定每一列的数据格式，如图 10.22 所示。

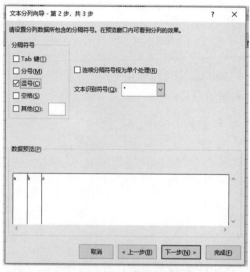
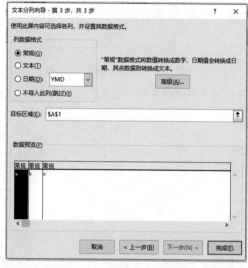

图 10.21　选择分隔方式　　　　　　　图 10.22　选择目标区域

（5）选定拆分结果要复制到哪个目标单元格区域，单击"完成"按钮即可完成列的拆分。

使用 Pandas 拆分列也是类似的，确定要拆分的列、分隔方式和拆分结果存放的单元格区域。下面通过示例说明，有这样一个表格，记录了若干天的销售金额，如图 10.23 所示。

现在要按逗号对列进行拆分，步骤如下：

（1）把这个列转换成 DataFrame。

（2）用 DataFrame 的拆分功能拆分这个列。

示例代码如下。

代码 10-14　拆分列

```
workbook = xw.Book("/Users/caichicong/Documents/Python+Excel/code/data/拆分列.xlsx")
sheet1 = workbook.sheets[0]
df1 = sheet1.range('A1:A6').options(pd.DataFrame,
                                    header=True,
                                    index=False,
                                    ).value
# 用逗号作为分隔符
df2 = df1['日期 销售金额'].str.split(",", 1, expand=True)
df2.columns = ['日期','金额']
sheet1.range('D1').options(index=False).value = df2
```

拆分后的结果如图 10.24 所示。

拆分列的代码用到了 Series 中的 split 方法，调用形式如下：

```
Series.str.split(pat, n, expand)
```

参数 pat 用于设定分隔符；参数 n 用于限制分割次数，默认值是-1，代表不限制分割次数。expand=True 代表返回结果是一个 DataFrame；expand=False 代表返回结果是一个 Series。代码 10-14 中的 df1['日期 销售金额'].str.split(",", 1, expand=True)就是用逗号分隔，只分割一次，并且将分隔结果以 DataFrame 的形式返回。

有时，在拆分的数据列中，每行的分隔符不一定是相同的，如图 10.25 所示。这个列的分隔符有时是空格，有时是分号。

	A
1	日期 销售金额
2	2020-01-01,78900
3	2020-01-02,89111
4	2020-01-03 ,72323
5	2020-01-04 ,66668
6	2020-01-05 ,12325
7	

	D	E
	日期	金额
	2020/1/1	78900
	2020/1/2	89111
	2020/1/3	72323
	2020/1/4	66668
	2020/1/5	12325

	A	B
1	日期 销售金额	
2	2020-01-01 ;78900	
3	2020-01-02 89111	
4	2020-01-03 ;72323	
5	2020-01-04 66668	
6	2020-01-05 12325	
7		

图 10.23　拆分前的表格　　　图 10.24　拆分后的结果　　　图 10.25　分隔符不规律

对于这种情况，可以用自定义函数来拆分行，示例代码如下。

代码 10-15　拆分分隔符不规则的列

```
import re
import xlwings as xw
import pandas as pd


workbook = xw.Book("/Users/caichicong/Documents/Python+Excel/code/data/拆分列.xlsx")
sheet2 = workbook.sheets[1]
list1 = sheet2.range('A2:A6').value
print(list1)
def splitRow(row):
    if ';' in row:
        return row.split(";")
    else:
        return re.split("\s+", row)


df2 = pd.DataFrame([splitRow(r) for r in list1])
df2.columns = ['日期','金额']
sheet2.range("D1").options(index=False).value = df2
```

拆分后的结果如图 10.26 所示。

	A	B	C	D	E
	日期 销售金额			日期	金额
	2020-01-01 ;78900			2020/1/1	78900
	2020-01-02 89111			2020/1/2	89111
	2020-01-03 ;72323			2020/1/3	72323
	2020-01-04 66668			2020/1/4	66668
	2020-01-05 12325			2020/1/5	12325

图 10.26　拆分后的结果

10.8　拆分行

扫一扫，看视频

拆分行就是把某一行按某个标准（如按分隔符拆分）进行拆分。如图 10.27 所示，表格中每一行都记录了同一个班级的学生姓名，并用顿号隔开。

现在需要把格式调整成每行只有一个班级名称和一个姓名，如图 10.28 所示。

	D	E
	班级	姓名
	一班	王林
	一班	李青
	一班	王天宇
	二班	关升
	二班	刘海
	二班	谢雨
	三班	钱顺
	三班	徐秋
	三班	唐德

	A	B
1	一班	王林、李青、王天宇
2	二班	关升、刘海、谢雨
3	三班	钱顺、徐秋、唐德
4		
5		

图 10.27　拆分行前的学生信息

图 10.28　拆分行后的结果

在 Excel 中要做这样的拆分是比较麻烦的，但是用 Python 来做就比较简单了，示例代码如下。

代码 10-16　拆分行

```
workbook = xw.Book("/Users/caichicong/Documents/Python+Excel/code/data/拆分行.xlsx")
sheet1 = workbook.sheets[0]
students = sheet1.range('A1:B3').value
result = []
for item in students:
    className = item[0] # 班级名称
    studentdsNames = item[1].split("、") # 姓名列表
    for s in studentdsNames:
# 得出拆分后的每一行并添加到 result 列表中
        result.append([className, s])
print(result)

df = pd.DataFrame(result)
```

```
# 修改列名
df.columns = ['班级', '姓名']
sheet1.range("D1").options(index=False).value = df
```

代码 10-16 首先读取了单元格区域 A1:B3 的值，值的类型是一个列表，然后对列表进行遍历。对于列表的每个元素 item，item[0] 对应每行的第 1 个单元格，item[1] 对应每行的第 2 个单元格。用字符串的 split 方法对 item[1] 进行拆分，拆分结果是一个姓名的列表，接着对这个列表遍历，得出最终的拆分结果。最后代码把结果转换成 DataFrame 类型，并保存到以 D1 单元格为开头的单元格区域。

扫一扫，看视频

10.9　行列互换

在 Excel 中要实现行列互换，首先要复制需要进行转换的表格，然后粘贴到新的单元格区域，粘贴方式选择"转置"即可，如图 10.29 所示。

使用 Python 转置表格可以借助 DataFrame 的行列互换功能，使用 DataFrame 的 T 方法可以实现行列互换。下面举例说明，示例数据如图 10.30 所示。

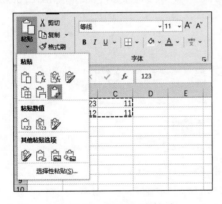

图 10.29　转置方式粘贴　　　　　图 10.30　需要转置的表格

示例代码如下，首先把 Excel 单元格区域中的数据转换成 DataFrame，然后把转换的结果赋值给指定的单元格区域。

代码 10-17　转置表格

```
import xlwings as xw
import pandas as pd

workbook = xw.Book("/Users/caichicong/Documents/Python+Excel/code/data/行列互换.xlsx")
sheet1 = workbook.sheets[0]
df1 = sheet1.range('A1:B10').options(pd.DataFrame,
                                     header=1,
                                     index=False,
```

```
                                              ).value
sheet1.range('D1').options(index=True, header=False).value = df1.T
```

转置后的结果如图 10.31 所示。

D	E	F	G	H	I	J	K	L	M
班级	一班	一班	一班	二班	二班	二班	三班	三班	三班
姓名	王林	李青	王天宇	关升	刘海	谢雨	钱顺	徐秋	唐德

图 10.31　表格转置后的结果

10.10　宽表转长表

宽表转长表是一个数据透视表的逆操作，这个操作在日常数据处理中很有用。下面通过示例说明什么是宽表转长表。

例如，有这样一个表格，表格中记录了几个产品从 2018—2021 年的销售数量，如图 10.32 所示。

	A	B	C	D	E	F
1	产品分类	产品	2018	2019	2020	2021
2	电器	风扇	100	211	454	322
3	电器	电冰箱	123	43	67	23
4	电脑配件	内存	232	323	434	323
5	电脑配件	硬盘	232	123	232	232
6						

图 10.32　产品销售数量表

要把这个长表转换成宽表，需要保留"产品分类"和"产品"两列，然后把每个年份下的数据转换成单独的一列，年份本身也变成单独的一列，转换效果如图 10.33 所示。

使用 Pandas 中的 melt 方法可以实现这样的转换，示例代码如下。

图 10.33　长表转换成宽表

代码 10-18　宽表转长表

```
import xlwings as xw
import pandas as pd

path = "/Users/caichicong/Documents/Python+Excel/code/data/长宽表.xlsx"
workbook = xw.Book(path)
sheet1 = workbook.sheets[0]
df = sheet1.range("A1:F5").options(pd.DataFrame,
                                    header=1,
                                    index=False,
                                    ).value
sheet1.range("H1").options(index=False).value = df.melt(id_vars=["产品分类", "产品"],
                                                         var_name="年份",
                                                         value_name="数量")
```

转换后的结果如图 10.34 所示。

melt 方法的参数 id_vars 就是用来设定转换后要保留的列。这里设置为“产品分类”“产品”两列。var_name 和 value_name 都是用来设定新的列的名称，var_name 对应的是原表格的列，设置新列名为“年份”；value_name 对应的原表格的值，设置新列名为“数量”。

有时只想选取某些列进行长宽表的转换。例如，在上面的表格中，只选择“2018 年”“2019 年”两列的数据做转换，这种需求可以用参数 value_vars 实现。value_vars 的形式是一个列名称列表。例如：

```
sheet1.range("A7").options(index=False).value = df.melt(id_vars=["产品分类", "产品"],
                                                         value_vars=['2018年', '2019年'],
                                                         var_name="年份",
                                                         value_name="数量")
```

转换结果如图 10.35 所示。

H	I	J	K
产品分类	产品	年份	数量
电器	风扇	2018年	100
电器	电冰箱	2018年	123
电脑配件	内存	2018年	232
电脑配件	硬盘	2018年	232
电器	风扇	2019年	211
电器	电冰箱	2019年	43
电脑配件	内存	2019年	323
电脑配件	硬盘	2019年	123
电器	风扇	2020年	454
电器	电冰箱	2020年	67
电脑配件	内存	2020年	434
电脑配件	硬盘	2020年	232
电器	风扇	2021年	322
电器	电冰箱	2021年	23
电脑配件	内存	2021年	323
电脑配件	硬盘	2021年	232

图 10.34　宽表转长表的结果

6				
7	产品分类	产品	年份	数量
8	电器	风扇	2018年	100
9	电器	电冰箱	2018年	123
10	电脑配件	内存	2018年	232
11	电脑配件	硬盘	2018年	232
12	电器	风扇	2019年	211
13	电器	电冰箱	2019年	43
14	电脑配件	内存	2019年	323
15	电脑配件	硬盘	2019年	123
16				

图 10.35　只选择部分列做转换

最后总结一下 melt 方法的 4 个常用参数。

- id_vars，作为标识列。
- value_vars，需要转换的列名。如果表格其余的列都要转换，可以不用填写。
- var_name，变量列的名称。
- value_name，值列的名称。

10.11　按数值区间划分数据

按数值区间划分数据就是把一组数据分配到预先设定的若干个区间中。按数值区间划分数据是一个很常见的数据处理操作，下面结合示例讲解如何使用 Pandas 实现这种区间划分。

有这样一组数学考试的分数数据记录在 Excel 表格中，如图 10.36 所示。

姓名	分数
仰香洁	88
香洁杨	81
洁杨雨	97
杨雨双	67
雨双温	91
双温悠	64
温悠婉	66
悠婉沈	71
婉沈新	70
沈新文	74
新文权	84

图 10.36　学生分数列表

现在要解决以下 4 个问题。

（1）按分数将分数数据平分为 4 个区间。

（2）将这 4 个区间用字母 A、B、C、D 来标记。高分数段标记为 A，次高分数段标记为 B，以此类推。

（3）知道每个分数段有多少个学生。

（4）把分数分成 3 个区间段(0，60]、(60，90]、(90，100]。

在处理数据前，先把数据导入到 DataFrame 中。

```
import xlwings as xw
import pandas as pd

wb = xw.Book("/Users/caichicong/Documents/Python+Excel/code/data/数据区间.xlsx")
scores = pd.Series(wb.sheets[0].range("B2:B31").value)
```

现在开始解决第 1 个问题，这里需要用到 Pandas 中的 cut 方法。cut 方法的 bins 参数对应数值区间个数。

```
pd.cut(scores, bins=4)
```

输出结果如下：

```
0        (80.5, 88.75]
1        (80.5, 88.75]
2        (88.75, 97.0]
3       (63.967, 72.25]
4        (88.75, 97.0]
5       (63.967, 72.25]
6       (63.967, 72.25]
7       (63.967, 72.25]
8       (63.967, 72.25]
9        (72.25, 80.5]
10       (80.5, 88.75]
11       (72.25, 80.5]
12       (72.25, 80.5]
13       (80.5, 88.75]
14       (80.5, 88.75]
15       (80.5, 88.75]
16      (63.967, 72.25]
17       (88.75, 97.0]
18      (63.967, 72.25]
19       (88.75, 97.0]
20       (72.25, 80.5]
21      (63.967, 72.25]
22      (63.967, 72.25]
23       (72.25, 80.5]
24       (88.75, 97.0]
25       (88.75, 97.0]
26       (72.25, 80.5]
27       (80.5, 88.75]
28       (72.25, 80.5]
29       (80.5, 88.75]
dtype: category
Categories (4, interval[float64]): [(63.967, 72.25] < (72.25, 80.5] < (80.5, 88.75] <
(88.75, 97.0]]
```

可以看到这 30 个分数已经被归类到以下 4 个区间：

- (63.967, 72.25]
- (72.25, 80.5]
- (80.5, 88.75]
- (88.75, 97.0]

cut 方法的运行结果是一个 Categoricals 类型。Categoricals 是 Pandas 中的一种数据类型，用来表示一些定性的变量，如性别、血型。Categoricals 类型不能进行数据运算，但可以进行排序。

用 cut 方法中的 labels 参数可以解决第 2 个问题，代码如下：

```
scores = pd.DataFrame(wb.sheets[0].range("A2:B31").value)
scores.columns = ['姓名', '分数']
grade = pd.cut(scores['分数'], bins=4, labels=['D', 'C', 'B', 'A'])
# 把分组信息与原来的表格数据合并
df = pd.concat([scores, grade], axis=1)
# 第 3 列的列名改为"等级"
df.columns = ['姓名', '分数', '等级']
wb.sheets[0].range("D1").options(index=False).value = df
```

运行结果如图 10.37 所示。

D	E	F
姓名	分数	等级
仰香洁	88	B
香洁杨	81	B
洁杨雨	97	A
杨雨双	67	D
雨双温	91	A
双温悠	64	D
温悠婉	66	D
悠婉沈	71	D
婉沈新	70	D
沈新文	74	C
新文权	84	B

图 10.37　添加新列——等级

接着利用 groupby 方法获取每个分组的元素个数，代码如下：

```
grade.groupby(grade).count()
```

输出结果如下：

```
D    9
C    7
B    8
A    6
```

groupby 方法的参数是 grade 本身，这是单列数据分组的一种习惯用法。

对于第 4 个问题，要按指定的区间划分，就要修改 bins 参数，以列表的形式传入分割点。

```
grade_specified = pd.cut(scores['分数'], bins=[0, 60, 90, 100])
```

输出结果如下：

```
0      (60, 90]
1      (60, 90]
2      (90, 100]
...
27     (60, 90]
28     (60, 90]
29     (60, 90]
dtype: category
Categories (3, interval[int64]): [(0, 60] < (60, 90] < (90, 100]]
```

至此前面提出的 4 个问题都已经解决了。

扫一扫，看视频

10.12　表的合并

表的合并是直接把两个表格进行合并。合并的表格之间的关系有以下两种可能。

（1）同一种类型数据的不同部分。例如，一个 Excel 表格中记录的是 1 月份的销售数据，有 4 个字段。另一个 Excel 表格中记录的是 2 月份的销售数据，也有相同的 4 个字段。那么这时可以使用表的合并，得到 1 月份至 2 月份的销售数据。这种合并是纵向合并。

（2）一个表格中有 A、B 两个字段，另一个表格中有 C、D 两个字段。现在要将这两个表格合并成一个新的表格，包含 A、B、C、D 4 个字段。这种合并是横向合并。

本节将介绍如何使用 Pandas 中的 concat 方法实现表格的合并。例如，有这样两个表格要合并，一个表格是 1 月份销售记录；另一个表格是 2 月份销售记录。如图 10.38 和图 10.39 所示。

	A	B	C	D
1	时间	订单 ID	销售 ID	负责区域
2	1月1日	20050	447	西部
3	1月2日	20051	398	南部
4	1月3日	20052	1006	北部
5	1月4日	20053	447	西部
6	1月5日	20054	885	东部
7	1月6日	20055	398	南部
8	1月7日	20056	644	东部
9	1月8日	20057	1270	东部
10	1月9日	20058	885	东部
11				

图 10.38　1 月份销售记录

	A	B	C	D
1	时间	订单 ID	销售 ID	负责区域
2	2021/2/1	20059	447	西部
3	2021/2/2	20060	447	西部
4	2021/2/3	20061	1006	北部
5	2021/2/4	20062	447	西部
6	2021/2/5	20063	885	东部
7	2021/2/6	20064	1006	北部
8	2021/2/7	20065	644	东部
9	2021/2/8	20066	1270	东部
10	2021/2/9	20067	885	东部
11				

图 10.39　2 月份销售记录

使用 concat 方法合并两个表格的调用形式如下：

```
pd.concat([df1, df2, df3, ...])
```

concat 方法的参数是一个以 DataFrame 为元素的数组，合并步骤如下：

（1）把两个表格分别转换成 DataFrame。

（2）用 concat 方法合并这两个 DataFrame。

示例代码如下。

代码 10-19　合并两个字段相同的表格

```python
import xlwings as xw
import pandas as pd

workbook = xw.Book("/Users/caichicong/Documents/Python+Excel/code/data/表的合并.xlsx")
sheet1 = workbook.sheets[0]
sheet2 = workbook.sheets[1]
# 转换成 DataFrame
df1 = sheet1.range('A1:D10').options(pd.DataFrame,
                                     header=1,
                                     index=False,
                                     ).value
df2 = sheet2.range('A1:D10').options(pd.DataFrame,
                                     header=1,
                                     index=False,
                                     ).value

# 添加新的工作表
workbook.sheets.add(name="合并数据", after=workbook.sheets['Sheet2'])
# 在新的工作表添加合并结果
workbook.sheets['合并数据'].range('A1').options(index=False).value = pd.concat([df1, df2])
```

合并结果如图 10.40 所示。

上面的示例是纵向合并表格，接下来介绍如何横向合并表格。如图 10.41 所示，要对图中的表格进行横向合并。可以看到两个表格的姓名列不完全一致，我们希望得到的合并结果是姓名一致的行（如"温文华"和"田志强"）直接合并到一起，对两个表格姓名不一致的行（如"夏文栋"和"姜飞"）添加缺失的字段，值留空，合并到一起。

	A	B	C	D
1	时间	订单 ID	销售 ID	负责区域
2	2021/1/1	20050	447	西部
3	2021/1/2	20051	398	南部
4	2021/1/3	20052	1006	北部
5	2021/1/4	20053	447	西部
6	2021/1/5	20054	885	东部
7	2021/1/6	20055	398	南部
8	2021/1/7	20056	644	东部
9	2021/1/8	20057	1270	东部
10	2021/1/9	20058	885	东部
11	2021/2/1	20059	447	西部
12	2021/2/2	20060	447	西部
13	2021/2/3	20061	1006	北部
14	2021/2/4	20062	447	西部
15	2021/2/5	20063	885	东部
16	2021/2/6	20064	1006	北部
17	2021/2/7	20065	644	东部
18	2021/2/8	20066	1270	东部
19	2021/2/9	20067	885	东部
20				

图 10.40　表格合并结果

	A	B	C	D	E	F
1	姓名	身高		姓名	性别	体重
2	温文华	180		温文华	女	60
3	田志强	190		田志强	男	70
4	夏文栋	170		姜飞	男	65
5						

图 10.41　需要纵向合并的表格

要横向合并表格，可以设置 concat 方法的参数 axis 为 1，axis=1 代表按行索引合并，axis=0 代表按列合并，示例代码如下。

代码 10-20　横向合并两个表格

```python
import xlwings as xw
import pandas as pd

wb = xw.Book("/Users/caichicong/Documents/Python+Excel/code/data/表的合并.xlsx")

sheet3 = wb.sheets[3]
df1 = sheet3.range("A1:B4").options(pd.DataFrame, index=True).value
df2 = sheet3.range("D1:F4").options(pd.DataFrame, index=True).value
sheet3.range("A6").value = pd.concat([df1, df2], axis=1)
```

合并结果如图 10.42 所示。代码中把 Excel 数据转换为 DataFrame 时，把参数 index 设置为 True，意味着表格的姓名一列会作为 DataFrame 的索引。

如果只希望对姓名一致的行进行合并，可以设置 join 参数为 inner。代码如下：

```python
sheet3.range("A12").value = pd.concat([df1, df2], axis=1, join="inner")
```

合并结果如图 10.43 所示。

	身高	性别	体重
温文华	180	女	60
田志强	190	男	70
夏文栋	170		
姜飞		男	65

图 10.42　纵向合并

姓名	身高	性别	体重
温文华	180	女	60
田志强	190	男	70

图 10.43　仅保留姓名一致的行

如果两个 DataFrame 的索引本身没有业务意义，可以设置 ignore_index=True 直接忽略两个 DataFrame 重复的索引值。例如，有这样两个 DataFrame。

```python
df1 = pd.DataFrame({
    '姓名': ['温文华', '田志强', '夏文栋', '姜飞'],
    '身高': [160,189,182,170],
    '体重': [66,95,83,66],
})
df2 = pd.DataFrame({
    '姓名': ['程雅丹', '厉妍芳', '杨洋然', '曾偌丝'],
    '身高': [168,170,162,170],
    '体重': [67,55,63,76],
})
```

执行代码 pd.concat([df1, df2]) 合并之后的结果如图 10.44 所示。

可以看到合并后的 DataFrame 的索引不是从 0 开始递增的数列，这不是我们期望的合并结果。此时可以使用 ignore_index 参数来解决这个问题，代码如下：

```
pd.concat([df1, df2], ignore_index=True)
```

合并结果如图 10.45 所示。

	姓名	身高	体重
0	温文华	160	66
1	田志强	189	95
2	夏文栋	182	83
3	姜飞	170	66
0	程雅丹	168	67
1	厉妍芳	170	55
2	杨洋然	162	63
3	曾偌丝	170	76

图 10.44　使用 concat 方法合并表格

	姓名	身高	体重
0	温文华	160	66
1	田志强	189	95
2	夏文栋	182	83
3	姜飞	170	66
4	程雅丹	168	67
5	厉妍芳	170	55
6	杨洋然	162	63
7	曾偌丝	170	76

图 10.45　忽略索引值合并表格

10.13　表的连接

扫一扫，看视频

表的连接就是将两个表按照公共的列拼接在一起。在 Excel 中可以用 vlookup 和 xlookup 函数实现表的连接。

用 Pandas 实现表的连接的思路如下：

（1）把两个表格分别转换成 DataFrame。

（2）用 Pandas 的 merge 方法合并这两个 DataFrame。

用 Pandas 的 merge 方法合并的调用形式如下：

```
pd.merge(df1, df2, how, left_on, right_on)
```

参数 df1 和 df2 代表要连接的两个 DataFrame；参数 how、left_on、right_on 后面再详细讲解。

下面通过示例讲解如何用 Pandas 实现表的连接。本节的示例数据是两个表格，一个表格记录了员工的工号和年龄；另一个表格记录了员工的性别和职务，如图 10.46 所示，两个表格中的姓名列是相同的。

	A	B	C	D
1	工号	姓名	年龄	
2	A01	刘山	25	
3	A02	杨明	26	
4	A03	李广	22	
5	A04	刘聪	32	
6	A05	陈晨	35	
7	A06	钱五	23	
8	A07	张景	45	
9	A08	詹成	40	
10	A09	王鸣	28	
11				
12	姓名	性别	职务	
13	刘山	男	技术	
14	杨明	男	技术	
15	李广	男	技术	
16	刘聪	男	销售	
17	陈晨	女	经理	
18	钱五	男	销售	
19	詹成	男	经理	
20	王鸣	女	销售	

图 10.46　员工信息表

连接两个表的示例代码如下。

代码 10-21　表的连接

```
import xlwings as xw
import pandas as pd

wb = xw.Book("/Users/caichicong/Documents/Python+Excel/code/data/表的连接.xlsx")

df1 = sheet1.range("A1:C10").options(pd.DataFrame, index=False).value
df2 = sheet1.range("A12:C20").options(pd.DataFrame, index=False).value
sheet1.range("E1").options(index=False).value = pd.merge(df1, df2)
```

合并结果如图 10.47 所示。

示例代码连接的结果只返回两个表中字段相等的行,工号 A07 的员工信息并没有出现在结果中,这种连接方式被称为内连接（INNER JOIN）。内连接的示意图如图 10.48 所示。

E	F	G	H	I
工号	姓名	年龄	性别	职务
A01	刘山	25	男	技术
A02	杨明	26	男	技术
A03	李广	22	男	技术
A04	刘聪	32	男	销售
A05	陈晨	35	女	经理
A06	钱五	23	男	销售
A08	詹成	40	男	经理
A09	王鸣	28	女	销售

图 10.47　使用 merge 方法合并表格

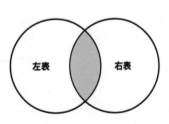

图 10.48　内连接示意图

merge 方法还有三种连接方式，分别是左连接（LEFT JOIN）、右连接（RIGHT JOIN）和外连接（OUTER JOIN）。读者可以根据实际需要选择连接的方式。使用 merge 方法中的 how 参数可以设定连接方式，how 参数值与连接方式的对应关系见表 10.2。

表 10.2　how 参数说明

值	说　明
left	左连接
right	右连接
outer	外连接
inner	内连接

左连接和右连接的示例代码如下。

代码 10-22　表的左连接和右连接

```
import xlwings as xw
import pandas as pd

wb = xw.Book("/Users/caichicong/Documents/Python+Excel/code/data/表的连接.xlsx")

lsheet = wb.sheets['left']
df1 = lsheet.range("A1:C10").options(pd.DataFrame, index=False).value
df2 = lsheet.range("A12:C20").options(pd.DataFrame, index=False).value
lsheet.range("E1").options(index=False).value = pd.merge(df1, df2, how="left")
lsheet.range("E12").options(index=False).value = pd.merge(df1, df2, how="right")
```

合并结果如图 10.49 所示。

图 10.49　左连接和右连接的结果

可以看到，左连接的结果中姓名列与左表的姓名列是完全一致的。类似地，右连接的结果中姓名列与右表的姓名列是完全一致的。左连接结果中员工陈晨、钱五、张景的性别和职务因为没有数据，所以都留空了。左连接和右连接对于数据不齐全的字段都是这样处理的。左连接和右连接的示意图如图 10.50 所示。

下面再看看外连接的例子，示例数据如图 10.51 所示。

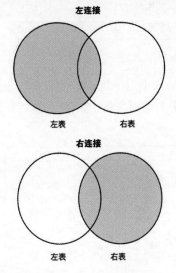

	A	B	C	
1	工号	姓名	年龄	
2	A01	刘山	25	
3	A02	杨明	26	
4	A03	李广	22	
5	A04	刘聪	32	
6	A05	陈晨	35	
7	A06	钱五	23	
8	A07	张景	45	
9	A08	詹成	40	
10	A09	王鸣	28	
11				
12	姓名	性别	职务	
13	刘山	男	技术	
14	杨明	男	技术	
15	李广	男	技术	
16	刘聪	男	销售	
17	詹成	男	经理	
18	李萍	女	销售	
19				
20				

图 10.50　左连接和右连接　　　　图 10.51　外连接示例数据

外连接的示例代码如下。

代码 10-23　表的外连接

```
import xlwings as xw
import pandas as pd

wb = xw.Book("/Users/caichicong/Documents/Python+Excel/code/data/表的连接.xlsx")

outsheet = wb.sheets['outer']
df1 = outsheet.range("A1:C10").options(pd.DataFrame, index=False).value
df2 = outsheet.range("A12:C18").options(pd.DataFrame, index=False).value
outsheet.range("E1").options(index=False).value = pd.merge(df1, df2, how="outer")
```

合并结果如图 10.52 所示。

可以看到，两个表格的员工姓名都出现在结果的姓名列了，而且员工李萍因为没有对应的工号，所以工号字段留空了。外连接的特点就是合并公共列时取并集，然后将信息缺失的字段留空。外连接的示意图如图 10.53 所示。

工号	姓名	年龄	性别	职务
A01	刘山	25	男	技术
A02	杨明	26	男	技术
A03	李广	22	男	技术
A04	刘聪	32	男	销售
A05	陈晨	35		
A06	钱五	23		
A07	张景	45		
A08	詹成	40	男	经理
A09	王鸣	28		
	李萍		女	销售

图 10.52　外连接的结果

有时两个表公共列的名称并不一样，这就需要在 merge 方法中用参数 left_on 和参数 right_on 来指定公共列的名称。示例数据如图 10.54 所示，一个表格姓名列的列名是"姓名"，另一个表格姓名列的列名是"员工姓名"。

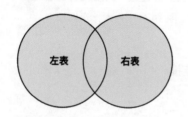

图 10.53　外连接

图 10.54　公共列名称不一样的示例数据

代码 10-24　对公共列名称不一样的两个表进行连接

```python
import xlwings as xw
import pandas as pd

wb = xw.Book("/Users/caichicong/Documents/Python+Excel/code/data/表的连接.xlsx")

onsheet = wb.sheets['on']
df1 = onsheet.range("A1:C10").options(pd.DataFrame, index=False).value
df2 = onsheet.range("A12:C18").options(pd.DataFrame, index=False).value
onsheet.range("E1").options(index=False).value = pd.merge(df1, df2, left_on="姓名", right_on="员工姓名")
```

合并结果如图 10.55 所示。

合并结果中的姓名列重复了，可以使用 drop 方法删除多余的列。

```
pd.merge(df1, df2, left_on="姓名", right_on="员工姓名").drop(columns=['员工姓名'])
```

merge 方法还可以按多个列进行合并，on 参数可以用来设定合并的多个列，示例数据如图 10.56 所示。

	A	B	C	D
1	工号	姓名	年龄	
2	A01	刘山	25	
3	A02	杨明	26	
4	A03	李广	22	
5	A04	刘聪	32	
6	A05	陈晨	35	
7	A06	钱五	23	
8	A07	张景	45	
9	A08	詹成	40	
10	A09	王鸣	28	
11				
12	工号	姓名	性别	职务
13	A01	刘山	男	技术
14	A02	杨明	男	技术
15	A03	李广	男	技术
16	A06	刘聪	男	销售
17	A07	詹成	男	经理
18	A10	李萍	女	销售

	E	F	G	H	I	J
	工号	姓名	年龄	员工姓名	性别	职务
	A01	刘山	25	刘山	男	技术
	A02	杨明	26	杨明	男	技术
	A03	李广	22	李广	男	技术
	A04	刘聪	32	刘聪	男	销售
	A05	陈晨	35	陈晨	女	经理
	A06	钱五	23	钱五	男	销售

图 10.55　合并结果

图 10.56　多列合并示例数据

下面的示例代码用工号和姓名这两列来连接两个表格。

代码 10-25　多列连接两个表

```
import xlwings as xw
import pandas as pd

wb = xw.Book("/Users/caichicong/Documents/Python+Excel/code/data/表的连接.xlsx")

msheet = wb.sheets['多列']
df1 = msheet.range("A1:C10").options(pd.DataFrame, index=False).value
df2 = msheet.range("A12:C18").options(pd.DataFrame, index=False).value
msheet.range("E1").options(index=False).value = pd.merge(df1, df2, how="inner", on=
['工号', '姓名'])
```

合并结果如图 10.57 所示。

	E	F	G	H
	工号	姓名	年龄	性别
	A01	刘山	25	男
	A02	杨明	26	男
	A03	李广	22	男

图 10.57　合并结果

可以看到，只有两个表格中工号和姓名完全一致的行才会被连接起来。

要把表的连接与表的合并区分开，表之间的连接更多发生在不同类型的数据之间，如销售订单表与顾客订单表的连接，连接时往往依赖于一个或多个公共列。表的合并更多发生在同类型的数据中，如合并几个月的销售数据。

10.14　小结

（1）Pandas 的处理缺失值的相关函数主要有以下 3 种。

- isnull：检查缺失值。一般配合 any 方法使用。
- fillna：填充缺失值。
- dropna：删除缺失值。

（2）发现异常值主要有以下 3 种方法。

- 借助箱形图和散点图发现异常值。
- 根据业务经验查找异常值。
- 根据统计量判定异常值。

（3）处理异常值主要有以下两种方法。

- 删除含有异常值的行。
- 替换异常值。

（4）处理重复值主要有以下两种方法。

- duplicated：检查重复值。
- drop_duplicates：删除重复值。

（5）range 对象的 options 方法可以用于 DataFrame 和 Excel 表格数据之间的转换。

（6）使用 drop 方法可以删除 DataFrame 中的列。

（7）使用 DataFrame 中的 rename 方法可以重命名列。

（8）创建新列有两种方法：直接赋值和 apply 方法。

（9）使用 merge 方法可以连接多个数据表，既可以基于列连接，又可以索引连接。merge 方法的常用参数有：

- how，用于设定连接方式，有 4 种连接方式：left、right、inner、outer。
- on、left_on、right_on，用于设定连接的列。
- left_index、right_index，用于设定连接的行索引。

（10）数据表的合并有两种：横向合并和纵向合并。数据表的合并主要用到 concat 方法，常用参数如下：

- axis，axis=1 代表按行索引合并，axis=0 代表按列合并。
- ignore_index，设置为 True 时会直接忽略两个 DataFrame 中重复的索引值。
- keys，用于标记合并后的数据来自哪个 DataFrame。

10.15　练习题

有这样一个 DataFrame 类型的变量：

```
df = pd.DataFrame({
        "A": ["your", "data", "grace"],
        "B": [17.1, 28.2, 19.3],
        "C": [48, 195, None]
}, index = [1, 2, 3])
```

用 Pandas 完成以下数据操作：

（1）去除含有缺失值的行。

（2）将 B 列的数据乘以 100，并存到一个新的列中。

（3）将 A 列的列名改为 word。

第 *11* 章

数据分析

本章首先介绍如何使用 Pandas 实现常用的数据分析操作，如数据排序数据分组、数据透视表等。接着介绍如何使用 statsmodels 模块和 sklearn 模块实现一些常见的统计分析。

11.1 数据排序

在 Excel 中要按表格的某列进行排序，只需要选中这一列，然后在工具栏菜单中找到"排序和筛选"按钮，如图 11.1 所示。在下拉菜单中可以选择升序、降序和自定义排序这几种排序方式。

在 Pandas 中可以使用 sort_values 方法实现排序，下面详细介绍这个方法的用法。

1. sort_values 方法

sort_values 方法的调用形式如下：

```
pd.sort_values(by="name", ascending=False)
```

参数 by 用于设定按哪列排序，ascending=True 代表升序排列，ascending=False 代表降序排列。

下面用 sort_values 方法对销售业绩数据进行排序，示例数据如图 11.2 所示。

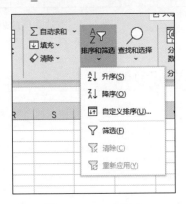

	A	B
1	姓名	销售额
2	张三	23209
3	李四	43900
4	王五	21009
5	赵天	54330
6	刘明	38980
7		

图 11.1 Excel 排序

图 11.2 销售业绩示例数据

示例代码如下。

代码 11-1 按销售额排序

```python
import pandas as pd
import xlwings as xw

path = "/Users/caichicong/Documents/Python+Excel/code/data/数据排序.xlsx"
wb = xw.Book(path)
sheet = wb.sheets[0]

df = sheet.range("A1:B6").options(pd.DataFrame, index=False).value
# 升序排序结果放在 D1 单元格开头的区域
sheet.range("D1").options(index=False).value = df.sort_values(by="销售额")
# 降序排序结果放在 A8 单元格开头的区域
```

```
sheet.range("A8").options(index=False).value = df.sort_values(by='销售额', ascending=False)
```

排序结果如图 11.3 所示。

如果排序的列中包含了缺失值，那么缺失值会排在最后。例如，下面的数据中有一行没有销售额的值，如图 11.4 所示。

	A	B	C	D	E	F
1	姓名	销售额		姓名	销售额	
2	张三	23209		王五	21009	
3	李四	43900		张三	23209	
4	王五	21009		刘明	38980	
5	赵天	54330		李四	43900	
6	刘明	38980		赵天	54330	
7						
8	姓名	销售额				
9	赵天	54330				
10	李四	43900				
11	刘明	38980				
12	张三	23209				
13	王五	21009				
14						

图 11.3　升序排列结果和降序排列结果

	A	B	C
1	姓名	销售额	
2	张三	23209	
3	李四	43900	
4	王五		
5	赵天	54330	
6	刘明	38980	
7			
8			

图 11.4　有缺失值的表格

下面的代码对这个表格进行排序。

代码 11-2　对含有缺失值的数据进行排序

```python
import pandas as pd
import xlwings as xw

path = "/Users/caichicong/Documents/Python+Excel/code/data/数据排序.xlsx"
wb = xw.Book(path)
sheet = wb.sheets[0]

sheet = wb.sheets['缺失值']
df = sheet.range("A1:B6").options(pd.DataFrame, index=False).value
sheet.range("D1").options(index=False).value = df.sort_values(by="销售额")
```

排序结果如图 11.5 所示。

	A	B	C	D	E
1	姓名	销售额		姓名	销售额
2	张三	23209		张三	23209
3	李四	43900		刘明	38980
4	王五			李四	43900
5	赵天	54330		赵天	54330
6	刘明	38980		王五	
7					
8					

图 11.5　缺失值排在最后

另外，利用 sort_values 方法和 head 方法可以实现一些常用的筛选操作。例如：

- 找出销售额最高的 3 个业务员。
- 找出销售额最低的 3 个业务员。

示例代码如下：

```
df.sort_values(by="销售额", ascending=False).head(3)
df.sort_values(by="销售额", ascending=True).head(3)
```

2. 对含有合并单元格的表格进行排序

有时需要排序的表格中含有合并单元格，这种表格无法直接用 Excel 内置的排序功能来实现排序需求。可以用 Pandas 将表格拆分成多个 DataFrame 分别排序，然后合并排序结果，最后按组合并单元格。下面通过示例说明如何实现这种排序，示例数据如图 11.6 所示。

	A	B	C	D
1	部门	姓名	销售额	
2		张三	23209	
3	1分部	李四	43900	
4		王五	21009	
5	2分部	赵天	54330	
6		刘明	38980	
7				
8				
9				

图 11.6　含有合并单元格的表格

示例代码如下。

代码 11-3　对含有合并单元格的表格进行排序

```
import pandas as pd
import xlwings as xw

path = "/Users/caichicong/Documents/Python+Excel/code/data/数据排序.xlsx"
wb = xw.Book(path)
sheet2 = wb.sheets['合并单元格']
df = sheet2.range("A1:C6").options(pd.DataFrame, index=False).value
df['部门'] = df['部门'].ffill()
# 分别排序不同分部的数据
dfs = []
for department in ['1分部', '2分部']:
    dfs.append(df[df['部门'] == department].sort_values('销售额', ascending=False))
# 合并排序结果
pd.concat(dfs)
sheet2.range("E1").options(index=False).value = pd.concat(dfs)
# 合并单元格
sheet2.range("E2:E4").api.Merge()
sheet2.range("E5:E6").api.Merge()
```

排序结果如图 11.7 所示。

把 Excel 数据转换成 DataFrame 后，DataFrame 中的第 1 列有缺失数据，如图 11.8 所示。示例代码中，使用 ffill 方法向前填充缺失值。

图 11.7　合并结果

	部门	姓名	销售额
0	1分部	张三	23209.0
1	None	李四	43900.0
2	None	王五	21009.0
3	2分部	赵天	54330.0
4	None	刘明	38980.0

图 11.8　需要填充缺失值的表格

 在合并单元格的过程中，Excel 会弹出警告对话框，单击"确定"按钮即可。

3. 按多列排序

当选择 Excel 自定义排序方式时，可以在打开的"排序"对话框中设置多个排序条件，如图 11.9 所示。

sort_values 方法也支持按多列排序，此时参数 by 和参数 ascending 都是列表类型。例如，要对下面的表格按多列排序，如图 11.10 所示。先按销量升序排列，接着将销量相同的行按利润升序排序。

图 11.9　设置自定义排序条件

图 11.10　多列排序示例数据

示例代码如下。

代码 11-4　多列排序

```
import pandas as pd
import xlwings as xw


path = "/Users/caichicong/Documents/Python+Excel/code/data/数据排序.xlsx"
```

```
wb = xw.Book(path)

sheet3 = wb.sheets['多列']
df = sheet3.range("A1:C5").options(pd.DataFrame, index=False).value
result = df.sort_values(by=['销量', '利润'], ascending=[False, False])
sheet3.range("E1").options(index=False).value = result
```

排序结果如图 11.11 所示。

4. 按自定义规则排序

如图 11.12 所示，表格中有姓名和职务两列，现在需要按职位高低对表格进行排序。

E	F	G
产品	销量	利润
A	100	800
D	90	700
C	80	900
B	80	700

图 11.11　排序结果

	A	B	C	D
1	姓名	职务		职务表
2	张三	董事长		董事长
3	李四	部长		总经理
4	王五	组长		部长
5	赵天	总经理		组长
6	刘明	组长		
7	赵月	部长		
8				
9				

图 11.12　示例数据

使用参数 key 可以自定义一个计算排序键值的函数，示例代码如下。

代码 11-5　自定义排序

```
import pandas as pd
import xlwings as xw

path = "/Users/caichicong/Documents/Python+Excel/code/data/数据排序.xlsx"
wb = xw.Book(path)
# 把职务列表转成一个字典
sheet4 = wb.sheets['职务']
titleDict = {}
i = 0
for t in sheet4.range("D2:D5").value:
    titleDict[t] = i
    i = i + 1

def sortTitle(col):
    return col.map(lambda x: titleDict[x])

df = sheet4.range("A1:B7").options(pd.DataFrame, index=False).value
result = df.sort_values(by='职务', key=sortTitle)
sheet4.range("F1").options(index=False).value = result
```

排序结果如图 11.13 所示。

F	G
姓名	职务
张三	董事长
赵天	总经理
李四	部长
赵月	部长
王五	组长
刘明	组长

图 11.13　排序结果

这里讲解一下代码中关键的部分。titleDict 中存储了职务名称和排名值的对应关系。titleDict 中的数据来源于单元格区域 D2:D5。titleDict 中的内容如下：

```
{'董事长': 0, '总经理': 1, '部长': 2, '组长': 3}
```

sortTitle 函数根据 titleDict 把某一列转换成整数，这些整数就是用于排序的数值。最后把 key 参数设置为定义好的 sortTitle 函数，调用 sort_values 方法即可得到最终的结果。

11.2　数据排名

扫一扫，看视频

在 Excel 中，可以用 rank 函数按某列数据计算排名。例如，下面的表格使用了 rank 函数计算每个人的成绩排名，如图 11.14 所示。C2 单元格的公式是 "=RANK(B2,$B$2:$B$9)"，后面的单元格公式以此类推。

	A	B	C
1	姓名	分数	排名
2	张三	80	3
3	李四	50	7
4	王五	60	5
5	赵天	80	3
6	刘明	60	5
7	江蕊	40	8
8	邓漪	90	2
9	丁情	100	1
10			

图 11.14　排名结果

1. rank 方法

Pandas 中的 rank 方法就是用来计算排名值的，rank 方法在计算过程中会把数值相同的行分到同一组。调用形式如下：

```
df['name'].rank(method="xxx", ascending=False)
```

其中，ascending=False 代表按降序计算排名，ascending=True 代表按升序计算排名。

rank 方法的 method 参数用于设定排序计数的方式，默认值是 average。method 参数的可选值见

表 11.1，读者可以根据自己的实际需求选择排序计数方法。

表 11.1　method 参数选项

参　数	描　述
average	使用整个分组的平均排名
min	使用整个分组的最小排名
max	使用整个分组的最大排名
first	按照值在原始数据中的出现顺序分配排名
dense	类似于 min，但是组间排名总是增加 1

代码 11-6 用 rank 方法计算图 11.14 中表格的排名列。

代码 11-6　计算排名值

```
import pandas as pd
import xlwings as xw

path = "/Users/caichicong/Documents/Python+Excel/code/data/数据排名.xlsx"
wb = xw.Book(path)

sheet = wb.sheets[0]
df = sheet.range("A1:B9").options(pd.DataFrame, index=False).value
# rank 方法的计算结果保存成一个新的列
df['排名'] = df['分数'].rank(method="min", ascending=False)
sheet.range("A1").options(index=False).value = df
```

2. method 参数

下面通过示例来说明 method 参数各种取值的效果，method=average 的示例代码如下：

```
obj = pd.Series([0, 1, 1, 2, 2, 3, 4])
obj.rank()
```

输出结果如下：

```
0    1.0
1    2.5
2    2.5
3    4.5
4    4.5
5    6.0
6    7.0
dtype: float64
```

输出结果中，第 1 列的数字是按顺序排序之后得到的索引，从 0 开始一直递增。第 2 列是第 1 列序号的和除以对应的计数，序号从 1 开始计数。例如，数字 1 有两个序号 2 和 3，那么第 2 列对应的数字为(2+3)/2=2.5；数字 3 得到的序号是 6，那么第 2 列对应的数字为 6/1=6.0。完整的计算过程见表 11.2。

表 11.2　average 方法计算示例

数　字	序　号	计　算　结　果
0	1	1/1
1	2	(2+3)/2
1	3	(2+3)/2
2	4	(4+5)/2
2	5	(4+5)/2
3	6	6/1
4	7	7/1

下面用 max 和 min 这两种方法调用 rank 方法。

```
print("max:")
obj.rank(method="max")
print("min:")
obj.rank(method="min")
```

输出结果如下：

```
max:
0    1.0
1    3.0
2    3.0
3    5.0
4    5.0
5    6.0
6    7.0
dtype: float64
min:
0    1.0
1    2.0
2    2.0
3    4.0
4    4.0
5    6.0
6    7.0
dtype: float64
```

完整的计算过程见表 11.3。

表 11.3 max 方法和 minx 方法计算示例

数　字	序　号	max 方法的计算结果	min 方法的计算结果
0	1	组内只有一个元素，序号是 1	组内只有一个元素，序号是 1
1	2	组内最大序号的是 3	组内最小序号的是 2
1	3	组内最大序号的是 3	组内最小序号的是 2
2	4	组内最大序号的是 5	组内最小序号的是 4
2	5	组内最大序号的是 5	组内最小序号的是 4
3	6	组内只有一个元素，序号是 6	组内只有一个元素，序号是 6
4	7	组内只有一个元素，序号是 7	组内只有一个元素，序号是 7

method=first 的示例代码如下：

```
obj.rank(method='first')
0    1.0
1    2.0
2    3.0
3    4.0
4    5.0
5    6.0
6    7.0
dtype: float64
```

fisrt 方法的排序计数实质上就是序号。值相同的项，先出现的序号小。

method=dense 的示例代码如下：

```
obj.rank(method="dense")
```

输出结果如下：

```
0    1.0
1    2.0
2    2.0
3    3.0
4    3.0
5    4.0
6    5.0
dtype: float64
```

完整的计算过程见表 11.4。

表 11.4 dense 方法计算示例

数　字	序　号	dense 方法的计算结果
0	1	组内只有一个元素，排名计数是 1
1	2	组内有两个元素，排名计数在前一个组基础上增加 1，排名计数是 2

续表

数　字	序　号	dense 方法的计算结果
1	3	
2	4	组内有两个元素，排名计数在前一个组基础上增加 1，排名计数是 3
2	5	
3	6	组内只有一个元素，排名计数是 4
4	7	组内只有一个元素，排名计数是 5

3. na_option 参数和 pct 参数

rank 方法还有一个 na_option 参数，可以调整缺失值的排序方式。na_option='bottom'代表缺失值的排名计数最大，na_option='top'代表缺失值的排名计数最小。使用 pct 参数可以把排序计数的结果转成百分位排名。下面的示例代码演示了如何使用 na_option 参数和 pct 参数，请读者仔细体会。

```
import pandas as pd

df = pd.DataFrame(data={'Products': ['电视', '冰箱', '洗衣机', '洗碗机', '电风扇'],
                        'Price': [4000, 2000, 2100, 2800,None]})
df['default_rank'] = df['Price'].rank()
df['max_rank'] = df['Price'].rank(method='max')
df['NA_bottom'] = df['Price'].rank(na_option='bottom')
df['pct_rank'] = df['Price'].rank(pct=True)
df
```

输出结果如下：

```
   Products   Price   default_rank   max_rank   NA_bottom   pct_rank
0  电视        4000.0   4.0            4.0        4.0         1.00
1  冰箱        2000.0   1.0            1.0        1.0         0.25
2  洗衣机      2100.0   2.0            2.0        2.0         0.50
3  洗碗机      2800.0   3.0            3.0        3.0         0.75
4  电风扇      NaN      NaN            NaN        5.0         NaN
```

扫一扫，看视频

11.3　数据比对

进行数据分析时，常常要比较两列数据的差异。在 Excel 中可以使用条件格式来完成这个需求，而且比对结果会直接显示在数据列中。例如，有 A、B 两列数据要比较，示例数据如图 11.15 所示。

具体步骤如下：

（1）选中 A 列和 B 列。

（2）在工具栏中的"开始"选项卡下的"样式"组中单击"条件格式"按钮，在弹出的下拉菜单中选择"新建规则"选项，如图 11.16 所示。

	A	B
1	23.92030895	23.9203089
2	27.13403234	27.1340323
3	21.14497881	21.1449788
4	11.23585468	11.2358547
5	12.11694989	12.1169499
6	22.17159575	23.1715958
7	25.82752484	25.8275248
8	10.29284085	10.2928408
9	26.5961402	26.5961402
10	23.27378702	23.273787
11	15.15437942	14.1543794
12	15.80350025	15.8035003
13	13.75655174	13.7565517
14	22.75264374	22.7526437
15		

图 11.15 需要比对的两列数据

图 11.16 选择"新建规则"选项

（3）在打开的"新建格式规则"对话框中的"选择规则类型"列表框中，选择最后一项"使用公式确定要设置格式的单元格"，并在下方文本框中输入公式"=NOT($A1=$B1)"。单击"格式"按钮设置两列差异部分的显示格式，如图 11.17 所示。

 公式里，列的部分使用了绝对定位，行的部分使用了相对定位。

（4）最后单击"确定"按钮完成设置。比对结果如图 11.18 所示。

图 11.17 设置规则

	A	B
1	23.92030895	23.920309
2	27.13403234	27.134032
3	21.14497881	21.144979
4	11.23585468	11.235855
5	12.11694989	12.11695
6	22.17159575	23.171596
7	25.82752484	25.827525
8	10.29284085	10.292841
9	26.5961402	26.59614
10	23.27378702	23.273787
11	15.15437942	14.154379
12	15.80350025	15.8035
13	13.75655174	13.756552
14	22.75264374	22.752644
15		

图 11.18 对比结果

用 Pandas 实现数据比对十分简单，只要对两列做一次比较运算即可。下面的代码实现了上述表格的数据比对。

代码 11-7　数据比对

```python
import pandas as pd
import xlwings as xw

path = "/Users/caichicong/Documents/Python+Excel/code/data/数据比对.xlsx"
wb = xw.Book(path)
sheet = wb.sheets[0]
# 两列数据转换成 DataFrame，修改列名
df = sheet.range("A1:B14").options(pd.DataFrame, index=False, header=False).value
df.columns =['A', 'B']
# 找到差异行的行索引
diffIndex = df[df['A'] != df['B']].index
# 修改差异行的背景单元格式
for i in diffIndex:
    sheet.range("A{i}:B{i}".format(i=i)).color = (169, 169, 169)
```

代码中 df[df['A'] != df['B']]就是两列差异的部分，在 Jupyter Notebook 中输出它的内容，如图 11.19 所示。

	A	B
5	22.171596	23.171596
10	15.154379	14.154379

图 11.19　两列差异部分

可以看到索引 5 和 10 刚好对应表格的第 5 行和第 10 行，所以代码最后两行的作用就是修改表格的第 5 行和第 10 行的背景颜色。

扫一扫，看视频

11.4　数据分组

在数据分析中常常要对数据进行分组统计处理，一般分为以下 3 步。

（1）按照某一列或者某个行索引把数据分为若干组。

（2）对每组的数据进行某种聚合运算。

（3）把聚合运算结果进行合并整理。

数据分组操作过程如图 11.20 所示。

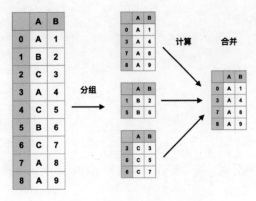

图 11.20　数据分组操作步骤图

本节将分别介绍如何使用 Pandas 和 Excel 实现这 3 个步骤。

11.4.1　用 groupby 方法分组

用 Excel 实现数据分组十分简单。首先要对用于分组的列进行排序，然后单击工具栏中"数据"选项卡下"分级显示"组中的"分类汇总"按钮即可，如图 11.21 所示。

汇总方式就是对分组后的数据进行统计运算。常用的汇总方式有求和、计数、平均值、最大值、最小值和方差等。

Pandas 分组统计可以分为以下两步。

（1）调用 groupby 方法，groupby 方法的参数可以是一列，也可以是多列。

（2）对 groupby 的结果调用对应分组的统计函数。

下面结合示例讲解 groupby 方法，本小节的示例数据如图 11.22 所示。后面的 11.4.2 小节、11.4.3 小节、11.4.4 小节都是使用这个示例数据。

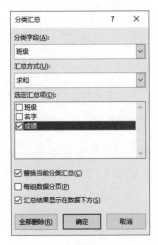

图 11.21　"分类汇总"对话框

	A	B	C	D
1	商品	品牌	销售额	数量
2	洗衣机	A	11000	100
3	电风扇	A	21000	200
4	洗衣机	C	13000	50
5	电风扇	A	41000	60
6	空调	B	25000	30
7	空调	C	56000	40
8				

图 11.22　示例数据

执行以下代码导入示例数据。

```
import pandas as pd
import xlwings as xw

path = "/Users/caichicong/Documents/Python+Excel/code/data/数据分组.xlsx"
wb = xw.Book(path)

df = wb.sheets[0].range("A1:D7").options(pd.DataFrame, index=False, header=True).value
```

用 groupby 方法进行单列分组，只需要直接传入列名即可。用 groupby 方法进行多列分组，只需要直接传入列名列表即可。例如：

```
df.groupby("品牌")
df.groupby(["商品", "品牌"])
```

groupby 方法的返回值是一个 DataFrameGroupBy 对象。DataFrameGroupBy 有一个属性 groups，可以看到分组的情况。例如：

```
df.groupby("品牌").groups
```

输出结果如下：

```
{'A': [0, 1, 3], 'B': [4], 'C': [2, 5]}
```

len 方法可以获取分组数。例如：

```
len(df.groupby("品牌").groups) #输出结果是 3，因为有 3 个分组
```

get_group 方法可以获取某一组的所有行。例如：

```
df.groupby(['商品']).get_group('洗衣机')
```

输出结果如图 11.23 所示。

	商品	品牌	销售额	数量
0	洗衣机	A	11000	100
2	洗衣机	C	13000	50

图 11.23　洗衣机分组的数据

如果要按某个标准进行分组，可以先按这个标准创建一个新的列，然后再调用 groupby 方法按这个新的列进行分组。例如，要把销量大于 20000 的行分为一组，把其余的行分到另外一组，代码如下：

```
df['高销量'] = df.apply(lambda x: x['销售额'] > 20000 , axis=1)
df.groupby('高销量')
```

11.4.2　聚合函数

11.4.1 小节说过在 Excel 的分类汇总中可以选择各种汇总方式，在 Pandas 中可以对分组结果使用不同的聚合函数以实现不同的汇总方式。groupby 方法的常用聚合函数见表 11.5。

表 11.5　groupby 方法的常用聚合函数

聚 合 函 数	说　　明
count	各分组中项的数量
sum	各分组中值的总和
mean	各分组中值的平均值
median	各分组中的中位数
std	各分组中的标准差
min、max	各分组中的最小值和最大值
first	各分组中第一个值
last	各分组中最后一个值
describe	对每个分组计算描述性统计信息
size	各分组的元素个数

 这些聚合函数在计算过程中都会自动忽略缺失值。

下面是聚合函数 sum 的示例。变量 df 来自 11.4.1 小节的导入数据的操作。

```
df.groupby("品牌").sum()
```

输出结果如图 11.24 所示。结果的第 1 列是品牌名，第 2 列是各个分组的销售额合计，第 3 列是各个分组的数量合计。

品牌	销售额	数量
A	73000	360
B	25000	30
C	69000	90

图 11.24　按品牌进行分组并统计

除了各种聚合函数，Pandas 还提供了 aggregate 方法，可以用于一次性计算多个聚合结果，aggregate 的参数可以是聚合函数名称的列表。例如：

```
df.groupby("商品").aggregate(["count", "sum"])
```

输出结果如图 11.25 所示。结果的第 1 列是商品类别，第 2 列是品牌数量的合计，第 5 列是销售额的合计，最后一列是数量的合计。

	品牌		销售额		数量	
	count	sum	count	sum	count	sum
商品						
洗衣机	2	AC	2	24000	2	150
电风扇	2	AA	2	62000	2	260
空调	2	BC	2	81000	2	70

图 11.25　aggregate 函数的执行结果

结果的第 3 列是品牌名称的拼接，并没有实际意义。如果希望某些列使用特定的聚合函数，可以这样传入一个字典变量。

```
df.groupby("商品").aggregate({'销售额': 'sum', '数量': 'mean'})
```

在这段代码中对销售额用 sum 函数进行统计；对数量用 mean 函数求平均值。

统计结果是一个 DataFrame，所以可以使用列名获取其中的一列。例如，要计算每个品牌下的商品数量可以执行以下语句。

```
df.groupby("品牌").count()["商品"]
```

对分组结果也可以用列名获取其中的一部分。例如，要计算每个商品的销售额可以执行以下语句。

```
df.groupby(['商品'])['销售额'].sum()
```

11.4.3　遍历分组

在数据分析中常常要遍历分组来计算一些结果并汇集起来，虽然将 Pandas 中的新增列操作和聚合运算结合起来也可以完成类似功能，但还是无法完成一些复杂的计算。使用 for 循环可以遍历 Pandas 的分组结果。例如：

```
grouped = df.groupby("品牌")
# for 语句的第 1 个参数是索引，第 2 个参数是分组本身
for name, group in grouped:
    print(name)
    print(group)
```

输出结果如下所示。

```
A
    商品      品牌    销售额    数量
```

```
0    洗衣机    A    11000    100
1    电风扇    A    21000    200
3    电风扇    A    41000    60
B
     商品      品牌    销售额    数量
4    空调      B    25000    30
C
     商品      品牌    销售额    数量
2    洗衣机    C    13000    50
5    空调      C    56000    40
```

11.4.4　分组后的合并整理

为了进一步处理数据分组的结果，Pandas 提供了以下几个整理分组结果的方法。

● reset_index

● unstack

● transform

● filter

其中，统计结果可以用 reset_index 和 unstack 方法调整索引，方便后续使用；transform 方法可以用一个自定义函数对聚合结果进行计算。filter 方法按聚合结果过滤数据。下面给出这 4 个方法的具体用法和示例。

1．reset_index 方法

reset_index 的作用是重置索引。例如，计算各种商品的销售额总和之后，可以这样调用 reset_index 方法。

```
df.groupby(['商品'])['销售额'].sum().reset_index()
```

输出结果如图 11.26 所示。

调用 reset_index 之前的索引是这样的。

```
# df.groupby(['商品'])['销售额'].sum().index
Index(['洗衣机', '电风扇', '空调'], dtype='object', name='商品')
```

调用 reset_index 之后，索引变成了数字序列。

2．unstack 方法

下面用一个示例说明 unstack 方法的作用。下面的代码按品牌和商品分组，然后对销售量求和。

```
df["销售额"].groupby([df["品牌"], df["商品"]]).sum()
```

输出结果如下：

```
品牌  商品
A    洗衣机   11000
     电风扇   62000
B    空调    25000
C    洗衣机   13000
     空调    56000
Name: 销售额, dtype: int64
```

可以看到结果有两层索引，分别是"品牌"和"商品"。现在要把"商品"的 3 个取值变成一个列索引，这样就可以使用切片语法截取统计结果。unstack 的作用就是实现了这一点。

```
df["销售额"].groupby([df["品牌"], df["商品"]]).sum().unstack()
```

输出结果如图 11.27 所示。

	商品	销售额
0	洗衣机	24000
1	电风扇	62000
2	空调	81000

图 11.26　重置索引后的结果

商品	洗衣机	电风扇	空调
品牌			
A	11000.0	62000.0	NaN
B	NaN	NaN	25000.0
C	13000.0	NaN	56000.0

图 11.27　"商品"变成列索引

3. transform 方法

利用 transform 方法可以实现一些实用的计算功能，它可以把聚合统计结果与每行的数据进行结合。例如，要计算每一个组内成员在分组中的销售额占比，可以执行以下代码。

```
df["总销售额"] = df.groupby("品牌")['销售额'].transform('sum')
df['组内比例'] = df['销售额'] / df["总销售额"]
df
```

结果如图 11.28 所示。

	商品	品牌	销售额	数量	总销售额	比例	组内比例
0	洗衣机	A	11000	100	52000	0.211538	0.211538
1	电风扇	B	21000	200	46000	0.456522	0.456522
2	洗衣机	C	13000	50	69000	0.188406	0.188406
3	电风扇	A	41000	60	52000	0.788462	0.788462
4	空调	B	25000	30	46000	0.543478	0.543478
5	空调	C	56000	40	69000	0.811594	0.811594

图 11.28　计算组内占比

代码中 transform('sum')表示对每一个品牌内的销售额进行求和。例如，品牌 A 的总销售额为 11000+41000=52000。可以看到"品牌"字段是 A 的行，"总销售额"字段的值都是 52000。

总结一下，transform 的参数是一个函数，这个函数的参数是组内的元素，上面示例中就是属于同一个品牌的行的销售额数字列表。transform 的参数既可以是 Pandas 内置聚合函数的名称，也可以是一个 lambda 表达式，所以上面的功能也可以执行如下语句实现。

```
df.groupby("品牌")['销售额'].transform(lambda x: sum(x))
```

4．filter 方法

使用 filter 方法可以过滤分组聚合的结果。filter 的参数是一个返回布尔值的函数，这个函数的第 1 个参数是 group，对应一个分组对象。filter 方法会返回符合条件的组的数据。例如，要找出属于销售总额大于 60000 的分组的行，可以执行如下语句。

```
df.groupby("品牌").filter(lambda group: np.sum(group['销售额']) > 60000)
```

输出结果如下：

```
     商品    品牌    销售额    数量
0    洗衣机   A     11000   100
1    电风扇   A     21000   200
2    洗衣机   C     13000   50
3    电风扇   A     41000   60
5    空调    C     56000   40
```

11.5 数据汇总计算

扫一扫，看视频

在数据处理中，经常要快速计算一个表格的各种统计值。在 Excel 中可以借助工具栏中的"自动求和"功能实现这个需求，如图 11.29 所示。

首先选中要汇总的表格，然后在"开始"选项卡下的"编辑"组中单击"自动求和"按钮，在下拉菜单中选择需要的汇总函数，在表格最后一行后面会新增一行统计结果。例如，选择"求和"，那么新增加的一行就是每列数字的总和，如图 11.30 所示。

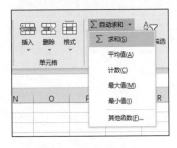

图 11.29 自动求和   图 11.30 自动求和结果

用 Python 计算某行或某列的汇总数据很简单，因为某行或某列的 value 属性就是一个列表，而

Python 中内置的 sum 函数、max 函数、min 函数和 len 函数都可以对一个列表中的元素进行统计计算。示例代码如下。

代码 11-8　汇总数据

```python
import pandas as pd
import xlwings as xw

wb= xw.Book("/Users/caichicong/Documents/Python+Excel/code/data/汇总.xlsx")
sheet1 = wb.sheets[0]

# 求平均值
def average(l):
    return sum(l)/len(l)

for i in range(0, 3):
    sheet1.range("b6:d6").columns[i][0].value = sum(sheet1.range("B2:D5").columns[i].value)
for i in range(0, 3):
    sheet1.range("b7:d7").columns[i][0].value = average(sheet1.range("B2:D5").columns[i].value)
for i in range(0, 3):
    sheet1.range("b8:d8").columns[i][0].value = max(sheet1.range("B2:D5").columns[i].value)
```

代码 11-8 中有以下两点需要注意。

（1）表达式 sheet1.range("B2:D5").columns[1]指的是单元格区域 B2:D5 中的第 2 列。这是引用某个单元格区域内第几列的一个方式。引用单元格区域的某一行也是类似的，如表达式 sheet1.range("B2:D5").rows[0]指的是单元格区域 B2:D5 中的第 1 行。

（2）这个示例中定义了一个新函数 average 用于计算平均值，这个函数调用了 sum 函数和 len 函数。在实际运用中，可以定义各种新函数来满足统计需求。

扫一扫，看视频

11.6　数据透视表

数据透视表是一种分类汇总数据的方法。本节将会介绍如何用 Pandas 完成数据透视表的制作和常用操作。

11.6.1　制作数据透视表

在制作数据透视表时，要确定这 4 个部分：行字段、列字段、数据区和汇总函数。数据透视表的结构如图 11.31 所示。

在 Excel 中制作数据透视表很简单，选中表格数据，在"插入"选项卡下的"表格"组中单击"数据透视表"按钮即可，如图 11.32 所示。

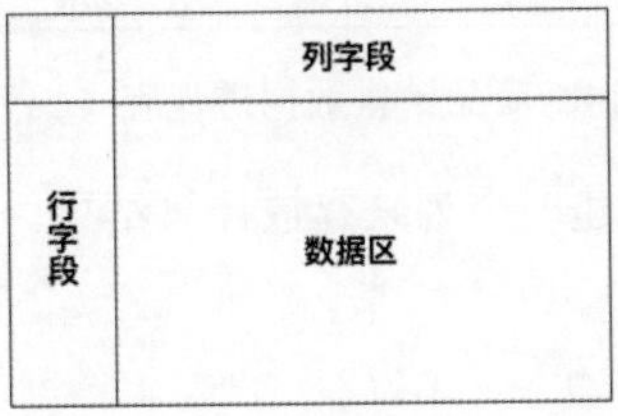

图 11.31　数据透视表的结构

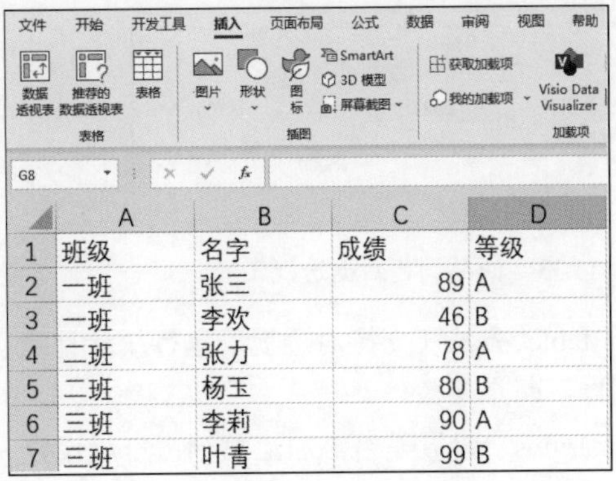

图 11.32　在 Excel 中制作数据透视表

在 Pandas 中制作数据透视表主要使用 pivot_table 方法。pivot_table 方法的调用形式如下：

```
DataFrame.pivot(index, columns, values, aggfunc)
```

其中，index 参数对应行字段；columns 参数对应列字段；values 参数对应数据区。aggfunc 的默认值是 numpy.mean，也就是计算平均值。

下面结合示例讲解 pivot_table 的用法。首先执行以下代码导入示例数据。

```
import pandas as pd
import xlwings as xw

path = "/Users/caichicong/Documents/Python+Excel/code/data/数据透视表.xlsx"
wb = xw.Book(path)
sheet = wb.sheets[0]
df = sheet.range("A1:E7").options(pd.DataFrame, index=False, header=True).value
```

用 pivot_table 方法制作数据透视表，商品作为行字段，品牌作为列字段，销售额放在数据区，代码如下：

```
pt1 = df.pivot_table(index='商品', columns='品牌', values='销售额')
sheet.range("G1").options(index=True, header=True).value = pt1
```

输出结果如图 11.33 所示。这个表格计算的是销售额的平均值。

把上面的代码修改一下，将数量放在数据区，设置汇总函数是 sum，代码如下：

```
pt2 = df.pivot_table(index='商品', columns='品牌', values='数量' , aggfunc='sum')
sheet.range("G8").options(index=True, header=True).value = pt2
```

输出结果如图 11.34 所示。这个表格计算的是销售数量的和。

可以看到这两个数据透视表都是有缺失值的，pivot_table 中有一个参数 fill_value，就是用来填充这些缺失值的。例如：

```
df.pivot_table(index='商品', columns='品牌', values='数量', fill_value=0)
```

图 11.33 商品销售数据透视表（一）

图 11.34 商品销售数据透视表（二）

pivot_table 方法还支持对透视表进行统计计算，而且会新建一个列来存放计算结果。这个统计需要用到以下两个参数。

● margins，设置是否添加汇总列，一般设置为 True。

● margins_name，汇总列的名称。

示例代码如下：

```
pt3 = df.pivot_table(index='商品', columns='品牌', values='销售额', fill_value=0,
aggfunc='sum', margins=True, margins_name="汇总")
sheet.range("L1").options(index=True, header=True).value = pt3
```

计算结果如图 11.35 所示。

参数 index 和 values 都可以是列表类型。例如：

```
pt4 = df.pivot_table(index=['品牌', '商品'], values=['销售额', '利润'], aggfunc='sum')
sheet.range("L8").options(index=True, header=True).value = pt4
```

统计结果如图 11.36 所示。

图 11.35 数据透视表汇总计算

图 11.36 列表类型的统计结果

利用这个数据透视表可以对利润和销售额进行不同的汇总计算，此时的 aggfunc 是字典类型。例如，对销售额计算平均值，对利润计算总和，代码如下：

```
pt5 = df.pivot_table(index=['品牌', '商品'], values=['销售额', '利润'], aggfunc={
    '销售额':'mean', '利润':'sum'
})
sheet.range("L15").options(index=True, header=True).value = pt5
```

统计结果如图 11.37 所示。

对于同一个指标可以设定多个汇总函数。例如：

```
pt6 = df.pivot_table(index=['品牌', '商品'], values=['销售额', '利润'], aggfunc={
    '销售额':['mean', 'sum'], '利润':['mean', 'sum']
```

```
})
sheet.range("L22").options(index=True, header=True).value = pt6
```

统计结果如图 11.38 所示。

品牌	商品	利润	销售额
A	洗衣机	10000	11000
A	电风扇	3600	31000
B	空调	3000	25000
C	洗衣机	7500	13000
C	空调	8000	56000

图 11.37　字典类型的统计结果

品牌	商品	利润 mean	利润 sum	销售额 mean	销售额 sum
A	洗衣机	10000	10000	11000	11000
A	电风扇	1800	3600	31000	62000
B	空调	3000	3000	25000	25000
C	洗衣机	7500	7500	13000	13000
C	空调	8000	8000	56000	56000

图 11.38　多个汇总函数的统计结果

11.6.2　筛选数据透视表中的数据

pivot_table 的运算结果是一个 DataFrame 类型，所以可以用 DataFrame 截取数据的方法筛选数据透视表中的数据。本节示例的数据透视表如下：

```
pt = df.pivot_table(index='商品', columns='品牌', values='销售额', fill_value=0,
aggfunc='sum', margins=True, margins_name="汇总")
```

在 Jupyter Notebook 中输出 pt，结果如图 11.39 所示。

下面给出几个筛选数据的示例，这些示例的结果都可以通过 range 对象的 options 方法转换成 Excel 表格数据。

（1）仅保留汇总列的数据。

```
pt['汇总']
```

输出结果是一个 Series，如下所示。

```
商品
洗衣机    24000.0
电风扇    62000.0
空调      81000.0
汇总     167000.0
Name: 汇总, dtype: float64
```

要提取洗衣机的汇总数据，可以使用以下表达式。

```
pt['汇总']['洗衣机']
```

（2）获取品牌 A、B、C 的汇总数据。

```
pt[['A', 'B', 'C']]
```

输出结果如图 11.40 所示。

品牌 商品	A	B	C	汇总
洗衣机	11000	0	13000	24000.0
电风扇	62000	0	0	62000.0
空调	0	25000	56000	81000.0
汇总	73000	25000	69000	167000.0

图 11.39　输出变量 pt

品牌 商品	A	B	C
洗衣机	11000	0	13000
电风扇	62000	0	0
空调	0	25000	56000
汇总	73000	25000	69000

图 11.40　获取品牌 A、B、C 的汇总数据

（3）仅保留洗衣机的汇总数据。

```
pt.loc['洗衣机']
```

输出结果如下所示。

```
品牌
A      11000.0
B          0.0
C      13000.0
汇总    24000.0
Name: 洗衣机, dtype: float64
```

（4）仅保留洗衣机和电风扇的汇总数据。

```
pt.loc[['洗衣机', '电风扇']]
```

输出结果如图 11.41 所示。

（5）仅保留汇总数据某些行和列。

```
pt[['A', 'B', 'C']].loc[['洗衣机', '电风扇']]
```

输出结果如图 11.42 所示。

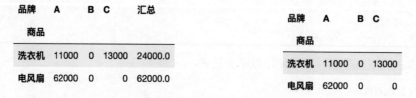

品牌 商品	A	B	C	汇总
洗衣机	11000	0	13000	24000.0
电风扇	62000	0	0	62000.0

图 11.41　仅保留结果的某些行

品牌 商品	A	B	C
洗衣机	11000	0	13000
电风扇	62000	0	0

图 11.42　仅保留汇总数据某些行和列

11.6.3　使用字段列表排列数据透视表中的字段

数据透视表是一个 DataFrame，所以可以用 sort_values 方法按某列进行排序，示例代码如下：

```
pt = df.pivot_table(index='商品', columns='品牌', values='销售额', fill_value=0,
aggfunc='sum', margins=True, margins_name="汇总")
pt.sort_values(by="汇总")
```

输出结果如图 11.43 所示。从输出结果可以看出，洗衣机的总销售额是最低的。

品牌	A	B	C	汇总
商品				
洗衣机	11000	0	13000	24000.0
电风扇	62000	0	0	62000.0
空调	0	25000	56000	81000.0
汇总	73000	25000	69000	167000.0

图 11.43　按汇总列升序排列

11.6.4　对数据透视表中的数据进行分组

Excel 还支持对数据透视表中的数据进行分组。例如，可以把电风扇和空调的数据分为一组来计算，如图 11.44 所示。

用 Pandas 也可以实现类似的统计，示例代码如下。

代码 11-9　对数据透视表中的数据进行分组统计

```python
import pandas as pd
import xlwings as xw

path = "/Users/caichicong/Documents/Python+Excel/code/data/数据透视表.xlsx"
wb = xw.Book(path)

pt = df.pivot_table(index='商品', values='销售额', fill_value=0, aggfunc='sum',
                    margins=True, margins_name="总计")
pt.loc['分组 1'] = pt.loc['电风扇'] + pt.loc['空调']
pt.loc['分组 2'] = pt.loc['洗衣机']
# reindex 方法重新排列表格
grouppt = pt.reindex(['分组 1', '电风扇', '空调', '分组 2', '洗衣机', '总计'])
sheet.range("A9").options(index=True, header=True).value = grouppt
```

输出结果如图 11.45 所示。

3	行标签	求和项:销售额
4	□数据组1	143000
5	电风扇	62000
6	空调	81000
7	□洗衣机	24000
8	洗衣机	24000
9	总计	167000

9	商品	销售额
10	分组1	143000
11	电风扇	62000
12	空调	81000
13	分组2	24000
14	洗衣机	24000
15	总计	167000

图 11.44　对数据透视表中的数据进行分组　　　　图 11.45　数据透视表分组统计

代码 11-9 中最关键的部分就是用 loc 属性读取数据透视表的行数据，并进行相加运算得出分组的统计结果。

11.7　统计分析

本节将分别介绍如何用 Excel 和 Python 计算相关系数、执行方差分析和回归分析。在 Excel 中实现这几种统计分析都比较简单，只要按规定格式准备好数据和看得懂输出结果即可。在 Python 中，Pandas 提供了 corr 方法来计算相关系数，用 statsmodels 模块实现方差分析和回归分析。

11.7.1　计算相关系数

在 Excel 中，可以用 CORREL 函数来计算相关系数。使用 CORREL 函数计算的相关系数是 Pearson 相关系数。

在 Python 中，使用 DataFrame 的 corr 方法可以计算相关系数，而且使用 corr 方法可以计算好几种相关系数。计算哪一种相关系数由 method 参数决定。method 参数见表 11.6。

表 11.6　method 参数

值	说　　明
pearson	Pearson 相关系数，method 参数的默认值是 pearson
kendall	Kendall 相关系数
spearman	Spearman 秩相关系数

下面是一个商品的售价和销量的历史数据，如图 11.46 所示。

	A	B	C	D
1	日期	价格	总销量	
2	2015/12/27	1.33	64236.62	
3	2015/12/20	1.35	54876.98	
4	2015/12/13	0.93	118220.22	
5	2015/12/6	1.08	78992.15	
6	2015/11/29	1.28	51039.6	
7	2015/11/22	1.26	55979.78	
8	2015/11/15	0.99	83453.76	
9	2015/11/8	0.98	109428.33	
10	2015/11/1	1.02	99811.42	
11	2015/10/25	1.07	74338.76	
12	2015/10/18	1.12	84843.44	
13	2015/10/11	1.28	64489.17	
14	2015/10/4	1.31	61007.1	
15	2015/9/27	0.99	106803.39	
16	2015/9/20	1.33	69759.01	

图 11.46　售价和销量的历史数据

现在使用 Pandas 来计算 3 种不同的相关系数。

```
import pandas as pd
import xlwings as xw

path = "/Users/caichicong/Documents/Python+Excel/code/data/相关系数.xlsx"
wb = xw.Book(path)
df = wb.sheets[0].range("A1:C18250").options(pd.DataFrame, index=False, header=True).value

print("pearson")
print(df.corr())
print("kendall")
print(df.corr('kendall'))
print("spearman")
print(df.corr('spearman'))
```

计算结果如下：

```
pearson
          价格           总销量
价格      1.000000     -0.192752
总销量    -0.192752     1.000000
kendall
          价格           总销量
价格      1.000000     -0.425124
总销量    -0.425124     1.000000
spearman
          价格           总销量
价格      1.000000     -0.612239
总销量    -0.612239     1.000000
```

11.7.2　方差分析

在市场营销中，常常要判断某个因素是否会对市场营销的效果造成明显的影响。例如，广告的投放时间是否会影响一个广告的点击率，单因素方差分析可以解决这类问题。下面用示例说明如何在 Excel 和 Python 中进行方差分析，读者可以对比学习。

1．Excel 中的方差分析

在 Excel 中进行方差分析，要先在加载项中开启"分析工具库"功能。单击"文件"按钮，在菜单中选择"选项"命令，在弹出的"Excel 选项"对话框中选择"加载项"命令，在"加载项"列表框中选择"分析工具库"选项添加至工具栏中，如图 11.47 所示。

图 11.47　加载分析工具库

　　下面结合示例数据说明如何用 Excel 进行方差分析。

　　（1）选择要分析的数据表格，如图 11.48 所示。示例数据中记录了同一个广告在不同时间段的点击数，每一行代表广告在某天的点击情况。例如，早上时段有 5 天的数据，总共有 5 行。这里假设投放广告的日期对广告效果没有影响。

　　（2）在工具栏的"数据"选项卡中找到"数据分析"并单击，如图 11.49 所示。

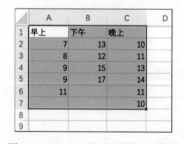

图 11.48　Excel 方差分析示例数据

图 11.49　"数据分析"工具栏

　　（3）在"数据分析"对话框中的"分析工具"列表框中选择"方差分析：单因素方差分析"，如图 11.50 所示。在"方差分析：单因素方差分析"对话框中设置输入区域、输出区域和标志列，如图 11.51 所示。

　　得出的分析结果如图 11.52 所示，分为 SUMMARY 和方差分析两部分内容。

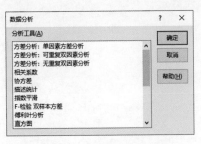

图 11.50　选择数据分析方法

图 11.51　设置方差分析

方差分析: 单因素方差分析

SUMMARY

组	观测数	求和	平均	方差
早上	5	44	8.8	2.2
下午	4	57	14.25	4.916667
晚上	6	69	11.5	2.7

方差分析

差异源	SS	df	MS	F	P-value	F crit
组间	66.28333	2	33.14167	10.73414	0.002125	3.885294
组内	37.05	12	3.0875			
总计	103.3333	14				

图 11.52　Excel 方差分析

2．用 Python 实现单因素方差分析

下面再来说说如何用 Python 实现方差分析。Python 的统计类库 statsmodels 可以用于方差分析，用 statsmodels 分析数据之前，要对示例数据的格式进行调整，变成两列多行的形式，如图 11.53 所示。表格中的第 1 列是广告投放时段，第 2 列是点击次数。

	A	B	C
1	时段	点击	
2	早上	7	
3	早上	8	
4	早上	9	
5	早上	9	
6	早上	11	
7	下午	13	
8	下午	12	
9	下午	15	
10	下午	17	
11	晚上	10	
12	晚上	11	
13	晚上	13	
14	晚上	14	

图 11.53　广告投放时段与点击次数数据

下面就使用 statsmodels 对示例数据进行单因素方法分析，示例代码如下。

代码 11-11 单因素方差分析

```
import pandas as pd
import xlwings as xw
from statsmodels.formula.api import ols
from statsmodels.stats.api import anova_lm

path = "/Users/caichicong/Documents/Python+Excel/code/data/方差分析.xlsx"
wb = xw.Book(path)
data = wb.sheets[1].range("A1:B16").options(pd.DataFrame, index=False, header=True).value
model0 = ols(formula='Q("点击")~时段', data=data)
# 计算模型
lm = model0.fit()
# 输出 summary
print(lm.summary())
# 输出方差分析表
table1 = anova_lm(lm)
print(table1)
```

输出结果如图 11.54 所示。从图中可以看到 Prob(F-statistic)与用 Excel 计算出来的 P-Value 是一致的。从统计结果可以推断广告投放的时段对该广告的效果是有影响的。

代码中的 ols 方法就是用来做方差分析的。ols 的第 1 个参数 formula 是方差分析的方程，第 2 个参数 data 是分析数据。点击次数是因变量，时段是自变量，所以方程的形式是“Q("点击")~时段”。

3．用 Python 实现无重复双因素方差分析

用 Python 还可以实现无重复双因素方差分析，代码与单因素方差分析的代码类似。下面举例说明如何实现无重复双因素方差分析，示例数据如图 11.55 所示。

```
                            OLS Regression Results
==============================================================================
Dep. Variable:                Q("点击")   R-squared:                       0.641
Model:                            OLS   Adj. R-squared:                  0.582
Method:                 Least Squares   F-statistic:                     10.73
Date:                Mon, 15 Mar 2021   Prob (F-statistic):           0.002125
Time:                        20:56:44   Log-Likelihood:                -28.066
No. Observations:                  15   AIC:                             62.13
Df Residuals:                      12   BIC:                             64.26
Df Model:                           2
Covariance Type:            nonrobust
==============================================================================
                 coef    std err          t      P>|t|      [0.025      0.975]
------------------------------------------------------------------------------
Intercept     14.2500      0.879     16.220      0.000      12.336      16.164
时段[T.早上]     -5.4500      1.179     -4.624      0.001      -8.018      -2.882
时段[T.晚上]     -2.7500      1.134     -2.425      0.032      -5.221      -0.279
==============================================================================
Omnibus:                        1.851   Durbin-Watson:                   1.780
Prob(Omnibus):                  0.396   Jarque-Bera (JB):                1.182
Skew:                           0.416   Prob(JB):                        0.554
Kurtosis:                       1.905   Cond. No.                         4.14
==============================================================================

Notes:
[1] Standard Errors assume that the covariance matrix of the errors is correctly specified.
            df     sum_sq    mean_sq          F    PR(>F)
时段         2.0  66.283333  33.141667  10.734143  0.002125
Residual  12.0  37.050000   3.087500        NaN       NaN
```

图 11.54 statsmodels 方差分析结果

G	H	I
业务员	区域	销量
李天	A	2
李天	B	18
李天	C	18
李天	D	20
李天	E	23
刘山	A	3
刘山	B	14
刘山	C	20
刘山	D	12
刘山	E	22
牛鸣	A	9
牛鸣	B	15
牛鸣	C	21
牛鸣	D	18
牛鸣	E	36
陈三	A	13
陈三	B	15
陈三	C	24
陈三	D	22
陈三	E	31

图 11.55 示例数据

这个示例数据记录了 4 个销售人员在 5 个不同地区的销售情况。本节示例希望通过方差分析研究销售人员和销售地区对销量的影响程度，示例代码如下。

代码 11-12　无重复双因素方差分析

```python
import pandas as pd
import xlwings as xw
from statsmodels.formula.api import ols
from statsmodels.stats.api import anova_lm

path = "/Users/caichicong/Documents/Python+Excel/code/data/双因素 ANOVA.xlsx"
wb = xw.Book(path)

data = wb.sheets['区域销售'].range("G1:I21").options(pd.DataFrame,
                                    index=False, header=True).value
model0 = ols(formula='Q("销量")~区域+业务员', data=data)
# 计算模型
lm = model0.fit()
# 输出方差分析表
table1 = anova_lm(lm)
print(table1)
```

输出结果如下所示。

	df	sum_sq	mean_sq	F	PR(>F)
区域	4.0	960.7	240.175	19.252505	0.000037
业务员	3.0	148.8	49.600	3.975952	0.035180q
Residual	12.0	149.7	12.475	NaN	NaN

区域和业务员的 PR（>F）的值都小于 0.05，由此可以认为区域和业务员这两个因素都对销量有影响。

11.7.3　回归分析

回归分析是一种用于估计因变量和一个或多个解释变量之间的关系的统计方法。回归分析最常见的形式是线性回归。本节主要演示如何用 Python 回归分析研究销售额与广告费之间的关系。

本小节使用的示例数据中记录了某个产品在 36 个月中的销售额与广告费数据，数据的第 1 列是销售额，数据的第 2 列是广告费。如图 11.56 所示。本节示例的其中一个目标就是试图用销售额去预测广告费，即通过历史数据推断要达到某个销售额需要多少广告费。

用 Excel 把表格数据绘制成散点图，如图 11.57 所示。从图中的点分布状况可以推测出二者之间可能存在线性关系，于是需要用回归分析来验证。

	A	B	C
1	销量	广告费	
2	12	15	
3	20.5	16	
4	21	18	
5	15.5	27	
6	15.3	21	
7	23.5	49	
8	24.5	21	
9	21.3	22	
10	23.5	28	
11	28	36	
12	24	40	
13	15.5	3	
14	17.3	21	
15	25.3	29	
16	25	62	
17	36.5	65	
18	36.5	46	

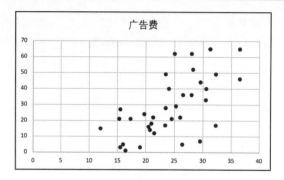

图 11.56 销量和广告费的数据   图 11.57 销量和广告费数据散点图

首先导入本节需要用到的类库和函数。其中，train_test_split 用于生产训练集合测试集；mean_squared_error 和 r2_score 用于衡量模型拟合的好坏；LinearRegression 用于创建线性回归模型；plt 用于绘制图表。

```
import numpy as np
import pandas as pd
import matplotlib
from sklearn.model_selection import train_test_split
from sklearn.metrics import mean_squared_error
from sklearn.metrics import r2_score
from sklearn.linear_model import LinearRegression
import matplotlib.pyplot as plt
```

从 Excel 文件中读取数据。其中，x 代表销量；y 代表广告费。在代码最后两行，使用 reshape 方法把 x 和 y 变成一个 36×1 的数组。

```
path = "/Users/caichicong/Documents/Python+Excel/code/data/回归分析.xlsx"
df = pd.read_excel(path)
x = df['销量'].values
y = df['广告费'].values
x = x.reshape(-1,1)
y = y.reshape(-1,1)
```

将数据随机分割成两个集合：训练集和测试集。test_size=0.33 代表大约 1/3 的数据是测试集。使用参数 random_state 让随机分割的结果可以重现，这里设定为 42，读者也可以设定为其他整数。

```
x_train,x_test,y_train,y_test = train_test_split(x, y, test_size=0.33, random_state=42)
print(x_train.shape)  #(24,1)
print(y_train.shape)  #(24,1)
print(x_test.shape)   #(12,1)
print(y_test.shape)   #(12,1)
```

其中，x_train 和 y_train 是训练集；x_test 和 y_test 是测试集。

接着用 fit 方法训练模型，用 predict 方法预测广告费，代码如下：

```
lm = LinearRegression()
lm.fit(x_train,y_train)
# 用测试集的数据来预测广告费
y_pred=lm.predict(x_test)
```

预测销量达到 24 时的广告费支出，代码如下：

```
lm.predict([[24]])
```

使用线性回归拟合出来的直线由斜率和截距组成，读取计算结果中的斜率和截距，代码如下：

```
a = lm.coef_[0][0]
b = lm.intercept_[0]
print("Estimated model slope, a:" , a)
print("Estimated model intercept, b:" , b)
print("y = {a} * x  {b} ".format(b=b, a=a))
```

在绘制散点图之前，先设置 matplotlib 图表的中文字体，然后启用 svg 模式，代码如下：

```
matplotlib.rcParams['font.family']="Source Han Sans SC"
%config InlineBackend.figure_format = 'svg'
```

把拟合的回归直线绘制到散点图中，代码如下：

```
plt.scatter(x, y, color = 'blue', label='散点图')
plt.plot(x_test, y_pred, color = 'black', linewidth=3, label = '回归直线')
plt.title('销量和广告费之间的关系')
plt.xlabel('销量')
plt.ylabel('广告费')
plt.legend(loc=4)
plt.show()
```

输出的散点图如图 11.58 所示。

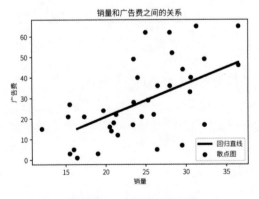

图 11.58　回归分析散点图

用均方根误差和 R2 Score 判断模型拟合的好坏，代码如下：

```
mse = mean_squared_error(y_test, y_pred)
rmse = np.sqrt(mse)
print("RMSE value: {:.4f}".format(rmse))
print ("R2 Score value: {:.4f}".format(r2_score(y_test, y_pred)))
```

输出结果如下：

```
RMSE value: 11.2273
R2 Score value: 0.5789
```

从输出结果可以看出，RMSE 偏大，R2 Score 低于 0.7，模型与数据的拟合度不好。接下来绘制残差图看看结果如何，代码如下：

```
plt.scatter(lm.predict(x_train), lm.predict(x_train) - y_train, color = 'red', label = '训练数据')
plt.scatter(lm.predict(x_test), lm.predict(x_test) - y_test, color = 'blue', label = '测试数据')
plt.hlines(xmin = 0, xmax = 50, y = 0, linewidth = 3)
plt.title('Residual errors')
plt.legend(loc = 4)
plt.show()
```

输出结果如图 11.59 所示。可以看到训练数据和测试数据的点都不是均匀分布的。

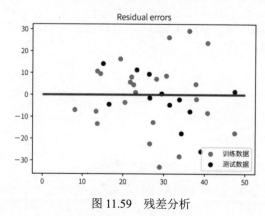

图 11.59　残差分析

最后利用 sklearn 类库检查模型欠拟合和过拟合的情况。

```
print("Training set score: {:.4f}".format(lm.score(x_train,y_train)))
print("Test set score: {:.4f}".format(lm.score(x_test,y_test)))
```

输出结果如下：

```
Training set score: 0.2861
Test set score: 0.5789
```

分数都偏低，说明模型欠拟合。

第四部分

数据分析项目实战

第 *12* 章

数据分析案例

　　本章将综合运用前面章节的知识来完成一些常用的商业数据分析。这些数据分析案例大致可以分为三类：客户、商品和营销。部分数据案例将会用到一些常见的数据分析方法：群组分析、RFM 模型、购物篮分析和时间序列分析。这些数据模型要在 Excel 中实现，操作比较复杂，但是借助 Python 中第三方数据分析数据库就可以很容易地实现。

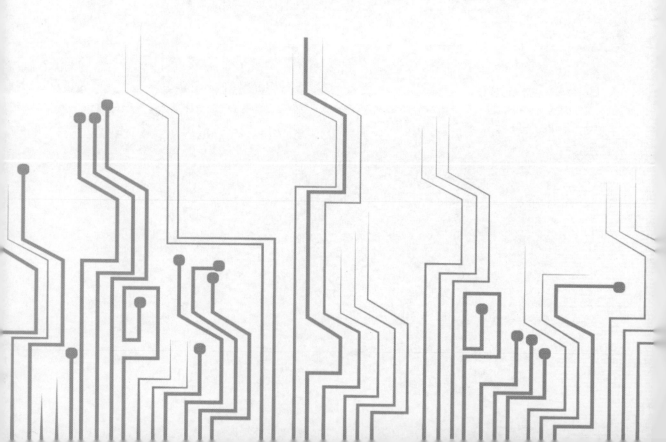

12.1 客户留存分析

开发一个新客户的成本往往比维护一个老客户的成本要高，因此如何维护老客户是企业运营的重点之一。但是很多企业并没有建立有效的客户维护策略，难以精确定义客户流失，最终导致客户流失依然比较严重。本节将用实例展示如何用 Pandas 实现群组分析以分析客户的留存情况。

1．群组分析

群组分析是一种常用的分析客户流失的工具。所谓群组分析，就是对数据按照某个特征分为不同的群组，然后对比各个群组的数据，如把同一个月份注册的用户分到一组。

用群组分析分析客户留存的关键步骤是计算留存矩阵，计算出来的矩阵形式如图 12.1 所示。

	1月后	2月后	3月后	4月后	5月后	6月后	7月后	8月后
日期1	1463	222	89	76	56	45	33	30
日期2	1008	899	503	400	312	200	109	
日期3	999	800	703	623	555	434		
日期4	1200	1000	789	543	456			
日期5	1200	1111	1000	899				

图 12.1　留存矩阵

表格的第 1 列是某个事件（如用户注册）的开始日期，第 1 行是时间轴，从第 2 行开始记录了某个用户行为后的留存用户数。例如，表格的第 2 行最后一个数字 30 的含义是在日期 1 有参与某个事件的用户中，在 8 个月后还有 30 个用户是活跃的。

2．示例数据介绍

本节使用的示例数据是在 2010 年 12 月 1 日到 2011 年 12 月 9 日之间，某个英国礼品公司的所有在线交易记录。字段说明见表 12.1。

表 12.1　字段说明

字　　段	说　　　明
InvoiceNo	订单号，6 位数字
StockCode	产品编号，5 位数字，每个产品的编号唯一
Description	产品描述
Quantity	数量
InvoiceDate	订单日期
UnitPrice	单价
CustomerID	客户 ID
Country	国家

3. 数据的导入、转换、清理

下面用 Pandas 对示例数据进行群组分析。首先引入本节示例要用到的类库，代码如下：

```
import pandas as pd
import numpy as np
import matplotlib.pyplot as plt
```

接着导入示例数据，代码如下：

```
path = "/Users/caichicong/Documents/Python+Excel/code/data/chapter12/12.1/Online-Retail.xlsx"
rawdf = pd.read_excel(path)
rawdf[''CustomerID'] = rawdf[''CustomerID'].astype('str')
rawdf['InvoiceNo'] = rawdf['InvoiceNo'].astype('str')
rawdf ['InvoiceDate'] = pd.to_datetime(rawdf ['InvoiceDate'])
rawdf.head()
```

使用 astype 方法可以转换某一列的数据类型，代码中把列 CustomerID 和 InvoiceNo 都转换成了字符串类型 str。to_datetime 方法把字段 InvoiceDate 由字符串格式转成日期格式。

检查每列是否有缺失值，代码如下：

```
rawdf.isnull().any(axis=0)
```

输出结果如下：

```
InvoiceNo       False
StockCode       False
Description     True
Quantity        False
InvoiceDate     False
UnitPrice       False
CustomerID      True
Country         False
dtype: bool
```

列 CustomerID 和列 Description 都包含了缺失值，列 Description 的缺失值不影响分析，可以保留。用 dropna 方法删除 CustomerID 中缺失的行，代码如下：

```
rawdf.dropna(subset=['CustomerID'], inplace=True)
```

4. 了解数据

用 describe 方法可以查看数据分布状况并输出结果到 Excel 文件中。

```
rawdf.describe().transpose().to_excel("describe.xlsx")
```

输出结果如图 12.2 所示。

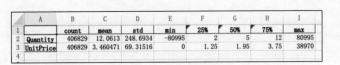

	A	B	C	D	E	F	G	H	I
1		count	mean	std	min	25%	50%	75%	max
2	Quantity	406829	12.0613	248.6934	-80995	2	5	12	80995
3	UnitPrice	406829	3.460471	69.31516	0	1.25	1.95	3.75	38970
4									

图 12.2　数据分布状况

为了保留原始数据，这里使用了 DataFrame 中的 copy 方法。使用 copy 方法可以复制出一个新的独立的 DataFrame，代码如下：

```
df = rawdf.copy()
```

用 groupby 方法计算每个客户的下单次数，并绘制成直方图。读者也可以导出数据到 Excel 文件中，然后用 Excel 内置的功能来绘制直方图，代码如下：

```
n_orders = df.groupby(['CustomerID'])['InvoiceNo'].nunique()
mult_orders_perc = np.sum(n_orders > 1) / df['CustomerID'].nunique()
print(f'{100 * mult_orders_perc:.2f}% 的客户下单超过一次。')
plt.hist(n_orders, bins=20)
```

np.sum(n_orders > 1)计算了下单次数大于 1 的客户数，df['CustomerID'].nunique()计算了客户总数。从输出结果中可以知道大约 69%的客户下单超过一次，绘制出来的直方图如图 12.3 所示。

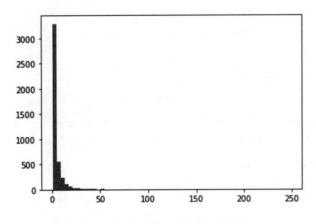

图 12.3　客户订单数的直方图

后续分析只需要用到用户 ID、订单号和订单日期这 3 列数据，所以只保留这 3 列。因为一个订单可能有多个商品，所以要用 drop_duplicates 方法排除重复，代码如下：

```
df = df[['CustomerID', 'InvoiceNo', 'InvoiceDate']].drop_duplicates()
```

5. 计算留存率矩阵

为了计算留存率矩阵，需要创建两个新字段，一个是订单的创建月份；一个是用户最早下单的月份。这里以用户最早下单的月份作为用户注册月份，代码如下：

```
# 提取订单的月份
df['order_month'] = df['InvoiceDate'].dt.to_period('M')
df['cohort'] = df.groupby('CustomerID')['InvoiceDate'].transform('min').dt.to_period('M')
```

这段代码涉及两个新的知识点。

- transform('min')表示计算分组内的最小值。示例代码中就是利用它计算了分组内的最小订单日期。transform 的具体介绍可以回看第 11 章的内容。

- 时间序列一般有固定频率。数据分析中常常要把时间序列从一种频率转换成另一种频率，如按天转成按月。代码中的 dt.to_period('M')把订单数据的频率由天转换成月，其中参数值 M 代表月。常用的频率参数值见表 12.2。

表 12.2 常用的频率参数值

值	说 明
M	月末
MS	月初
Q	季末
QS	季初
D	天
H	小时
min	分钟
S	秒
A	年末
AS	年初

有了上面的准备工作，就可以计算每个组中的客户数，代码如下：

```
df_cohort = df.groupby(['cohort', 'order_month']).aggregate(
    {'CustomerID': 'nunique'}).reset_index(drop=False)
df_cohort['period_number'] = (df_cohort.order_month - df_cohort.cohort).apply(attrgetter('n'))
df_cohort = df_cohort.rename(columns={'CustomerID': 'n_customers'})
df_cohort
```

df_cohort.order_month - df_cohort.cohort 代表时间间隔，**attrgetter'n'**代表获取某个对象的属性 n。所以第 2 行代码计算了以下序列的值，并存入新的列 period_number 中。

```
(df_cohort.order_month - df_cohort.cohort)[0].n
(df_cohort.order_month - df_cohort.cohort)[1].n
...
(df_cohort.order_month - df_cohort.cohort)[90].n
```

输出结果如图 12.4 所示。

	cohort	order_month	n_customers	period_number
0	2010-12	2010-12	948	0
1	2010-12	2011-01	362	1
2	2010-12	2011-02	317	2
3	2010-12	2011-03	367	3
4	2010-12	2011-04	341	4
...	...	...	...	...
86	2011-10	2011-11	93	1
87	2011-10	2011-12	46	2
88	2011-11	2011-11	321	0
89	2011-11	2011-12	43	1
90	2011-12	2011-12	41	0

图 12.4　df_cohort 中的内容

最后用数据透视表工具计算出留存矩阵，代码如下：

```
cohort_pivot = df_cohort.pivot_table(index = 'cohort',
                                     columns = 'period_number',
                                     values = 'n_customers')
cohort_pivot
```

输出结果如图 12.5 所示。

period_number cohort	0	1	2	3	4	5	6	7	8	9	10	11	12
2010-12	948.0	362.0	317.0	367.0	341.0	376.0	360.0	336.0	336.0	374.0	354.0	474.0	260.0
2011-01	421.0	101.0	119.0	102.0	138.0	126.0	110.0	108.0	131.0	146.0	155.0	63.0	NaN
2011-02	380.0	94.0	73.0	106.0	102.0	94.0	97.0	107.0	98.0	119.0	35.0	NaN	NaN
2011-03	440.0	84.0	112.0	96.0	102.0	78.0	116.0	105.0	127.0	39.0	NaN	NaN	NaN
2011-04	299.0	68.0	66.0	63.0	62.0	71.0	69.0	78.0	25.0	NaN	NaN	NaN	NaN
2011-05	279.0	66.0	48.0	48.0	60.0	68.0	74.0	29.0	NaN	NaN	NaN	NaN	NaN
2011-06	235.0	49.0	44.0	64.0	58.0	79.0	24.0	NaN	NaN	NaN	NaN	NaN	NaN
2011-07	191.0	40.0	39.0	44.0	52.0	22.0	NaN	NaN	NaN	NaN	NaN	NaN	NaN
2011-08	167.0	42.0	42.0	42.0	23.0	NaN	NaN	NaN	NaN	NaN	NaN	NaN	NaN
2011-09	298.0	89.0	97.0	36.0	NaN	NaN	NaN	NaN	NaN	NaN	NaN	NaN	NaN
2011-10	352.0	93.0	46.0	NaN	NaN	NaN	NaN	NaN	NaN	NaN	NaN	NaN	NaN
2011-11	321.0	43.0	NaN	NaN	NaN	NaN	NaN	NaN	NaN	NaN	NaN	NaN	NaN
2011-12	41.0	NaN	NaN	NaN	NaN	NaN	NaN	NaN	NaN	NaN	NaN	NaN	NaN

图 12.5　每个群组的留存用户数

从第 2 列开始，将表格的每一列都除以当月的新用户数，这样就得到留存率，代码如下：

```
cohort_size = cohort_pivot.iloc[:,0] # 第一列是新用户数
# 与 cohort_pivot.divide / cohort_size 效果类似
retention_matrix = cohort_pivot.divide(cohort_size, axis = 0)
```

```
retention_matrix.to_excel("retention_matrix.xlsx")
```

这里用了 DataFrame 的 divide 方法实现这种除法运算，divide 的第 1 个参数就是新用户数，axis=0 代表按列来运算。读者可以试着把 axis 的值改成 1，查看结果。

将数据保存到 Excel 文件后，用条件格式功能就能得出群组分析的最终结果，代码如下：

```python
import xlwings as xw
from xlwings.utils import rgb_to_int
wb = xw.Book("retention_matrix.xlsx")
# 留存率以百分比形式显示
wb.sheets[0].range('B2:N14').number_format = "0%"
wb.sheets[0].range("A2:A14").number_format = "yyyy-mm"
scale = wb.sheets[0].range("B2:N14").api.FormatConditions.AddColorScale(3)
scale.ColorScaleCriteria(1).FormatColor.Color = rgb_to_int((168,169,169))
```

输出结果如图 12.6 所示。

cohort	0	1	2	3	4	5	6	7	8	9	10	11	12
2010-12	100%	38%	33%	39%	36%	40%	38%	35%	35%	39%	37%	50%	27%
2011-01	100%	24%	28%	24%	33%	30%	26%	26%	31%	35%	37%	15%	
2011-02	100%	25%	19%	28%	27%	25%	26%	28%	26%	31%	9%		
2011-03	100%	19%	25%	22%	23%	18%	26%	24%	29%	9%			
2011-04	100%	23%	22%	21%	21%	24%	23%	26%	8%				
2011-05	100%	24%	17%	17%	22%	24%	27%	10%					
2011-06	100%	21%	19%	27%	25%	34%	10%						
2011-07	100%	21%	20%	23%	12%								
2011-08	100%	25%	25%	25%	14%								
2011-09	100%	30%	33%	12%									
2011-10	100%	26%	13%										
2011-11	100%	13%											
2011-12	100%												

图 12.6 群组分析

可以看到注册 1 个月之后，用户流失量较大。结果中有一个值得关注的点就是，2010 年 12 月注册的用户在过去的第 11 个月中还有 50%的活跃用户，针对这一点，可以结合业务经验进一步分析研究。

扫一扫，看视频

12.2 RFM 模型分析

本节首先介绍 RFM 模型的基本概念和实现步骤，然后用 kaggle.com 上的数据来展示如何用 Python 实现 RFM 模型。

12.2.1 RFM 模型介绍

RFM 模型是一种常用的用于衡量用户价值的模型。RFM 其实是 3 个指标的简写：R 是 Recent 的缩写，代表客户最近一次的购买时间离截止时间的差；F 是 Frequency 的缩写，对应客户的购买频次；M 是 Money 的缩写，对应客户的总消费金额。通过这 3 个指标表达一个客户的购买特点，计算所有客户的 RFM 指标，就可以了解整个客户群体的特征。

在实际运用中，会根据 RFM 模型计算出一个综合得分，以此来划分客户群体。在计算公式中常常为 RFM 这 3 个指标设置不同的权重。

实现 RFM 模型分为以下几个步骤。

（1）确定一个时间范围，在该时间范围内从订单表中抽取以下字段。

● 客户 ID。

● 订单时间。

● 订金金额。

这个时间范围一般会选取数据齐全而且业务运作正常的时间段。

（2）计算出每个客户距离截止时间最近的一次购买时间。

（3）计算出每个客户的订单总数或者购买次数。注意，这个指标与产品购买数量是不同的。

（4）计算出每个客户的所有订单的金额总和。

（5）把第（2）～（4）步的结果分别记录为 R、F、M。R 值越小，R 得分越高；F 值越大，F 得分越高；M 值越大，M 得分越高。

（6）把 RFM 三个维度的得分按照某个公式加起来得到一个综合得分。

（7）根据综合得分划分用户群体。

12.2.2　实现 RFM 模型

下面演示怎么用 Python 一步步实现 RFM 模型。本小节使用的数据集是某公司的在线零售数据，包含了在 2009 年 12 月 1 日至 2011 年 9 月 12 日期间发生的所有交易记录。该公司主要售卖各种场合下的礼品，其大部分客户是批发商。数据存放在一个名为 online_retail_II 的 CSV 文件中，字段说明见表 12.3。

表 12.3　字段说明

字　段	说　明
Invoice	订单号，6 位数字
StockCode	产品编号，5 位数字，每个产品的编号唯一
Description	产品描述
Quantity	数量
InvoiceDate	订单日期
Price	单价
Customer ID	客户 ID
Country	国家

首先导入本节要用到的类库，代码如下：

```
import pandas as pd
import numpy as np
import matplotlib.pyplot as plt
```

1. 导入数据和清理数据

先从 CSV 文件导入数据。Description、Country、StockCode 这三列对后面的分析用处不大，可以先删除。

```
retailData = pd.read_csv("data/online_retail_II.csv")
retailData = retailData.drop(columns=['Description', 'Country', 'StockCode'])
retailData.head()
```

输出结果如图 12.7 所示。

	Invoice	Quantity	InvoiceDate	Price	Customer ID
0	489434	12	2009-12-01 07:45:00	6.95	13085.0
1	489434	12	2009-12-01 07:45:00	6.75	13085.0
2	489434	12	2009-12-01 07:45:00	6.75	13085.0
3	489434	48	2009-12-01 07:45:00	2.10	13085.0
4	489434	24	2009-12-01 07:45:00	1.25	13085.0

图 12.7　零售数据

查看产品数量和价格的分布，代码如下：

```
retailData[['Quantity', 'Price']].describe()
```

输出结果如下：

```
          Quantity          Price
count  1.067371e+06   1.067371e+06
mean   9.938898e+00   4.649388e+00
std    1.727058e+02   1.235531e+02
min   -8.099500e+04  -5.359436e+04
25%    1.000000e+00   1.250000e+00
50%    3.000000e+00   2.100000e+00
75%    1.000000e+01   4.150000e+00
max    8.099500e+04   3.897000e+04
```

可以看到 Quantity 和 Price 这两个字段的最小值都是负数，这说明数据集中有异常数据。检测一下数据集中是否有缺失值，代码如下：

```
retailData.isnull().any(axis=1).sum()
```

输出结果是 243007，说明缺失值比较多，需要先处理数据集中的异常值和缺失值，代码如下：

```
# 去除客户 ID 为空的列
retailData = retailData.dropna(subset=['Customer ID'])
```

```
# 排除掉价格为负数的异常值
retailData = retailData[retailData['Price'] > 0]
retailData = retailData[retailData['Quantity'] > 0]
```

预处理数据之后检查一下是否还有缺失值，代码如下：

```
retailData.isnull().any(axis=1).sum()
```

输出结果是 0，说明清理过的数据集中已经没有缺失值了。至此，数据集中的缺失值和异常值都已经处理好了。

2. 计算 RFM 的值

计算每个订单的总金额，代码如下：

```
retailData['orderAmount'] = retailData['Quantity'] * retailData['Price']
retailData = retailData.drop(columns=['Quantity', 'Price'])
```

Customer ID 的数据类型是数字，这里把它转换为字符串，将 InvoiceDate 转换成时间类型。

```
retailData['Customer ID'] = retailData['Customer ID'].astype('int32')
retailData['InvoiceDate'] = pd.to_datetime(retailData['InvoiceDate'])
retailData.dtypes
```

输出结果如下：

```
Invoice              object
InvoiceDate      datetime64[ns]
Customer ID          int32
orderAmount          float64
dtype: object
```

这里选择将数据表中的最后一天作为截止时间，然后计算每个订单距离截止时间隔了多少天，代码如下：

```
retailData['max_date'] = retailData['InvoiceDate'].max()
retailData['interval'] = retailData['max_date'] - retailData['InvoiceDate']
# 转换为天
retailData['interval'] = retailData['interval'].apply(lambda x: x.days)
```

利用聚合函数计算 RFM 的值。

```
# min 方法获取间隔的最小值，count 方法计算订单数，sum 方法计算金额总数
rfm = retailData.groupby("Customer ID", as_index=False).agg(
    {'interval': 'min', 'Invoice': 'count', 'orderAmount': 'sum'}
)
rfm.columns = ['Customer ID', 'r', 'f', 'm']
rfmStat = rfm.iloc[:, 1:4].describe().T
rfmStat
```

计算结果如下：

	count	mean	std	min	25%	50%	75%	max
r	5878.0	200.331916	209.338707	0.00	25.0000	95.000	379.00	738.00
f	5878.0	137.044743	353.818629	1.00	21.0000	53.000	142.00	12890.00
m	5878.0	3018.616737	14737.731040	2.95	348.7625	898.915	2307.09	608821.65

3. 数据分段

利用 cut 方法把 RFM 分段，并按等级高低添加标记，A 是最高级，B 次之，C 最低，代码如下：

```
r_bins = [-1, rfmStat.iloc[0][4],rfmStat.iloc[0][6], rfmStat.iloc[0][7]]
f_bins = [0, rfmStat.iloc[1][4],rfmStat.iloc[1][6], rfmStat.iloc[1][7]]
m_bins = [0, rfmStat.iloc[2][4],rfmStat.iloc[2][6], rfmStat.iloc[2][7]]
# r 越小越好，f 和 m 越大越好
rfm_base=rfm.copy()
rfm_base['r_grade'] = pd.cut(rfm_base['r'], r_bins, labels=['A', 'B', 'C'])
rfm_base['f_grade'] = pd.cut(rfm_base['f'], f_bins, labels=['C', 'B', 'A'])
rfm_base['m_grade'] = pd.cut(rfm_base['m'], m_bins, labels=['C', 'B', 'A'])
```

把分段结果转成对应的分数。其中，A 对应 3 分；B 对应 2 分；C 对应 1 分。然后与原始数据合并，代码如下：

```
rfmCopy = rfm_base.copy()
grade_map = {'A': 3, 'B' : 2, 'C': 1}
r_scores = pd.Series([grade_map[i]  for i in rfmCopy['r_grade']])
f_scores = pd.Series([grade_map[i]  for i in rfmCopy['f_grade']])
m_scores = pd.Series([grade_map[i]  for i in rfmCopy['m_grade']])

rfmResult = pd.concat([rfmCopy, r_scores, f_scores, m_scores], axis=1)
rfmResult.columns = ['Customer ID', 'r', 'f', 'm', 'r_grade', 'f_grade', 'm_grade',
'r_score', 'f_score', 'm_score']
```

这里为了简便，对 RFM 设置了相等的权重来计算分数。在实际运用中，读者可以按照具体业务经验来设置权重。

```
weights = [1, 1, 1]
rfmResult['rfm_score'] = rfmResult['r_score']*weights[0] + rfmResult['f_score']*
weights[1] + rfmResult['m_score']*weights[2]
```

计算出 RFM 后还可以通过四分位数和图表观察这三个指标的分布，至此 RFM 模型已经实现完毕。

```
rfmResult.describe()
```

输出结果如图 12.8 所示。

	Customer ID	r	f	m	r_score	f_score	m_score	rfm_score
count	5878.000000	5878.000000	5878.000000	5878.000000	5878.000000	5878.000000	5878.000000	5878.000000
mean	15315.313542	200.331916	137.044743	3018.616737	2.008676	1.989622	2.000340	5.998639
std	1715.572666	209.338707	353.818629	14737.731040	0.710714	0.714274	0.707047	1.769420
min	12346.000000	0.000000	1.000000	2.950000	1.000000	1.000000	1.000000	3.000000
25%	13833.250000	25.000000	21.000000	348.762500	2.000000	1.000000	2.000000	5.000000
50%	15314.500000	95.000000	53.000000	898.915000	2.000000	2.000000	2.000000	6.000000
75%	16797.750000	379.000000	142.000000	2307.090000	3.000000	2.000000	2.750000	7.000000
max	18287.000000	738.000000	12890.000000	608821.650000	3.000000	3.000000	3.000000	9.000000

图 12.8　RFM 指标数值分布

4．分析 RFM 模型的结果

从图 12.8 中可以观察到 r 的下四分数是 95.000000，可以尝试用 100 作为区间宽度绘制最近购买时间的直方图，代码如下：

```
plt.hist(rfmResult['r'], bins=range(0, 800, 100))
plt.show()
```

输出结果如图 12.9 所示。

从图 12.9 中可以看出大部分客户都在最近 100 天内购买过商品。接着用直方图显示消费金额的分布，代码如下：

```
plt.hist(rfmResult['m'], bins=range(0, 6000, 500))
plt.show()
```

输出结果如图 12.10 所示。

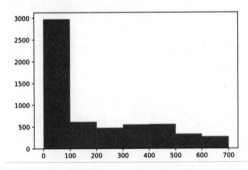

图 12.9　客户最近一次购买时间的分布状况

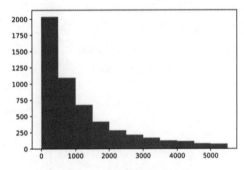

图 12.10　消费金额直方图

由图 12.10 可以看出，消费金额主要集中在 0～1000 元这个区间。接着绘制购买频次和销售金额的散点图，代码如下：

```
plt.scatter(x=rfmResult['f'], y=rfmResult['m'])
plt.show()
```

输出结果如图 12.11 所示。

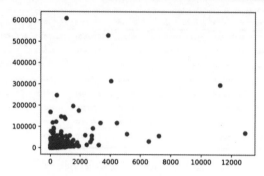

图 12.11　购买频次和销售金额的散点图

从图 12.11 中可以看出以下两点。

（1）大部分客户的总消费金额低于 10000 元，购买频次低于 2000 次。

（2）有极少数客户购买频次不高，但总金额很高；有极少数客户购买频次很高，但消费金额不高。前者情况值得探究。

可以用 Pandas 筛选出高价值客户，整理出来交给业务部门。例如，筛选 r 得分等于 3 且 m 得分等于 3 的客户，代码如下：

```
rfmResult[(rfmResult['r_score'] == 3) & (rfmResult['m_score'] == 3)]
```

5. 根据 RFM 模型策划营销活动

现在打算从客户列表中筛选一部分去投放广告。假设每个订单能产生 20 元的利润，每个用户查看一次广告的成本是 6 元，那么用户观看广告之后的购买转化率至少要达到 30%（6÷20）才能达到盈亏平衡。例如，对 10000 个客户投放广告，广告费是 60000 元，产生的利润是 10000×30%×20 = 60000（元）。为保险起见，我们希望转化率达到最低要求的两倍，也就是 60%。

假定有一份表格（response.xlsx）记录了客户对于某次营销活动的响应情况，如图 12.12 所示。其中，1 代表看过广告之后购买了产品，0 代表看过广告之后没有购买产品。

	A	B
1	Customer ID	response
2	12387	1
3	12392	0
4	12400	0
5	12404	0
6	12416	0
7	12460	1
8	12466	0
9	12467	0
10	12487	0
11	12496	1
12	12529	0
13	12555	0
14	12563	0
15	12568	0
16	12570	0
17	12595	0
18	12606	0
19	12636	0

图 12.12　客户响应情况

现在要找出转化率达到要求的 RFM 客户群组合。例如，r_score=3、f_score=2、m_score=2 的客户是其中一个可能的组合。实现代码如下：

```
response = pd.read_excel("/code/data/chapter12/12.2/response.xlsx")
rfmResponse = pd.merge(rfmResult, response)

# 计算某个 RFM 组合的转化率
def getResponseRate(rfmResponse, i, j, k):
    clients = rfmResponse[(rfmResponse['r_score'] == i) & (rfmResponse['m_score'] == j) &
                (rfmResponse['m_score'] == k)]
    if clients['response'].count() != 0:
        return clients['response'].sum() / clients['response'].count()
    else:
        return 0
# 得到所有可能的 RFM 组合
rfmCombination = rfmResponse[['r_score', 'f_score', 'm_score']].drop_duplicates()
# 计算所有 RFM 组合的转化率
for i, r in rfmCombination .iterrows():
    rate = getResponseRate(rfmResponse, r['r_score'], r['f_score'], r['m_score'])

    if rate > 0:
        print("rfm:{}{}{}, rate:{}".format(r['r_score'], r['f_score'], r['m_score'], rate))
```

输出结果如下：

```
rfm:333, rate:0.6352624495289367
rfm:222, rate:0.6169305724725944
rfm:211, rate:0.59
rfm:233, rate:0.6476761619190404
rfm:322, rate:0.6109375
rfm:311, rate:0.6614173228346457
rfm:122, rate:0.38109756097560976
rfm:111, rate:0.28667563930013457
rfm:133, rate:0.43333333333333335
```

可以看到组合 333、222、233、322、311 都达到了要求。

12.3　客户分类分析

扫一扫，看视频

客户的需求和购买行为是多种多样的，而企业的资源是有限的，不可能满足所有客户的需求。因此企业应该筛选出有价值的客户，集中企业资源服务这些客户，提高收益。客户分类是指根据客户的属性来划分客户，是客户关系管理中的重要环节。在对客户进行分类后，就可以针对不同客户实施不同的营销策略。

聚类分析是最常用的客户分类算法之一。聚类，顾名思义就是把数据归类，是根据数据的多个属性类进行分类。聚类分析常用的方法有 K 均值聚类和分层聚类，聚类分析的详细介绍可以参考统计学教材，本书只介绍如何用 Python 对数据进行聚类分析。

本节使用的示例数据中包含有 5 个字段，分别是客户编号、性别、年龄、年收入和消费分数。其中，消费分数越高代表用户消费水平越高。

下面将用聚类分析对示例数据中的客户进行分类。

1. 导入数据和清理数据

首先引入用到的类库和配置绘图选项，然后导入数据，代码如下：

```
import pandas as pd
import numpy as np
import matplotlib.pyplot as plt

from sklearn.preprocessing import MinMaxScaler
from sklearn.cluster import KMeans
from sklearn.metrics import silhouette_score, calinski_harabasz_score

import matplotlib
matplotlib.rcParams['font.family']="Source Han Sans SC"
%config InlineBackend.figure_format = 'svg'

path = "code/data/chapter12/12.3/Mall_Customers.xlsx"
rawdf = pd.read_excel(path)
rawdf.head()
```

检查缺失值。

```
rawdf.isnull().any(axis=0)
```

输出结果如下：

```
客户编号      False
性别        False
年龄        False
年收入       False
消费分数      False
dtype: bool
```

从输出结果中可以看出，所有列都没有缺失值。

2. 聚类分析

下面试着用以下几种组合进行聚类分析。
● 年龄、年收入、消费分数。

- 年收入、消费分数。
- 年龄、年收入。
- 年龄、消费分数。

用 sklearn 类库进行聚类分析可以分为以下几步。

（1）用 MinMaxScaler 对数据进行标准化处理。

（2）创建 KMeans 类并调用它的 fit 方法训练模型。创建 KMeans 类的主要参数是 n_clusters，即分类数。

（3）用 silhouette_score 方法和 calinski_harabasz_score 方法评估模型效果。

silhouette_score 方法的返回值是轮廓系数。轮廓系数的最高值是 1，最低值是-1，0 附近的值代表重叠的聚类。calinski_harabasz_score 方法的返回值是 calinski-harabasz 分数，一般来说，calinski-harabasz 分数越高代表聚类效果越好。

现在以年收入和消费分数这两个字段来演示如何用 sklearn 类库来实现聚类分析，代码如下：

```
# 截取年收入和消费分数这两列数据
traindf = rawdf[['年收入', '消费分数']]
scores1 = [] #存放 silhouette 分数
scores2 = [] #存放 calinski_harabasz 分数
# 尝试不同的分类数，从 2 到 10
for i in range(2, 11):
    n_clusters = i
    scalar = MinMaxScaler()
    scalar_features = scalar.fit_transform(traindf)

    model_kmeans = KMeans(n_clusters=n_clusters ,init='k-means++', n_init = 10 ,max_iter=300,
                    tol=0.0001, random_state=0)
    model_kmeans.fit(scalar_features)

    silhouette_s = silhouette_score(scalar_features, model_kmeans.labels_, metric='euclidean')
    calinski_harabaz_s = calinski_harabasz_score(scalar_features, model_kmeans.labels_)

    scores1.append(silhouette_s)
    scores2.append(calinski_harabaz_s)
# 用折线图观察聚类结果的分数变化
plt.figure(1 , figsize = (10 ,3))
plt.plot(np.arange(2 , 11) , scores1 , 'o')
plt.plot(np.arange(2 , 11) , scores1 , '-' , alpha = 0.5)
plt.xlabel('分类数') , plt.ylabel('分数')
plt.show()
```

输出结果如图 12.13 所示。

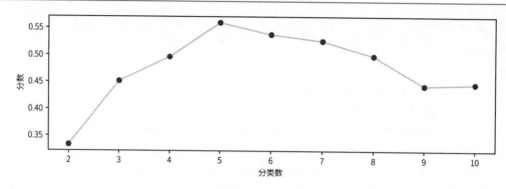

图 12.13　分类数与分数的折线图（一）

从图中可以看出当分类数等于 5 时，分数 silhouette_s 达到最高点。接着再来看看 calinski_harabaz_s 的变化情况，代码如下：

```
plt.plot(np.arange(2 , 11) , scores2 , '-' , alpha = 0.5)
plt.xlabel('分类数') , plt.ylabel('calinski_harabaz_s')
plt.show()
```

输出结果如图 12.14 所示。

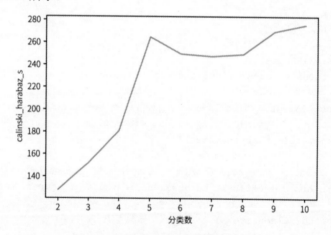

图 12.14　分类数与分数的折线图（二）

从图中可以看出当分类数大于 5 之后，calinski_harabaz_s 有一定程度的下降。

读者可以在上面代码的基础上替换变量 traindf 的内容，就可以用其他组合进行聚类分析。

```
traindf = rawdf[['年龄','年收入', '消费分数']]
traindf = rawdf[['年龄', '年收入']]
traindf = rawdf[['年龄', '消费分数']]
```

通过观察不同字段组合和分类数的结果可以发现，用"年收入和消费分数"这个组合进行聚类的效果最好，而且当分类数是 5 时效果最好。

3. 合并聚类标签与原始数据

接下来就用"年收入和消费分数"进行聚类分析,将分类数设置为5,然后将得出来的结果与原始数据进行合并,代码如下:

```
scalar = MinMaxScaler()
scalar_features = scalar.fit_transform(traindf)
model_kmeans = KMeans(n_clusters=5 ,init='k-means++', n_init = 10 ,max_iter=300,
                       tol=0.0001, random_state=0)
model_kmeans.fit(scalar_features)
kmeans_labels = pd.DataFrame(model_kmeans.labels_, columns=['labels'])
kmeans_result = pd.concat([rawdf.reset_index(), kmeans_labels], axis=1)
kmeans_result
```

输出结果如图 12.15 所示。

	index	客户编号	性别	年龄	年收入	消费分数	labels
0	0	1	男	19	15	39	4
1	1	2	男	21	15	81	3
2	2	3	女	20	16	6	4
3	3	4	女	23	16	77	3
4	4	5	女	31	17	40	4
...	...	...	...	...	...	...	...
195	195	196	女	35	120	79	2
196	196	197	女	45	126	28	0
197	197	198	男	32	126	74	2
198	198	199	男	32	137	18	0
199	199	200	男	30	137	83	2

图 12.15   在原始数据上添加分组结果

用 matplotlib 把各个分组的用户分布情况用散点图展现出来,五个分组分别用五种不同的颜色来表示,代码如下:

```
colors = [
    '#AC92EB',
    '#4FC1E8',
    '#A0D568',
    '#FFCE54',
    '#ED5564']
for i in range(0, 5):
    x = kmeans_result[kmeans_result['labels'] == i]['年收入']
    y = kmeans_result[kmeans_result['labels'] == i]['消费分数']
```

```
        plt.scatter(x, y, s = 16, color = colors[i], marker = '.')

plt.xlabel('年收入')
plt.ylabel('消费分数')
plt.show()
```

输出结果如图 12.16 所示。从图中可以看出，五个分组的客户在消费分数和年收入上有明显的差异。

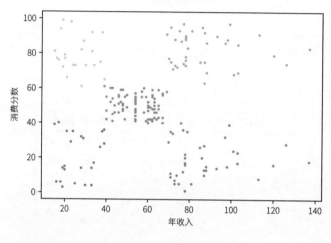

图 12.16　分组散点图

4．分析聚类分析的结果

有了聚类的结果，还要对五个分组的特点进一步分析。在下面的代码中，计算了五个分组中的客户的平均收入、平均消费分数、平均年龄、最低年龄和最高年龄。

```
dfs = []
for i in range(0, 5):
    groupData = kmeans_result[kmeans_result['labels'] == i]
    n = groupData.shape[0]
    countStat = groupData.groupby(['性别'])['客户编号'].count()
    c = pd.DataFrame(countStat/n)

    sum_income = groupData['年收入'].sum()
    sum_spend = groupData['消费分数'].sum()
    sum_age = groupData['年龄'].sum()
    dfs.append({'label' : "group"+str(i),
            '男': c.iloc[1][0],
            '女': c.iloc[0][0],
            '平均收入': sum_income/n,
            '平均消费分数': sum_spend/n,
```

```
            '平均年龄': sum_age/n,
            '最低年龄': groupData['年龄'].min(),
            '最高年龄': groupData['年龄'].max()
        })

featureDf = pd.DataFrame(dfs).set_index('label')
featureDf.to_excel("feature.xlsx")
```

输出的 feature.xlsx 文件内容如图 12.17 所示。

	A	B	C	D	E	F	G	H
	label	男	女	平均收入	平均消费分数	平均年龄	最低年龄	最高年龄
	group0	54.29%	45.71%	88.20	17.11	41.11	19	59
	group1	40.74%	59.26%	55.30	49.52	42.72	18	70
	group2	46.15%	53.85%	86.54	82.13	32.69	27	40
	group3	40.91%	59.09%	25.73	79.36	25.27	18	35
	group4	39.13%	60.87%	26.30	20.91	45.22	19	67

图 12.17　分组特征

从上面的表格中可以总结出五个分组的特点，见表 12.4。

表 12.4　分组特点

分　　组	特　　点
分组 1	收入高，消费低
分组 2	收入中等，消费中等
分组 3	收入高，消费高
分组 4	收入低，消费高，年轻人多
分组 5	收入低，消费低

除分组 4 外，其他分组的年龄特征并不明显。

12.4　购物篮分析

扫一扫，看视频

购物篮分析是通过尝试分析大量的订单数据，去识别客户倾向于一起购买的产品组合。例如，一个客户的订单中包含纸和铅笔，那么他很有可能会购买橡皮擦。购物篮分析一般是通过以下三个指标来判断这个商品组合的关联性强弱。

（1）Support。Support 是指某商品或某商品组合在所有订单中出现的概率。例如，有 10 个订单，A 出现了 3 次，那么 Support(A)=3/10=0.3。如果 A 和 B 同时出现了两次，那么 Support(A->B)=2/10=0.2。

（2）Confidence。Confidence 是指在所有包含 A 的订单中出现 B 的概率。例如，有 10 个订单，A 和 B 同时出现 2 次，A 出现了 4 次，那么 Confidence（A->B）=2/4=0.5。

（3）Lift。Lift 是指销售 A 商品对 B 商品带来的提升率。例如，在 1000 次交易中，300 次购买了 A，400 次购买了 B，200 次的交易中同时包含 A 和 B。购买 A 的概率是 0.3，购买 B 的概率是 0.4。如果购买 A 和购买 B 是相互独立的，那么理论上应该有 1000×0.4×0.3=120 次的交易是同时购买 A 和 B。也就是说，销售 A 商品对 B 商品带来的提升率是 200÷120=1.67。当提升率大于 1 时，高于预期；当提升率小于 1 时，低于预期。

Lift 大于 1 的商品组合意味着这个组合往往会被一起购买，这对于销售商来说是很有价值的信息。因为 A 商品的销售会促进 B 商品的销售，可以把 A 商品和 B 商品摆放在一起来提高销量。另外，使用这三个指标的前提是订单量足够大。如果订单量太少，这些指标就没有参考意义。这几个指标的具体计算公式可以参考 mlxtend 官网上的介绍。

用来挖掘这些潜在的关联规则的其中一种算法是 Apriori 算法，本节示例将使用 Apriori 算法挖掘示例订单数据中的关联规则。

1．安装 mlxtend

本节示例用到一个机器学习类库 mlxtend，mlxtend 中包含了已经编写好的 Apriori 算法代码。mlxtend 的安装步骤如下：

（1）在 Anaconda 中添加一个新的 Channels。单击 Anaconda Navigator 的左侧菜单中的 Environments 按钮，然后单击 Channels 按钮，在打开的对话框中输入 conda-forge，如图 12.18 所示。

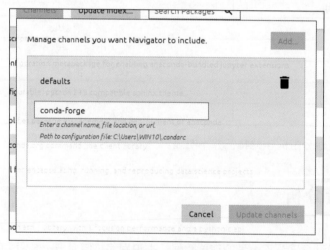

图 12.18　添加新的源

（2）单击 Update channels 按钮更新类库列表。

（3）Channels 更新完毕之后，在左侧下拉列表中选择 All 选项，在搜索框中输入 mlxtend，这样就能发现 mlxtend 出现在列表中，如图 12.19 所示。

图 12.19   placeholder

（4）勾选第 1 列的选择框，单击列表底部的 Apply 按钮，在弹出的对话框中单击 Apply 按钮，等待安装完成。

2．数据预处理

本节示例数据请在本书赠送资源包中找到，示例数据中的字段说明见表 12.5。

表 12.5   字段说明

字　段	说　明
InvoiceNo	订单号，6 位数字
StockCode	产品编号，5 位数字，每个产品的编号唯一
Description	产品描述
Quantity	数量
InvoiceDate	订单日期
UnitPrice	单价
CustomerID	客户 ID
Country	国家

购物篮分析会用到两个方法：apriori 和 association_rules。下面的代码引入要用到的类和函数。

```
import pandas as pd
from mlxtend.frequent_patterns import apriori
from mlxtend.frequent_patterns import association_rules
```

首先用 read_excel 方法导入数据，并检查缺失值。

```
# 导入数据花费时间比较长，请耐心等待
path = "code/data/chapter12/12.4/OnlineRetail.xlsx"
rawdf = pd.read_excel(path)
rawdf.isnull().any(axis=0)
```

输出结果如下：

```
InvoiceNo        False
StockCode        False
Description      True
```

```
Quantity        False
InvoiceDate     False
UnitPrice       False
CustomerID      True
Country         False
dtype: bool
```

从结果可以发现用户 ID 和产品描述有缺失，但是对后续分析影响不大。

接着对原始数据进行预处理。

```
df = rawdf.copy()
# 去除产品描述中的两边的多余空格
df['Description'] = df['Description'].str.strip()
# 把 InvoiceNo 换成字符串
df['InvoiceNo'] = df['InvoiceNo'].astype('str')
```

3. 计算订单商品表

接着要计算出订单商品表，形式如图 12.20 所示，第 1 列是订单号，第 1 行是商品名称。这个表格很清晰地展示了每个订单中包含了什么商品，如订单号 10001 的订单包含了 A 和 D 两个商品，订单号 10002 的订单包含了商品 B。

	A	B	C	D	...
10001	1	0	0	1	
10002	0	1	0	0	
10003	1	1	1	0	
...					

图 12.20　订单商品表

计算这个表的思路是这样的：首先按 InvoiceNo 和产品分类进行分组，然后统计每个分组的购买数量，接着用 unstack 方法把 Description 由行索引变成列索引，最后用一个函数把购买数量转换成数字 0 或 1。我们选取法国的订单数据来运算，代码如下：

```
basket = (df[df['Country'] =="France"]
        .groupby(['InvoiceNo', 'Description'])['Quantity']
        .sum().unstack().reset_index().fillna(0)
        .set_index('InvoiceNo'))
def encode_units(x):
    if x <= 0:
        return 0
    if x >= 1:
        return 1

basket_sets = basket.applymap(encode_units)
# POSTAGE 是邮费的意思，不是一个产品，所以要先删除
basket_sets.drop('POSTAGE', inplace=True, axis=1)
```

4. 找出关联规则

现在数据已经处理成需要的形式了，就可以用 apriori 和 association_rules 来找出关联规则。

```
frequent_itemsets = apriori(basket_sets, min_support=0.07, use_colnames=True)
rules = association_rules(frequent_itemsets, metric="lift", min_threshold=1)
rules.to_excel("rules.xlsx")
```

输出结果如图 12.21 所示。

	A	B	C	D	E
1		antecedents	consequents	antecedent support	consequent support
2	0	frozenset(('PLASTERS I	frozenset(('PLASTERS IN TIN CIRCUS PARADE'))	0.117136659	0.143167028
3	1	frozenset(('PLASTERS I	frozenset(('PLASTERS IN TIN SPACEBOY'))	0.143167028	0.117136659
4	2	frozenset(('PLASTERS I	frozenset(('PLASTERS IN TIN CIRCUS PARADE'))	0.145336226	0.143167028
5	3	frozenset(('PLASTERS I	frozenset(('PLASTERS IN TIN WOODLAND ANIMALS'))	0.143167028	0.145336226
6	4	frozenset(('PLASTERS I	frozenset(('PLASTERS IN TIN SPACEBOY'))	0.145336226	0.117136659
7	5	frozenset(('PLASTERS I	frozenset(('PLASTERS IN TIN WOODLAND ANIMALS'))	0.117136659	0.145336226
8	6	frozenset(('SET/20 REI	frozenset(('SET/6 RED SPOTTY PAPER CUPS'))	0.112798265	0.117136659
9	7	frozenset(('SET/6 RED	frozenset(('SET/20 RED RETROSPOT PAPER NAPKINS'))	0.117136659	0.112798265

图 12.21 关联规则结果

结果中出现了 frozenset 字样，frozenset 是 Python 中的内置类型，与 set 类似，但它是不可修改的。antecedents 和 consequents 分别是关联规则的先导和后继。下面介绍一下 apriori 方法和 association_rules 方法的用法。

apriori 方法的调用形式如下：

```
apriori(df, min_support=0.5, use_colnames=False)
```

参数 df 是一个 DataFrame 类型的订单商品表，参数 min_support 用于设定最小 support 值。当 use_colnames=True 时，返回结果中使用 DataFrame 的列名。

association_rules 方法用于生成关联规则，返回值的类型是 DataFrame。它的调用形式如下：

```
association_rules(df, metric='confidence', min_threshold=0.8)
```

参数 df 一般来自 apriori 方法的返回值。metric 用于判断关联规则是否有价值的度量，其可选值有 support、confidence、lift。min_threshold 是指某个规则的 metric 应该最小达到多少才有意义。例如，将 metric 设为 confidence，min_threshold 设为 0.8，那么只有满足 confidence≥0.8 的规则才会出现在 association_rules 方法的运算结果中。

另外，我们可以按实际需求筛选出符合某个条件的规则。例如：

```
rules[(rules['lift'] >= 6) & (rules['confidence'] >= 0.8)]
```

读者可以修改上面代码，由其他国家的订单数据推导出新的关联规则。例如，下面的代码实现了德国市场的购物篮分析。

```
basket2 = (df[df['Country'] =="Germany"]
           .groupby(['InvoiceNo', 'Description'])['Quantity']
           .sum().unstack().reset_index().fillna(0)
           .set_index('InvoiceNo'))
```

```
basket_sets2 = basket2.applymap(encode_units)
basket_sets2.drop('POSTAGE', inplace=True, axis=1)
frequent_itemsets2 = apriori(basket_sets2, min_support=0.05, use_colnames=True)
rules2 = association_rules(frequent_itemsets2, metric="lift", min_threshold=1)
rules2[(rules2['lift'] >= 4) & (rules2['confidence'] >= 0.5)]
```

12.5　制作产品销售数据报告

扫一扫，看视频

制作产品销售数据分析报告是数据分析中的常见任务，一般可以从时间、产品类别和销售地区这三个方面进行统计分析。本节将展示如何用 Python 自动统计销售数据并制作成数据报告存入 Excel 文件中。

本节使用的示例数据字段说明见表 12.6。

表 12.6　字段说明

字　　段	描　　述
Category	产品一级分类
City	城市
Country	国家
Customer Name	客户姓名
Discount	折扣
Manufacturer	生产商
Number of Records	商品条目
Order Date	订单日期
Order ID	订单 ID
Postal Code	邮政编码
Product Name	产品名称
Profit	利润
Quantity	订单产品数量
Region	地区
Sales	销售额
Segment	产品部门
Ship Date	送货日期
Ship Mode	送货模式

字　段	描　述
State	州
Sub-Category	产品二级分类

我们将在数据分析报告中记录以下问题的结果。

（1）每个区域和每个州的销售额占比是多少？

（2）每个产品分类的销售额占比是多少？

（3）每个月的销售额占比是多少？

（4）哪些产品分类的销售额占总销售的 80%以上？哪些产品分类的利润占总利润的 80%以上？

（5）各个销售区域在不同月份的销售额。

（6）问题（4）中的核心产品在各个销售区域不同月份的销售额。

1．制作数据报告前的准备工作

本节案例使用以下类库设置 matplotlib 绘图会用到的字体和显示模式。

```
import pandas as pd
import numpy as np
import matplotlib.pyplot as plt
import xlwings as xw
import matplotlib

matplotlib.rcParams['font.family']="Source Han Sans SC"
%config InlineBackend.figure_format = 'svg'
```

用 Pandas 导入数据并检查缺失值。

```
path = "code/data/chapter12/12.5/Superstore-dataworld.xlsx"
rawdf = pd.read_excel(path)
rawdf.isnull().any(axis=0)
```

输出结果如下：

```
Category          False
City              False
Country           False
Customer Name     False
Discount          False
Number of Records False
Order Date        False
Order ID          False
Postal Code       True
Manufacturer      False
```

```
Product Name          False
Profit                False
Quantity              False
Region                False
Sales                 False
Segment               False
Ship Date             False
Ship Mode             False
State                 False
Sub-Category          False
dtype: bool
```

列 Postal Code 有缺失值，但这点对后续分析不影响，所以可以忽略。列 Order Date 是字符串格式，用 to_datetime 方法可以把 Order Date 转换成日期格式，方便后续分析。另外，为了分析不同时段的销售数据，还要添加两个新的列：OrderYear 和 OrderMonth。其中，OrderYear 是订单日期的年份；OrderMonth 是订单日期的月份，代码如下：

```
df = rawdf.copy()
df['Order Date'] = pd.to_datetime(df['Order Date'])
df['OrderYear'] = df['Order Date'].apply(lambda x : x.year)
df['OrderMonth'] = df['Order Date'].apply(lambda x : x.month)
df['date'] = df['Order Date'].apply(lambda x : "{y}-{m}".format(y=x.year, m=x.month))
```

计算 OrderYear 的取值范围。

```
df['OrderYear'].unique()
```

输出结果如下：

```
array([2017, 2016, 2015, 2018])
```

从结果可以看出数据的起始时间是 2017 年，共有 4 年的数据。

2. 计算销售占比

下面用 groupby 方法解决（1）、（2）、（3）、（4）这 4 个问题。创建一个新的 Excel 文件来存放分析结果。

```
app = xw.App(visible = True, add_book = False)
workbook = app.books.add()
```

计算各个区域的销售额占比并按降序排序，将结果保存到第 1 个工作表中。

```
sheet1 = workbook.sheets[0]
regionStat = df.groupby('Region')['Sales'].sum() / df['Sales'].sum()
sheet1.range("A1").value = regionStat.sort_values(ascending=False)
sheet1.range('A1').expand('table').columns[1].number_format = "0.0%"
chart = sheet1.charts.add(left = 900, top = 100, width = 400, height = 300)
```

```
chart.set_source_data(sheet1.range('A1').expand('table'))
chart.chart_type = 'pie'
```

df['Sales'].sum()是总销售额。代码中用 xlwings 调整了小数的显示方式，后面的分析结果也做了类似的处理。

计算每个州的销售额占比，将结果保存到第 1 个工作表中。

```
salesDf = df.groupby('State')['Sales'].sum() / df['Sales'].sum()
sheet1.range("D1").value = salesDf.head(8).sort_values(ascending=False)
sheet1.range('D1').expand('table').columns[1].number_format = "0.0%"
chart = sheet1.charts.add(left = 900, top = 100, width = 400, height = 300)
chart.set_source_data(sheet1.range('D1').expand('table'))
chart.chart_type = 'pie'
```

计算每个分类的产品的销售额和销售额占比，将结果保存到第 1 个工作表中。

```
productDf = df.groupby('Sub-Category')['Sales'].sum()
productDf = productDf.reset_index()
productDf['百分比'] = productDf['Sales'] / df['Sales'].sum()
productDf = productDf.sort_values(by='Sales', ascending=False)
sheet1.range("G1").options(index=False).value = productDf
sheet1.range('G1').expand('table').columns[2].number_format = "0.0%"
chart = sheet1.charts.add(left = 900, top = 300, width = 400, height = 300)
chart.set_source_data(sheet1.range('G1:H8'))
chart.chart_type = 'column_clustered'
```

用 groupby 方法按月计算销售额，将结果保存到第 2 个工作表中。

```
sheet2 = workbook.sheets.add()
monthStat = df.groupby('OrderMonth')['Sales'].sum()
monthStat = monthStat.reset_index()
monthStat['百分比'] = monthStat['Sales'] / df['Sales'].sum()
monthStat = monthStat.sort_values(by='Sales', ascending=False)

sheet2.range("A1").options(index=False).value = monthStat
sheet2.range("A1").expand("table").columns[2].number_format = "0.0%"
```

输出结果如图 12.22 所示。

从输出结果可以看出销售高峰出现在 9 月、11 月和 12 月。

下面再来找出产生 80%利润的产品分类，结果将会保存到单独的一个工作表中。

```
sheet3 = workbook.sheets.add()
# 按子分类统计利润总和，然后从高到低排序
profitStat = df.groupby('Sub-Category')['Profit'].sum().reset_index().sort_values
(by="Profit", ascending=False)
profitStat = profitStat[profitStat['Profit'] > 0]
profitStat['累计'] = profitStat['Profit'].cumsum() / profitStat['Profit'].sum()
```

```
sheet3.range("A1").options(index=False).value = profitStat
sheet3.range("A1").expand("table").autofit()
profitCategory = profitStat['Sub-Category'][:7].tolist()
```

profitStat['Profit'].sum()是销售的总利润。输出结果如图 12.23 所示。

	A	B	C
1	OrderMonth	Sales	百分比
2	11	352461.071	15.3%
3	12	325293.504	14.2%
4	9	307649.946	13.4%
5	3	205005.489	8.9%
6	10	200322.985	8.7%
7	8	159044.063	6.9%
8	5	155028.812	6.7%
9	6	152718.679	6.6%
10	7	147238.097	6.4%
11	4	137762.129	6.0%
12	1	94924.8356	4.1%
13	2	59751.2514	2.6%
14			

图 12.22 月份销售占比

	A	B	C
1	Sub-Category	Profit	累计
2	Copiers	55617.8249	0.180118777
3	Phones	44515.7306	0.324283331
4	Accessories	41936.6357	0.460095466
5	Paper	34053.5693	0.570378226
6	Binders	30221.7633	0.668251652
7	Chairs	26590.1663	0.754364121
8	Storage	21278.8264	0.823275773
9	Appliances	18138.0054	0.88201585
10	Furnishings	13059.1436	0.924307993
11	Envelopes	6964.1767	0.946861535
12	Art	6527.787	0.968001826
13	Labels	5546.254	0.985963415
14	Machines	3384.7569	0.996924978
15	Fasteners	949.5182	1
16			

图 12.23 各个产品分类的销售额统计

cumsum 方法用于计算累计的销售额，所以 profitStat['累计']表示累计额的占比。下面给出一个 cumsum 方法的使用示例，请读者仔细体会。

```
pd.Series([2, 3, 2, 4]).cumsum()
```

输出结果如下：

```
0    2
1    5
2    7
3    11
dtype: int64
```

从图 12.23 可以看出，Copiers、Phones、Accessories、Paper、Binders、Chairs、Storage 这几种产品的利润占总利润的 80%。因为在后面的分析需要用到这几个产品类别，所以把它们记录到变量 profitCategory 中。

3. 数据透视表

下面用数据透视表解决（5）、（6）两个问题。首先计算出各个区域的月销售额情况，代码如下：

```
sheet4 = workbook.sheets.add()
monthPivot = df.pivot_table(index='OrderMonth', columns='Region', values='Sales', margins=True,
                            aggfunc=np.sum)
sheet4.range("A1").value = monthPivot
sheet4.range("A1").expand("table").autofit()
```

输出结果如图 12.24 所示。

	A	B	C	D	E	F
1	OrderMonth	Central	East	South	West	All
2	1	31683.2296	15350.539	23185.942	24705.125	94924.8356
3	2	8211.3104	14781.252	20981.476	15777.213	59751.2514
4	3	41216.2618	36419.942	54115.11	73254.175	205005.4888
5	4	26199.8706	38904.576	30316.409	42341.273	137762.1286
6	5	36005.2282	43440.179	30666.918	44916.4865	155028.8117
7	6	32879.3948	45100.775	25502.223	49236.2865	152718.6793
8	7	32113.561	36286.83	13890.905	64946.801	147238.097
9	8	25559.183	44069.643	26062.901	63352.336	159044.063
10	9	76833.4122	107412.366	43076.793	80327.3745	307649.9457
11	10	53920.9312	62617.819	24201.6665	59582.568	200322.9847
12	11	65025.949	137291.26	59538.5495	90605.3125	352461.071
13	12	71591.559	97106.059	40183.012	116412.8735	325293.5035
14	All	501239.8908	678781.24	391721.905	725457.8245	2297200.86
15						

图 12.24　各个区域的月销售额情况

修改一下上面的数据透视表，只选择核心产品来计算销售额。

```
monthPivot2 = df[df['Sub-Category'].isin(profitCategory)]\
.pivot_table(index='OrderMonth', columns='Region', values='Sales', margins=True, aggfunc=
    np.sum)
sheet4.range("H1").value = monthPivot2
sheet4.range("H1").expand("table").autofit()
```

输出结果如图 12.25 所示。

H	I	J	K	L	M
OrderMonth	Central	East	South	West	All
1	15420.678	8431.662	16175.538	17860.048	57887.926
2	5913.136	11362.009	7559.652	10275.93	35110.727
3	23374.084	19798.055	25242.098	50696.791	119111.028
4	20324.683	20066.792	16717.455	23992.829	81101.759
5	29165.448	30458.185	22324.998	26362.261	108310.892
6	20418.446	29900.884	19303.73	26636.982	96260.042
7	25964.247	27234.7	6453.59	39381.417	99033.954
8	17234.55	33676.512	16830.772	41058.315	108800.149
9	45455.873	72551.847	30471.008	53614.074	202092.802
10	46263.511	38496.355	14244.223	41898.596	140902.685
11	42580.678	86632.313	27759.45	58573.833	215546.274
12	57079.536	61802.368	23924.265	74135.645	216941.814
All	349194.87	440411.682	227006.779	464486.721	1481100.052

图 12.25　核心产品各个区域的月销售额情况

4. 各个产品分类销售走势的分析

产品销售额有时会受到季节性因素的影响。如果季节性因素确实存在，那么产品的生产和广告的投放都要做调整。为了验证示例数据是否有季节性因素存在，下面来分析一下各个产品分类的销售额随时间变化的趋势。首先计算出每月各个子分类的销售额总和，代码如下：

```
monthTrend = df.groupby(['OrderMonth', 'Sub-Category'])['Sales'].mean().unstack().reset_ index()[
    ['OrderMonth'] + profitCategory
].fillna(0)
```

把计算结果绘制成折线图。

```
# 总共有 8 个格子，7 个图表
sheet5 = workbook.sheets.add()
fig = plt.figure(figsize=(10, 10), facecolor='white')
for i in range(1, 8):
    category = profitCategory[i-1]
    plt.subplot(4, 2, i)
    plt.plot(monthTrend['OrderMonth'], monthTrend[category])
    plt.ylabel(category)
    plt.xticks(range(0, 13),range(0, 13))
    plt.tight_layout(pad=1.0)

sheet5.pictures.add(fig, name='Trend', update=True)
```

输出结果如图 12.26 所示。代码中用了 subplot 方法把多个折线图绘制到同一个图表中。subplot 方法的第 1 个参数是行数，第 2 个参数是列数，第 3 个参数是子图的序号。子图的序号从 0 到 7。图表总共有 4 行 2 列，所以第 1 个参数是 4，第 2 个参数是 2。

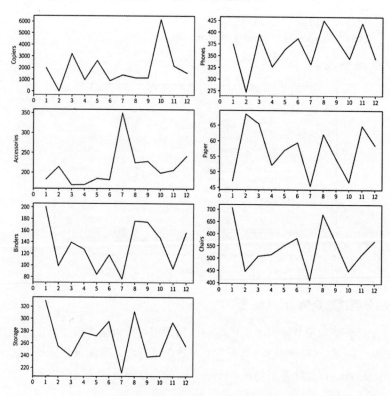

图 12.26　几个产品分类的月份销售趋势

从图 12.26 中可以看出，Copiers 的销售高峰在 10 月；Accessories 的销售高峰在 7 月。

5. 打折效果分析

最后我们来分析一下商品销售中有折扣和无折扣的销量差异，这是销售分析中常见的问题。首先，添加一个新的列 promotion，当订单有折扣时，返回 True，否则返回 False。

```
df['promotion'] = df['Discount'] == 0.0
```

分别计算打折商品和非打折商品的日平均销量。

```
# 计算天数
promotionDate = df.pivot_table(index='promotion', columns='Sub-Category', values='Order
Date', aggfunc='count')
# 计算销售额
promotionSale = df.pivot_table(index='promotion', columns='Sub-Category', values='Sales',
aggfunc='sum')
sheet6 = workbook.sheets.add()
# 销售额除以天数就是平均每天销量
sheet6.range("A1").options(index=False).value = (promotionSale / promotionDate).T
```

最后用 save 方法保存分析结果到 Excel 文件中。

```
workbook.save("报告.xlsx")
```

12.6 预测产品销售情况

扫一扫，看视频

本节案例将会使用时间序列分析中的 ARIMA 模型预测产品销售额的走势。关于 ARIMA 模型的详细介绍，读者可以参考面向财经类专业的统计学教材。

导入数据和数据预处理

首先引入要用到的类库，statsmodels 模块中包含了实现 ARIMA 模型的类。

```
import itertools
import numpy as np
import matplotlib.pyplot as plt
import pandas as pd
import statsmodels.api as sm
import matplotlib
```

设定 matplotlib 绘制图表的参数。

```
plt.style.use('tableau-colorblind10')
matplotlib.rcParams['figure.figsize'] = 18, 15
matplotlib.rcParams['axes.labelsize'] = 14
matplotlib.rcParams['xtick.labelsize'] = 12
```

```
matplotlib.rcParams['ytick.labelsize'] = 12
```

用 read_excel 方法导入数据。这里选取家具产品的销售数据进行分析，而且只保留两个列 Order Date 和 Sales。Order Date 是订单日期，Sales 是销售额。

```
df = pd.read_excel("code/data/chapter12/12.6/Sample-Superstore.xlsx")
furnitureDf = df.loc[df['Category'] == 'Furniture'][['Order Date', 'Sales']]
# 按订单日期排序
furnitureDf = furnitureDf.sort_values('Order Date')
```

用 groupby 方法计算每天的销售额。

```
furnitureDf = furnitureDf.groupby('Order Date')['Sales'].sum().reset_index()
# 把 Order Date 设置为 DataFrame 的索引，绘图时更加方便
furnitureDf = furnitureDf.set_index('Order Date')
```

用 resample 方法对时间序列数据进行频率转换和重采样。参数值 MS 代表以每月的第一天作为时间戳，调用 mean 方法计算每月的日平均销售额。

```
saleData = furnitureDf['Sales'].resample('MS').mean()
```

转换后的结果存在变量 saleData 中，如图 12.27 所示。例如，2014 年 1 月的日平均销售额是 480.194231。

```
Out[7]:  Order Date
         2014-01-01      480.194231
         2014-02-01      367.931600
         2014-03-01      857.291529
         2014-04-01      567.488357
         2014-05-01      432.049188
         2014-06-01      695.059242
         2014-07-01      601.169500
         2014-08-01      457.521656
         2014-09-01      992.353367
         2014-10-01      769.015437
         2014-11-01      980.221486
         2014-12-01     1532.298325
         2015-01-01      978.328467
         2015-02-01      522.395667
         2015-03-01      781.236437
         2015-04-01      805.822962
         2015-05-01      624.996700
         2015-06-01      428.565500
         2015-07-01      719.706316
         2015-08-01      602.412012
         2015-09-01     1382.790684
```

图 12.27　saleData 的内容

把每月的日平均销售额绘制成折线图。

```
plt.figure(figsize=(15, 6))
plt.plot(saleData.index, saleData.values)
```

输出结果如图 12.28 所示，可以看出销售额总是年初低，年末高。

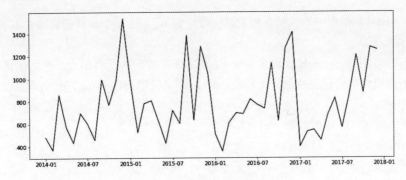

图 12.28　家具每月销售额折线图

seasonal_decompose 方法可以将时间序列数据分解成 3 个部分，分别是 Trend（趋势）、Seasonal（季节）和 Resid（噪声）。

```
decomposition = sm.tsa.seasonal_decompose(saleData, model='additive')
fig = decomposition.plot()
plt.show()
```

输出结果如图 12.29 所示，可以看出销售额具有明显的季节性。

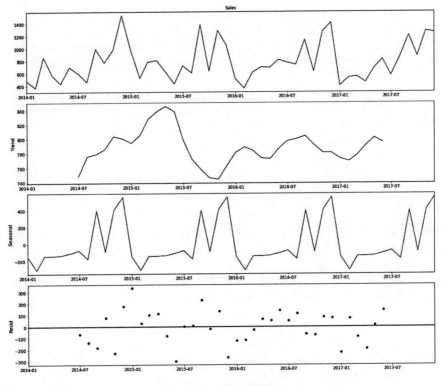

图 12.29　分解时间序列

　　p、d、q 是 ARIMA 模型中的关键参数。如何确定 p、d、q 这 3 个参数的值呢？本节实现 ARIMA 模型的大致步骤如下：

　　（1）用 Python 中的 itertools 模块来生成 p、d、q 3 个参数的所有组合，然后计算每一对组合的 AIC。AIC 是衡量模型拟合优良性的一个标准，用 AIC 来确定最佳的（p，d，q）组合。AIC 值最小的组合就是最优的。

　　（2）用最佳的 p、d、q 值拟合 ARIMA 模型。

　　（3）用训练出来的模型预测未来销售额。

　　具体实现代码如下：

```
p = range(0, 2)
d = range(0, 2)
q = range(0, 2)
pdq = list(itertools.product(p, d, q))
seasonal_pdq = [(x[0], x[1], x[2], 12) for x in list(itertools.product(p, d, q))]

aicList = []
for param in pdq:
    for param_seasonal in seasonal_pdq:
        try:
            mod = sm.tsa.statespace.SARIMAX(saleData,
                                            order=param,
                                            seasonal_order=param_seasonal,
                                            enforce_invertibility=False)

            results = mod.fit()

            print('ARIMA{}x{}12 - AIC:{}'.format(param, param_seasonal, results.aic))
            aicList.append(results.aic)
        except:
            continue
```

```
min(aicList)
```

　　AIC 的最小值是 482.83195279005776，它对应的组合是(0, 1, 1)x(0, 1, 1, 12)12。下面用这个组合来拟合 ARIMA 模型。

```
# ARIMA(0, 1, 1)x(0, 1, 1, 12)12 - AIC:482.83195279005776
mod = sm.tsa.statespace.SARIMAX(saleData,
                                order=(0, 1, 1),
                                seasonal_order=(0, 1, 1, 12),
                                enforce_invertibility=False)
results = mod.fit()
print(results.summary().tables[1])
```

输出结果如图 12.30 所示。

	coef	std err	z	P>|z|	[0.025	0.975]
ar.L1	0.0146	0.342	0.043	0.966	-0.655	0.684
ma.L1	-1.0000	0.360	-2.781	0.005	-1.705	-0.295
ar.S.L12	-0.0253	0.042	-0.609	0.543	-0.107	0.056
sigma2	2.958e+04	1.22e-05	2.43e+09	0.000	2.96e+04	2.96e+04

图 12.30　模型的结果

用 plot_diagnostics 方法绘制诊断图表。

```
results.plot_diagnostics(figsize=(16, 8))
plt.show()
```

输出结果如图 12.31 所示。

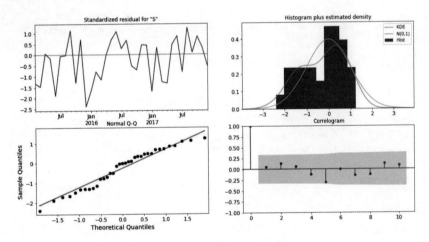

图 12.31　模型诊断图表

把实际销售数值和预测销售数值放到同一个图中，检验预测的准确性。

```
plt.figure(figsize=(14, 8))
pred = results.get_prediction(start=pd.to_datetime('2017-01-01'), dynamic=False)
pred_ci = pred.conf_int()
plt.plot(saleData['2014':], label='observed')
plt.plot(pred.predicted_mean, label='forecast')
plt.fill_between(pred_ci.index,
                pred_ci.iloc[:, 0],
                pred_ci.iloc[:, 1], color='#333', alpha=0.2)
plt.xlabel('Date')
plt.ylabel('Sales')
plt.legend()
plt.show()
```

输出结果如图 12.32 所示。

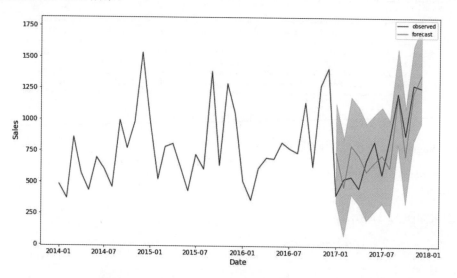

图 12.32　预测值和实际值

最后计算均方误差和均方根误差。

```
y_forecasted = pred.predicted_mean
y_truth = saleData['2017-01-01':]
mse = ((y_forecasted - y_truth) ** 2).mean()
print(mse)
print(np.sqrt(mse))
```

输出结果如下：

```
34370.11620150686
185.39179108446754
```

扫一扫，看视频

12.7　衡量广告效果

　　在投放互联网广告时，往往是根据年龄、性别、兴趣和地域这几个维度进行精准投放。例如，用年龄 30～34 岁、女性和喜欢健身这三个维度来确定一个群体，针对这个群体设计广告。有一种投放广告的策略是把同一个广告分发给几个不同群体，看看哪个广告点击率更高、转化率更好。本节主要介绍如何分析这种广告投放策略的数据。

　　对于不同阶段的公司分析广告数据的重点不一样，新公司可能更关注如何通过网络广告获得更大的曝光量，不太关心点击率和收益；另外一些公司则会追求在尽可能少的广告支出下获取最大收入。

12.7.1　案例数据介绍

Facebook 是国外流行的广告平台，用户可以在 Facebook 上基于用户的各种属性针对特定的受众投放广告。本小节分析的 Facebook 广告投放效果数据集来自 kaggle，该数据集的字段说明见表 12.7。

表 12.7　字段说明

字　　段	说　　明
ad_id	广告 ID
xyz_campaign_id	XYZ 公司广告组 ID
fb_campaign_id	Facebook 跟踪每个广告系列相关联的 ID
age	广告展示对象的年龄段
gender	广告展示对象的性别
interest	用户兴趣所属类别的编号
Impressions	广告的展示次数
Clicks	广告的点击次数
Spent	广告的总花费
Total_Conversion	用户看到广告后向公司咨询产品的次数
Approved_Conversion	用户看到广告后购买产品的次数

为了简单起见，这里假设一次购买行为可以产生 100 元的利润。设定这个值之后，可以计算广告的真实收益，用于衡量投放广告的效果。

本小节希望通过数据分析解决的问题如下：

● 哪些用户对我们的广告有兴趣？他们有什么特征？

● 哪些广告的投入产出比较好？哪些广告的投入产出比非常差？

● 哪个兴趣类别的人群点击率最高？哪个兴趣类别的人群转化率最高？

● 计算广告的平均点击率、转化率和点击成本。

运行示例代码之前，先引入类库。

```
import pandas as pd
import matplotlib.pyplot as plt
import numpy as np
import xlwings as xw
```

12.7.2　了解广告组的概况

本小节先完成数据导入和预处理操作，然后看看各个广告组的指标情况如何。

```
path = "/Users/caichicong/Documents/Python+Excel/"
adsData = pd.read_excel(path + "code/data/chapter12/12.7/KAG_conversion_data.xlsx")
adsData.isnull().any(axis=0)
```

输出结果如下：

```
ad_id                  False
xyz_campaign_id        False
fb_campaign_id         False
age                    False
gender                 False
interest               False
Impressions            False
Clicks                 False
Spent                  False
Total_Conversion       False
Approved_Conversion    False
dtype: bool
```

从输出可以看出这个数据集中没有缺失值。接着去掉多余的列和检查重复值，字段 fb_campaign_id 用处不大，可以先删除。

```
adsData = adsData.drop(columns=["fb_campaign_id"])
```

再看看列 ad_id 中有没有重复值。

```
adsData['ad_id'].duplicated().any()
```

输出结果如下：

```
False
```

说明广告 ID 没有重复。深入分析前，先熟悉数据。首先对 Impressions、Clicks、Spent、Total_Conversion、Approved_Conversion 这 5 个字段进行描述性统计，代码如下：

```
adsData[['Impressions', 'Clicks', 'Spent', 'Total_Conversion', 'Approved_Conversion']].describe()
```

输出结果如图 12.33 所示。

	Impressions	Clicks	Spent	Total_Conversion	Approved_Conversion
count	1.143000e+03	1143.000000	1143.000000	1143.000000	1143.000000
mean	1.867321e+05	33.390201	51.360656	2.855643	0.944007
std	3.127622e+05	56.892438	86.908418	4.483593	1.737708
min	8.700000e+01	0.000000	0.000000	0.000000	0.000000
25%	6.503500e+03	1.000000	1.480000	1.000000	0.000000
50%	5.150900e+04	8.000000	12.370000	1.000000	1.000000
75%	2.217690e+05	37.500000	60.025000	3.000000	1.000000
max	3.052003e+06	421.000000	639.949998	60.000000	21.000000

图 12.33　描述性统计

可以看到这个公司所有广告的平均点击次数约为 33 次，平均花费约为 51 元，平均转换人数约为 2.9，平均购买人数约为 0.9。下面统计数据集中有多少个广告组。

```
adsData.groupby('xyz_campaign_id')['ad_id'].count()
```

输出结果如下：

```
xyz_campaign_id
916       54
936      464
1178     625
Name: ad_id, dtype: int64
```

为了后面方便分析和叙述，将这 3 个广告组的数字类型 ID 转换成字母。

```
adsData = adsData.replace({'xyz_campaign_id': {1178: 'A', 936: 'B', 916: 'C'}})
```

经过转换之后，所有广告就分为 A、B、C 三组。接着计算每个广告组的点击数分布情况，代码如下：

```
adsData.groupby("xyz_campaign_id").agg(['mean', 'median', 'std', 'min', 'max'])['Clicks']
```

输出结果如图 12.34 所示。

xyz_campaign_id	mean	median	std	min	max
A	57.708800	31	67.307334	0	421
B	4.275862	1	10.716118	0	116
C	2.092593	1	3.017362	0	14

图 12.34　广告组点击量统计

可以看出 A 组的广告质量明显高于 B 组和 C 组，但是 A 组内点击量的差异也是很大的。

下面再统计其他广告效果指标。先计算出广告展示次数、点击次数、花费和转换率等指标的合计结果。在本小节开头假设了一个购买行为可以产生 100 元的利润，按这个假设可以计算出每个广告组的收益，作为一个新的列 profit。

```
performance = adsData.groupby("xyz_campaign_id")[['Impressions','Clicks',
    'Spent', 'Total_Conversion', 'Approved_Conversion']].sum()
performance = performance.reset_index()
performance['profit'] = performance.reset_index()['Approved_Conversion']*100
performance
```

输出结果如图 12.35 所示。

	xyz_campaign_id	Impressions	Clicks	Spent	Total_Conversion	Approved_Conversion	profit
0	A	204823716	36068	55662.149959	2669	872	87200
1	B	8128187	1984	2893.369999	537	183	18300
2	C	482925	113	149.710001	58	24	2400

图 12.35　广告互动及收益情况

12.7.3　广告各个维度的分布特征

下面研究各个分组在年龄、性别和兴趣的分布特点。首先用柱状图研究年龄分布特点，代码如下：

```
ageDf = adsData.groupby(["xyz_campaign_id", "age"])["ad_id"].count().reset_index()
fig = plt.figure(figsize=(10, 20))
groupName = ["A", "B", "C"]
for i in range(1, 4):
    plt.subplot(3, 1, i)
    group = ageDf[ageDf["xyz_campaign_id"] == groupName[i-1]]
    plt.xlabel("group" + groupName[i-1])
    plt.bar(group["age"], group["ad_id"], width=0.3)
plt.show()
```

输出结果如图 12.36 所示。

通过观察图 12.36 发现，在三个广告组中，年龄在 30～34 岁的浏览者最多。下面再看看各个分组的性别特点。

```
adsData.groupby(["xyz_campaign_id", "gender"])["ad_id"].count().reset_index()
```

输出结果如图 12.37 所示。

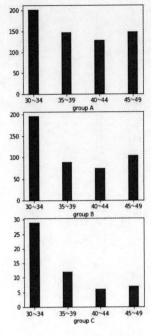

图 12.36　各组的年龄分布

	xyz_campaign_id	gender	ad_id
0	A	F	276
1	A	M	349
2	B	F	256
3	B	M	208
4	C	F	19
5	C	M	35

图 12.37　三个分组的性别数据

从结果中可以看出，这三个广告组的浏览者的性别差异不大。

最后研究各个分组的兴趣的分布特点。

```
interestDf = adsData.groupby(["xyz_campaign_id", "interest"])["ad_id"].count().reset_index()
interestA = interestDf[interestDf["xyz_campaign_id"] == "A"].sort_values(by="ad_id",
ascending=False)
interestB = interestDf[interestDf["xyz_campaign_id"] == "B"].sort_values(by="ad_id",
ascending=False)
interestC = interestDf[interestDf["xyz_campaign_id"] == "C"].sort_values(by="ad_id",
ascending=False)
```

变量 interestA、interestB、interestC 的输出结果分别如图 12.38～图 12.40 所示。

In [48]:　1　interestA

Out[48]:

	xyz_campaign_id	interest	ad_id
4	A	16	38
2	A	10	35
16	A	29	35
21	A	63	26
15	A	28	26
14	A	27	26

图 12.38　interestA

In [49]:　1　interestB

Out[49]:

	xyz_campaign_id	interest	ad_id
44	B	16	86
42	B	10	48
56	B	29	39
54	B	27	31
62	B	64	24
53	B	26	23

图 12.39　interestB

```
In [50]:    1  interestC
Out[50]:
```

xyz_campaign_id	interest	ad_id
67	C	16	16
66	C	15	9
75	C	28	4
76	C	29	3
70	C	20	3

图 12.40　interestC

从结果中可以发现，interestA 兴趣分布在 16、10、29、63、28 的人数最多；interestB 兴趣分布在 16、10、29、27、64 的人数最多；interestC 兴趣分布在 16、15 的人数最多。所以兴趣为 16 的广告浏览者在三个广告中都比较多。

12.7.4　计算广告的业务指标

衡量广告的投放效果可以借助一些基础指标。常用的业务指标计算公式如下：

● 点击率（CTR）=点击量÷展示量
● 单个点击的成本（CPC）=广告费用÷点击量
● 千次展示成本（CPM）=广告费用÷展示量×1000
● 单次用户行为成本（CPA）=广告费用÷转化次数
● 单次用户购买成本（CPS）=广告费用÷购买次数
● 广告转化率（CVR）=转化次数÷点击量

按上面的计算公式计算案例数据中每个广告的指标值，代码如下：

```
adsData['CTR'] = adsData['Clicks'] / adsData['Impressions']
adsData['CPC'] = adsData['Spent'] / adsData['Clicks']
adsData['CPM'] = adsData['Spent'] / adsData['Impressions']*1000
adsData['CPA'] = adsData['Spent'] / adsData['Total_Conversion']
adsData['CPS'] = adsData['Spent'] / adsData['Approved_Conversion']
adsData['CVR'] = adsData['Total_Conversion'] / adsData['Clicks']
```

 这里的转化率可能会大于 1，因为一次点击之后可能有多次询盘。

用 describe 方法大概看看这些指标的数值分布状况。

```
adsData[['CTR', 'CPC', 'CPM', 'CPA', 'CPS', 'CVR']].describe()
```

输出结果如图 12.41 所示。

	CTR	CPC	CPM	CPA	CPS	CVR
count	1143.000000	936.000000	1143.000000	1140.000000	1007.000000	1140.000000
mean	0.000164	1.499347	0.239387	inf	inf	inf
std	0.000115	0.232879	0.160908	NaN	NaN	NaN
min	0.000000	0.180000	0.000000	0.000000	0.000000	0.000000
25%	0.000100	1.390000	0.148742	1.405000	15.956250	0.071429
50%	0.000160	1.498273	0.248816	8.470000	83.437499	0.199291
75%	0.000234	1.644364	0.332700	22.060833	inf	1.000000
max	0.001059	2.212000	1.504237	inf	inf	inf

图 12.41　广告的业务指标

可以看到 CPA、CPS、CVR 三个指标的最大值都出现了异常值，把相关记录提取出来。

```
adsData[adsData['CPA'] == np.inf]
adsData[adsData['CPS'] == np.inf]
adsData[adsData['CVR'] == np.inf]
```

adsData[adsData['CPA'] == np.inf]的输出结果如图 12.42 所示。

图 12.42　CPA 无穷大的行

adsData[adsData['CPS'] == np.inf]的输出结果如图 12.43 所示。

图 12.43　CPS 无穷大的行

adsData[adsData['CVR'] == np.inf]的输出结果如图 12.44 所示。

```
In [57]:   1  adsData[adsData['CVR'] == np.inf]
Out[57]:
```

	ad_id	xyz_campaign_id	age	gender	interest	Impressions	Clicks	Spent	Total_Conversion	Approved_Conversion	CTR	CPC	CPM	CPA	CPS	CVR
2	708771	C	30-34	M	20	693	0	0.0	1	0	0.0	NaN	0.0	0.0	NaN	inf
5	708820	C	30-34	M	29	1915	0	0.0	1	1	0.0	NaN	0.0	0.0	NaN	inf
10	708979	C	30-34	M	31	1224	0	0.0	1	0	0.0	NaN	0.0	0.0	NaN	inf
11	709023	C	30-34	M	7	735	0	0.0	1	0	0.0	NaN	0.0	0.0	NaN	inf
12	709038	C	30-34	M	16	5117	0	0.0	1	0	0.0	NaN	0.0	0.0	NaN	inf
...	...	...	...	...	...	...	...	...	...	...	...	...	...	...	...	...

图 12.44　CVR 无穷大的行

从相关记录中可以发现，CPA、CPS 的值等于无穷大的原因是用户点击广告，但是完全没有转换。这样的广告大约有 400 多个。CVR 的值等于无穷大的原因是用户没有点击广告，但是后来有咨询产品，这样的广告有 204 个。为了后续分析方便，把这些值都设为 0。

```
adsData['CPA'] = adsData['CPA'].replace(np.inf, 0)
adsData['CPS'] = adsData['CPS'].replace(np.inf, 0)
adsData['CVR'] = adsData['CVR'].replace(np.inf, 0)
```

调整后的广告指标如图 12.45 所示。

	CTR	CPC	CPM	CPA	CPS	CVR
count	1143.000000	936.000000	1143.000000	1140.000000	1007.000000	1140.000000
mean	0.000164	1.499347	0.239387	16.058870	23.518219	0.242335
std	0.000115	0.232879	0.160908	24.315555	45.913408	0.368657
min	0.000000	0.180000	0.000000	0.000000	0.000000	0.000000
25%	0.000100	1.390000	0.148742	1.380000	0.000000	0.029305
50%	0.000160	1.498273	0.248816	8.228889	1.130000	0.090909
75%	0.000234	1.644364	0.332700	21.331429	30.736250	0.250000
max	0.001059	2.212000	1.504237	332.989999	352.449999	4.000000

图 12.45　调整后的广告指标

从图 12.45 中可以得知，CTR 的中位数是 0.000160，CVR 的中位数 0.090909。

按 xyz_campaign_id 的值进行分组，将分组结果分别存入 3 个不同的变量中。

```
groupA = adsData[adsData['xyz_campaign_id'] == 'A']
groupB = adsData[adsData['xyz_campaign_id'] == 'B']
groupC = adsData[adsData['xyz_campaign_id'] == 'C']
```

用程序查找每组中点击率最好的广告，代码如下：

```
groupA.sort_values(by='CTR', ascending=False).head(5)
groupB.sort_values(by='CTR', ascending=False).head(5)
groupC.sort_values(by='CTR', ascending=False).head(5)
```

A 组点击率最好的广告如图 12.46 所示。

	ad_id	xyz_campaign_id	age	gender	interest	Impressions	Clicks	Spent	Total_Conversion	Approved_Conversion	CTR
1017	1122244	A	45-49	F	24	85083	32	38.630000	1	1	0.000376
1018	1122246	A	45-49	F	24	14167	5	7.140000	1	0	0.000353
963	1122101	A	40-44	F	25	197772	63	88.210000	7	2	0.000319
1016	1122240	A	45-49	F	23	284488	90	125.270001	1	1	0.000316
976	1122131	A	40-44	F	30	93176	29	40.370000	1	1	0.000311

图 12.46　A 组点击率最好的广告

B 组点击率最好的广告如图 12.47 所示。

	ad_id	xyz_campaign_id	age	gender	interest	Impressions	Clicks	Spent	Total_Conversion	Approved_Conversion	CTR
150	738637	B	45-49	F	24	944	1	1.42	1	0	0.001059
440	950224	B	40-44	M	20	2367	2	2.84	1	1	0.000845
505	951779	B	45-49	F	27	3277	2	2.68	1	0	0.000610
476	951202	B	45-49	F	26	5307	3	4.29	2	1	0.000565
448	950537	B	40-44	M	36	1884	1	1.41	1	0	0.000531

图 12.47　B 组点击率最好的广告

C 组点击率最好的广告如图 12.48 所示。

	ad_id	xyz_campaign_id	age	gender	interest	Impressions	Clicks	Spent	Total_Conversion	Approved_Conversion	CTR
14	709059	C	30-34	M	20	14669	7	10.28	1	1	0.000477
34	710360	C	45-49	M	21	2182	1	1.53	1	1	0.000458
33	710088	C	45-49	M	24	2283	1	1.47	1	0	0.000438
16	709115	C	30-34	M	30	2305	1	0.57	1	0	0.000434
8	708953	C	30-34	M	27	2355	1	1.50	1	0	0.000425

图 12.48　C 组点击率最好的广告

找出这些点击率好的广告后，可以提示业务部门通过研究广告的内容（如文案、图片等）分析这些广告点击率高的原因。观察数据可以发现：A 组点击率最好的广告都是面向 40～49 岁的女性，

C 组点击率最好的广告都是面向男性。

CVR 大于 1 代表这个用户看完广告之后有复购产品的行为，这类广告值得筛选出来重点研究，代码如下：

```
adsData[adsData['CVR'] == 1]
```

另外，还可以找出展现量为 0 和点击量为 0 的广告，看看这些广告有什么问题。

```
adsData[adsData['Impressions'] == 0]
adsData[adsData['Clicks'] == 0]
```

最后探究一下 CTR 和 CPS 之间的关系。用 matplotlib 绘制出 CTR 和 CPS 的散点图，代码如下：

```
# 筛选出 CPS>0 的数据
adsDataCPS = adsData[adsData['CPS'] > 0]
plt.scatter(adsDataCPS['CPS'].tolist(), adsDataCPS['CTR'].tolist())
plt.show()
```

输出结果如图 12.49 所示。

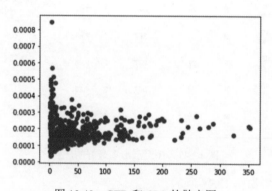

图 12.49　CTR 和 CPS 的散点图

最后统计一下这三个广告组在不同的年龄和性别组合下的情况。

```
print("==== groupA ====")
print(groupA.groupby(['age', 'gender']).sum()['Clicks'])
print("==== groupB ====")
print(groupB.groupby(['age', 'gender']).sum()['Clicks'])
print("==== groupC ====")
print(groupC.groupby(['age', 'gender']).sum()['Clicks'])
```

输出结果如下：

```
==== groupA ====
age     gender
30-34   F           4877
        M           4263
35-39   F           3929
```

```
           M      2873
40-44 F          4919
           M      2492
45-49 F          8468
           M      4247
Name: Clicks, dtype: int64
==== groupB ====
age    gender
30-34 F          186
           M      100
35-39 F          228
           M      47
40-44 F          257
           M      54
45-49 F          962
           M      150
Name: Clicks, dtype: int64
==== groupC ====
age    gender
30-34 F          36
           M      21
35-39 F          4
           M      13
40-44 F          1
           M      13
45-49 F          11
           M      14
Name: Clicks, dtype: int64
```

从上面的数据中可以看出以下两点。

（1）在 A 组和 B 组中，点击率最高的群体都是 45～49 岁的女性。

（2）C 组的点击率量很少。

读者可以试试研究兴趣编号 20、29、30、65 的广告效果。

12.7.5　用户属性与广告效果的关系

本小节探究用户兴趣、年龄、性别与广告效果之间的关系，找出关系之后可以在投放广告中有针对性地设置人群定向。

先计算出每个用户兴趣类别下的广告转化率，代码如下：

```
# 创建新的工作簿
app = xw.App(visible = True, add_book = False)
workbook = app.books.add()
```

```
interestStatArr = []
for g in [groupA, groupB, groupC]:
    conversionStat = g.groupby("interest").sum()['Total_Conversion']
    clicksStat = g.groupby("interest").sum()['Clicks']
    interestStat = pd.concat([conversionStat, clicksStat], keys=['conversion', 'click'], axis=1)
    interestStat['CVR'] = interestStat['conversion'] / interestStat['click']
    interestStat = interestStat.replace(np.inf, 0)
    interestStat = interestStat.sort_values(by='CVR', ascending=False)
    interestStatArr.append(interestStat)
# 把统计结果填入 Excel 表格中
workbook.sheets[0].range("A1").value = "A 组"
workbook.sheets[0].range("A2").value = interestStatArr[0]
workbook.sheets[0].range("F1").value = "B 组"
workbook.sheets[0].range("F2").value = interestStatArr[1]
workbook.sheets[0].range("K1").value = "C 组"
workbook.sheets[0].range("K2").value = interestStatArr[2]
```

输出结果如图 12.50 所示。可以看到 A 组和 B 组在兴趣类别 36 下的广告都有很好的转换率。

	A	B	C	D	E	F	G	H	I
1	A组					B组			
2	interest	conversion	click	CVR		interest	conversion	click	CVR
3	36	21	126	0.16666667		36	7	2	3.5
4	104	43	265	0.16226415		23	6	3	2
5	112	53	339	0.15634218		31	9	6	1.5
6	101	71	524	0.13549618		2	7	5	1.4
7	7	49	400	0.1225		32	11	8	1.375
8	31	22	189	0.11640212		30	8	8	1
9	21	57	493	0.11561866		24	8	8	1
10	111	30	260	0.11538462		25	7	8	0.875
11	2	33	306	0.10784314		7	8	10	0.8
12	113	25	233	0.10729614		20	23	30	0.76666667

图 12.50　各种兴趣类别的转换率

接着来探究用户年龄与广告效果的关系，代码如下：

```
for name, g in {"A" : groupA, "B": groupB, "C": groupC}.items():
    conversionStat = g.groupby("age").sum()['Total_Conversion']
    clicksStat = g.groupby("age").sum()['Clicks']
    ageEffects = pd.concat([conversionStat, clicksStat], keys=['conversion', 'click'], axis=1)
    ageEffects['CVR'] = ageEffects['conversion'] / ageEffects['click']
    print("=============group " + name + "=============")
    print(ageEffects)
```

输出结果如下：

```
=============group A=============
      conversion  click      CVR
age
30-34       1173   9140  0.128337
35-39        517   6802  0.076007
```

```
40-44        433   7411  0.058427
45-49        546  12715  0.042941
=============group B=============
        conversion  click       CVR
age
30-34        227    286  0.793706
35-39         96    275  0.349091
40-44         83    311  0.266881
45-49        131   1112  0.117806
=============group C=============
        conversion  click       CVR
age
30-34         31     57  0.543860
35-39         13     17  0.764706
40-44          7     14  0.500000
45-49          7     25  0.280000
```

可以看出，对于广告组 A 和广告组 B，30～34 岁的用户转化率明显比其他年龄段更好。

最后探究用户性别与广告效果的关系，代码与探究用户年龄与广告效果的关系的代码是类似的，只是修改了某些字段名称。

```
for name, g in {"A" : groupA, "B": groupB, "C": groupC}.items():
    conversionStat = g.groupby("gender").sum()['Total_Conversion']
    clicksStat = g.groupby("gender").sum()['Clicks']
    genderEffects = pd.concat([conversionStat, clicksStat], keys=['conversion',
                    'click'], axis=1)
    genderEffects['CVR'] = genderEffects['conversion'] / genderEffects['click']
    print("=============group " + name + "=============")
    print(genderEffects)
```

输出结果如下：

```
=============group A=============
        conversion  click       CVR
gender
F            1322  22193  0.059568
M            1347  13875  0.097081
=============group B=============
        conversion  click       CVR
gender
F             302   1633  0.184936
M             235    351  0.669516
=============group C=============
        conversion  click       CVR
gender
F              20     52  0.384615
```

M	38	61	0.622951

观察输出结果，发现虽然女性的点击量比男性用户高，但是这三个广告组中男性用户的转换率都比女性用户的转换率高。

12.7.6　广告分类

本小节的分析思路是按广告的点击率和转换率将广告分为 4 类，看看 4 个类目中的广告数量和分布情况。这 4 个类别总结如下：

- 点击率高，转换率高。这类广告投放精准，面向的都是目标人群。
- 点击率低，转换率高。这类广告可以进一步改进。
- 点击率低，转换率低。这类广告一般是投向了非精准人群。
- 点击率高，转换率低。这里广告的用户流失太严重。

首先计算出转换，然后绘制点击率与转换率的散点图，代码如下：

```
adsData['转换率'] = adsData['Approved_Conversion'] / adsData['Clicks']
# 当点击数为 0 时，转换率为 inf，所以需要做替换
adsData['转换率'] = adsData['转换率'].replace(np.inf, 0)
adsData['转换率'].describe()
plt.scatter(adsData['CTR'].tolist(), adsData['转换率'].tolist())
plt.plot([0, 0.001], [0.45, 0.45], color="#333", linestyle="dashed")
plt.plot([0.0005, 0.0005], [0, 2], color="#333", linestyle="dashed")
```

输出结果如图 12.51 所示。代码中使用了 plot 方法绘制两条辅助线，把广告划分为了 4 个类别。

从散点图可以看出以下两点。

（1）大部分的广告集中在左下角，说明大部分广告的点击率不高，转换率也不高。

（2）在横轴上有大量点，说明很多广告虽然有被点击但是点击该广告的用户没有任何产生购买行为。

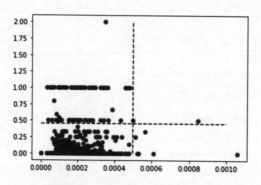

图 12.51　点击率与转换率散点图

12.8　设计合适的广告投放方案

在微信公众平台上投放广告可以选择公众号广告，也可以选择朋友圈广告。本节案例主要展示如何合理分配广告预算到不同的广告位。例如，现在有广告预算 1 万元，用于 4 个广告位的广告投放，每个广告位在各种出价下的曝光量和点击率如图 12.52 所示。假定这 4 个广告位都是全天投放且广告内容一样，公众号广告是按点击次数计费，朋友圈广告是按曝光量计费，出价以每千次为单位计算。朋友圈广告的点击率是根据以往广告投放历史数据估算出来的。

	A	B	C
1	公众号+A地区		
2	出价	曝光量	点击率
3	2.21	345,886	0.65%
4	3.68	169,557	0.38%
5	2.1	94,802	0.27%
6			
7	公众号+B地区		
8	出价	曝光量	点击率
9	2.21	25660	0.50%
10	3.85	20314	0.32%
11	4.23	12741	0.49%
12			
13	朋友圈+A地区		
14	出价	曝光量	点击率
15	120	445	0.10%
16	8	26462	0.10%
17	8.46	5880	0.10%
18	50	5256	0.10%
19			
20	朋友圈+B地区		
21	出价	曝光量	点击率
22	120	31,452	0.20%
23	100	15,325	0.20%

图 12.52　4 个广告的曝光量和点击率

这四个广告位中，有两个是公众号广告，另外两个是朋友圈广告。两种广告都在 A 地区和 B 地区投放。现在希望用程序选取一种合适的广告出价组合，使得曝光量和点击次数较高且费用适中。例如，第 1 个广告出价 2.21 元/点击，第 2 个广告出价 3.85 元/点击，第 3 个广告出价 8 元/千次曝光，第 4 个广告出价 100 元/千次曝光，这是其中一种方案。

本节示例会用到 xlwings、pandas 和 itertools 类库，在执行示例代码之前需要先引入这 3 个类库。

```
import xlwings as xw
import pandas as pd
import itertools
```

接着从 Excel 文件中读取广告位的数据，存入 4 个 DataFrame 中。

```
wb = xw.Book("/Users/caichicong/Documents/Python+Excel/code/data/chapter12/12.8/广
告.xlsx")
sht = wb.sheets['广告数据']
publicAd1 = sht.range("A2:C5").options(pd.DataFrame, index=False).value
publicAd2 = sht.range("A8:C11").options(pd.DataFrame, index=False).value
momentsAd1 = sht.range("A14:C18").options(pd.DataFrame, index=False).value
momentsAd2 = sht.range("A21:C23").options(pd.DataFrame, index=False).value
```

然后计算每个广告位的预估费用和点击次数。

```
publicAd1['点击次数'] = publicAd1['曝光量'] * publicAd1['点击率']
publicAd1['费用'] = publicAd1['点击次数'] * publicAd1['出价']

publicAd2['点击次数'] = publicAd2['曝光量'] * publicAd2['点击率']
publicAd2['费用'] = publicAd2['点击次数'] * publicAd2['出价']

momentsAd1['点击次数'] = momentsAd1['曝光量'] * momentsAd1['点击率']
momentsAd1['费用'] = momentsAd1['曝光量'] * momentsAd1['出价'] / 1000

momentsAd2['点击次数'] = momentsAd2['曝光量'] * momentsAd2['点击率']
momentsAd2['费用'] = momentsAd2['曝光量'] * momentsAd2['出价'] / 1000
```

借助 itertools 计算出 4 个广告的出价组合。

```
# 如果有三种选择，那么 range 函数的第 2 个参数就是 3，以此类推
p1 = range(0, 3)
p2 = range(0, 3)
m1 = range(0, 4)
m2 = range(0, 2)
combination = list(itertools.product(p1, p2, m1, m2))
combination
```

输出结果如图 12.53 所示，实际上就是 4 个 DataFrame 的行索引的排列组合。

图 12.53 广告出价组合结果

用 Python 计算出各种组合下的费用和曝光量。

```python
solutions = []
for c in combination:
    solution = c
    c0 = publicAd1.iloc[c[0]]
    c1 = publicAd2.iloc[c[1]]
    c2 = momentsAd1.iloc[c[2]]
    c3 = momentsAd2.iloc[c[3]]

    exposure = c0['曝光量'] + c1['曝光量'] + c2['曝光量'] + c3['曝光量']
    spend = c0['费用'] + c1['费用'] + c2['费用'] + c3['费用']
    clicks = c0['点击次数'] + c1['点击次数'] + c2['点击次数'] + c3['点击次数']

    solutions.append({
        "solution": solution, "曝光量": exposure, "费用": spend, "点击次数": clicks
    })

df = pd.DataFrame(solutions)
```

对计算结果先按曝光量和点击次数降序进行排列，然后按费用进行升序排列，最后找出曝光量大于 400000 的组合。

```python
result = df.sort_values(by=['曝光量', '点击次数', '费用'], ascending=[False, False,True])
result[result['曝光量'] > 400000]
```

输出结果如图 12.54 所示。从图中可以看出，这些组合的曝光量和点击次数都差不多，其中（0，1，1，1）这个组合的费用最低。所以，最终的广告出价方案：第 1 个广告位出价 2.21 元/点击；第 2 个广告位出价 3.85 元/点击；第 3 个广告位出价 8 元/千次曝光；第 4 个广告位出价 100 元/千次曝光。

	solution	曝光量	费用	点击次数
2	(0, 0, 1, 0)	429460.0	9238.131390	2465.9250
10	(0, 1, 1, 0)	424114.0	9204.856870	2402.6298
18	(0, 2, 1, 0)	416541.0	9218.671097	2400.0559
3	(0, 0, 1, 1)	413333.0	6996.391390	2433.6710
4	(0, 0, 2, 0)	408878.0	9076.180190	2445.3430
6	(0, 0, 3, 0)	408254.0	9289.235390	2444.7190
11	(0, 1, 1, 1)	407987.0	6963.116870	2370.3758
12	(0, 1, 2, 0)	403532.0	9042.905670	2382.0478
0	(0, 0, 0, 0)	403443.0	9079.835390	2439.9080
14	(0, 1, 3, 0)	402908.0	9255.960870	2381.4238
19	(0, 2, 1, 1)	400414.0	6976.931097	2367.8019

图 12.54　可选的广告出价组合

习 题 答 案

2.1.6

（1）不能正常运行。class 是 Python 的保留关键字，因此不能作为变量名。

（2）list 是 Python 的一个类型名称，不建议直接使用 list 作为函数名。对名为 list 的变量赋值，可能会引起其他 Python 类库代码的执行错误。

（3）布尔类型。

（4）Python 对象是某个 Python 类实例化之后的产物；Python 类是创建 Python 对象的蓝图或模板。

2.2.4

（1）代码如下：

```
import math
hypotenuse=math.sqrt(pow(12, 2) + pow(13, 2))
print(hypotenuse)
```

（2）代码如下：

```
#第一种方法
print(divmod(999999, 6))
#第二种方法
print(999999 % 6)
print(999999 // 6)
```

（3）结果是 0.30000000000000004，因为 Python 的浮点数运算结果不是一个精确的数字。

（4）代码如下：

```
print(round(1/3,2))
```

2.3.7

（1）代码如下：

```
a1 = address1.split("省")
print(a1[0])
a2 = a1[1].split("市")
```

```
print(a2[0])
print(a2[1])

b1 = address2.split("市")
print(b1[0])
b2 = b1[1].split("区")
print(b2[0])
print(b2[1])

c1 = address3.split("市")
print(c1[0])
c2 = c1[1].split("区")
print(c2[0])
print(c2[1])
```

（2）代码如下：

```
text.replace("侍", "持").replace("煅", "锻")
```

2.4.6

（1）代码如下：

```
from datetime import datetime
from datetime import timedelta

now = datetime.now()
yesterday = now - timedelta(days=1)
todayStr = "{y}{m:02d}{d:02d}".format(y=now.year, m=now.month, d=now.day)
yesterdayStr = "{y}{m:02d}{d:02d}".format(y=yesterday.year,
                                  m=yesterday.month, d=yesterday.day)
 print(todayStr)
print(yesterdayStr)
```

（2）代码如下：

```
from datetime import datetime
now = datetime.now()
timedelta = now - datetime(now.year, 1, 1)
print(timedelta.days)
```

（3）代码如下：

```
import calendar
for i in range(1, 13):
    print(calendar.monthrange(2021,i)[1])
```

（4）代码如下：

```
from datetime import datetime
from datetime import timedelta
date = datetime(2021, 1, 1)
delta = timedelta(days=100)
print(date - delta)
```

2.5.5

（1）代码如下：

```
sum([0, 2, 4, 6, 8])
```

（2）代码如下：

```
a = [1, 1]
for i in range(2, 10):
    a.append(a[i-1] + a[i-2])
print(a)
```

（3）代码如下：

```
letters = ['A', 'B', 'C', 'D', 'E', 'F', 'G', 'H', 'I', 'J', 'K', 'L',
           'M', 'O', 'P', 'Q', 'R', 'S', 'T', 'U', 'V', 'W', 'X', 'Y', 'Z']
letters.remove('C')
letters.index('O')
```

（4）array[1][1]。

（5）输出如下：

```
a
23
```

（6）13377779999

（7）输出如下：

```
(0, 'name')
(1, 'age')
(2, 'height')
```

（8）[14, 23, 23, 51, 56, 100]。

（9）[14, 51, 23, 23, 56, 100]，本题与列表的复制有关。

2.6.11

（1）代码如下：

```
i = 0
while i < 5:
```

```
print(i)
i = i + 1
```

（2）代码如下：

```
for i in range(1, 10):
    for j in range(1, 10):
        print("{}x{}={}".format(i, j, i*j))
```

（3）代码如下：

```
for i in [4, 3, 2, 1]:
    stars = ["*" for j in range(0, i)]
    print("{} {}".format(i, " ".join(stars)))
```

（4）代码如下：

```
for i in [0, 1]:
    for j in [0, 1, 2]:
        print(numberArray[i][j])
```

（5）代码如下：

```
tl = []
for i in zip(*l):
    tl.append(list(i))
print(tl)
```

2.7.6

（1）代码如下：

```
import math
def AreaOfcircle(radius):
    return pow(radius, 2) * math.pi
# 计算半径为 2 的圆的面积
r=AreaOfcircle(2)
print(r)
```

（2）代码如下：

```
def average(list):
    return sum(list)/len(list)
avr=average([1, 3, 4, 5, 6])
print(avr)
```

（3）代码如下：

```
# 月供计算公式
# 每月月供额=(贷款本金×月利率×(1+月利率) ^ 还款月数)÷((1+月利率) ^ 还款月数-1)
```

```python
def monthlyPayment(totalLoans, rate, years):
    # totalLoans 总贷款额
    # rate 贷款年利率
    # years 贷款期限
    monthly_rate = rate / (12 * 100)
    month_amounts = years * 12
    monthly_payment = (totalLoans * monthly_rate * (1 + monthly_rate) ** month_amounts)
/ ((1 + monthly_rate) ** month_amounts - 1)
    return monthly_payment
monthlyPayment(totalLoans=100*10000, rate=4.72, years=20)
```

（4）代码如下：

```python
from datetime import datetime
from datetime import timedelta
def getDays(startDate, days, endDate):
    dates = []
    date = startDate
    while (endDate - date).days > 0:
        dates.append(date)
        date = date + timedelta(days=days)
    return dates


getDays(datetime(2019, 1, 1), 7, datetime(2020, 1, 1))
```

（5）代码如下：

```python
mobiles = ["134246208", "13424620666", "18824627770", "150333444", "15802934734"]
prefix = ['139', '138', '188', '158']
def maskMobile(str):
    if len(str) == 11:
        if any([str.startswith(p) for p in prefix]):
            return str[0:4] + '****' + str[8:]


    return ""
[maskMobile(m) for m in mobiles]
```

（6）代码如下：

```python
list1 = ['A', 'B', 'C', 'D', 'E']
list2 = ['G', 'B', 'C', 'H', 'J']
# 使用 for 循环和 in
# 找出共同的部分
same = []
for item in list1:
    if item in list2:
        same.append(item)
```

```
print(same)
# 找出不同的部分
different = []
for item in list1:
    if item not in list2:
        different.append(item)
print(different)

# 使用列表推导式
# 找出共同的部分
[item for item in list2 if item in list1]
[item for item in list1 if item in list2]
# 找出不同的部分
[item for item in list1 if item not in list2]
[item for item in list2 if item not in list1]
```

（7）代码如下：

```
def getPrice(amount):
    if amount < 50
        return amount - amount*0.1
    else:
        return amount - amount*0.12
```

3.4

（1）代码如下：

```
import os
workdir = "f:/chapter3/ex/"
for i in range(1, 13):
    os.mkdir(workdir + "{i}月销售数据".format(i=i))
```

（2）代码如下：

```
import os
import shutil

workdir = "f:/chapter3/ex/"
i = 1
for f in os.listdir(workdir):
    shutil.move(workdir + f , "{}{}.xlsx".format(workdir, i))
    i = i + 1
```

4.10

（1）代码如下：

```
import xlwings as xw
app = xw.App(visible = True, add_book = False)
outdir = "D:/chapter4/"
year = 2021
for i in range(1, 13):
    workbook = app.books.add()
    workbook.save(outdir + "{y}{m:02d}.xlsx".format(y=year, m=i) )
    workbook.close()
app.quit()
```

（2）代码如下：

```
import csv
import xlwings as xw

app = xw.App(visible = True, add_book = False)
outdir = "D:/chapter4/"
# 提取 CSV 文件内容
data = []
for i in range(1, 4):
    path = outdir + "{i}.csv".format(i=i)
    with open(path, encoding='gbk') as csv_file:
        csv_reader = csv.reader(csv_file, delimiter=',')
        data.append([row for row in csv_reader])

workbook = app.books.open(outdir + "chapter4_exercise.xlsx")
# 添加两个新的工作表
workbook.sheets.add()
workbook.sheets.add()
# 复制内容
workbook.sheets[0].range("A1").value = data[0]
workbook.sheets[1].range("A1").value = data[1]
workbook.sheets[2].range("A1").value = data[2]
workbook.close()
```

5.6

（1）代码如下：

```
import xlwings as xw
app = xw.App(visible = True, add_book = False)
outdir = "D:/chapter5/"
```

```
files = ['1.xlsx', '2.xlsx', '3.xlsx', '4.xlsx', '5.xlsx']
for name in files:
    print(outdir + name)
    workbook = app.books.open(outdir + name)
    for i in range(0, len(workbook.sheets)):
        workbook.sheets[i].name = "工作表{i}".format(i=i+1)
    workbook.save()
    workbook.close()
```

（2）代码如下：

```
import xlwings as xw
app = xw.App(visible = True, add_book = False)
outdir = "D:/chapter5/"
files = ['1.xlsx', '2.xlsx', '3.xlsx', '4.xlsx', '5.xlsx']

for name in files:
    print(outdir + name)
    workbook = app.books.open(outdir + name)
# 根据工作表的名字来确定要删除的工作表
    firstSheetName = workbook.sheets[0].name
    deleteSheetNames = []
    for i in range(0, len(workbook.sheets)):
        if workbook.sheets[i].name != firstSheetName:
            deleteSheetNames.append(workbook.sheets[i].name)
    for name in deleteSheetNames:
        workbook.sheets[name].delete()

    workbook.save()
    workbook.close()
```

6.12

（1）代码如下：

```
import xlwings as xw
from xlwings.utils import rgb_to_int

app = xw.App(visible = True, add_book = False)
outdir = "D:/chapter6/"
files = ['1.xlsx', '2.xlsx', '3.xlsx', '4.xlsx', '5.xlsx']
# 在指定工作表里查找单元格，找到之后修改文字颜色和数字格式
def findInSheet(sheet, value):
    used_range_rows = (sheet.api.UsedRange.Row, sheet.api.UsedRange.Row + sheet.api.
UsedRange.Rows.Count)
    used_range_cols = (sheet.api.UsedRange.Column, sheet.api.UsedRange.Column + sheet.api.
UsedRange.Columns.Count)
```

```
            for r in range(used_range_rows[0], used_range_rows[1]+1):
                for c in range(used_range_cols[0], used_range_cols[1]+1):
                    if sheet.range((r,c)).value and sheet.range((r,c)).value > value:
                        address = sheet.range((r,c)).address
                        sheet.range(address).api.Font.Color = rgb_to_int((255, 0, 0))
                        sheet.range(address).number_format = "0.00"

    for f in files:
        workbook = app.books.open(outdir + f)
        for sheet in workbook.sheets:
            findInSheet(sheet, 100)

        workbook.save()
        workbook.close()
```

（2）代码如下：

```
import xlwings as xw

def replaceNegative(sheet):
    used_range_rows    =    (sheet.api.UsedRange.Row,    sheet.api.UsedRange.Row    +
sheet.api.UsedRange.Rows.Count)
    used_range_cols    =    (sheet.api.UsedRange.Column,    sheet.api.UsedRange.Column    +
sheet.api.UsedRange.Columns.Count)

    for r in range(used_range_rows[0], used_range_rows[1]+1):
        for c in range(used_range_cols[0], used_range_cols[1]+1):
            if sheet.range((r,c)).value and sheet.range((r,c)).value < 0:
                sheet.range((r,c)).value = 0

app = xw.App(visible = True, add_book = False)
outdir = "D:/chapter6/"
files = ['1.xlsx', '2.xlsx', '3.xlsx', '4.xlsx', '5.xlsx']

for f in files:
    workbook = app.books.open(outdir + f)
    for sheet in workbook.sheets:
        replaceNegative(sheet)

    workbook.save()
    workbook.close()
```

7.11

（1）代码如下：

```
import xlwings as xw
```

```
app = xw.App(visible = True, add_book = False)
outdir = "D:/chapter7/"
files = ['1.xlsx','2.xlsx','3.xlsx', '4.xlsx']

for f in files:
    workbook = app.books.open(outdir + f)
    for sheet in workbook.sheets:
        sheet.range("A:A").insert()
        sheet.range("A1").value = "序号"
    workbook.save()
    workbook.close()
```

（2）代码如下：

```
import xlwings as xw
import pandas as pd

app = xw.App(visible = True, add_book = False)
path = "D:/chapter7/1.xlsx"

workbook = app.books.open(path)
for sheet in workbook.sheets:
    rng = sheet.range("A1:E5")
    df = rng.options(pd.DataFrame, header=False, index=False).value
    rng.clear()
# 这里用到了第10章的知识
    rng.options(pd.DataFrame, header=False, index=False).value = df.dropna(how='all')

workbook.save()
workbook.close()
```

9.8

（1）df['A']。

（2）df['B'][2] 或 df.iloc[1,1]。

（3）df[['A', 'B']]。

（4）df[df['C'] > 100]。

10.15

（1）df.dropna()。

（2）df['D'] = df.apply(lambda x: x['B']*100, axis=1)。

（3）df.rename(columns={'A': 'word'})。